环境监测与水资源保护

代玉欣　李　明　郁寒梅◎著

U0221940

吉林科学技术出版社

图书在版编目（CIP）数据

环境监测与水资源保护 / 代玉欣，李明，郁寒梅著．
-- 长春 : 吉林科学技术出版社，2021.6
ISBN 978-7-5578-8116-0

Ⅰ．①环… Ⅱ．①代… ②李… ③郁… Ⅲ．①环境监测－研究②水资源保护－研究 Ⅳ．①X8②TV213.4

中国版本图书馆 CIP 数据核字(2021)第 103052 号

环境监测与水资源保护

著　　代玉欣　李　明　郁寒梅
出 版 人　宛霞
责任编辑　李永百
封面设计　金熙腾达
制　　版　金熙腾达
幅面尺寸　185mm×260mm　1/16
字　　数　432 千字
印　　张　18.75
印　　数　1—1500 册
版　　次　2021 年 6 月第 1 版
印　　次　2022 年 1 月第 2 次印刷

出　　版　吉林科学技术出版社
发　　行　吉林科学技术出版社
地　　址　长春市净月区福祉大路 5788 号
邮　　编　130118
发行部电话/传真　0431-81629529　81629530　81629531
81629532　81629533　81629534
储运部电话　0431-86059116
编辑部电话　0431-81629518
印　　刷　保定市铭泰达印刷有限公司

书　　号　ISBN 978-7-5578-8116-0
定　　价　75.00 元

前　言

环境监测是准确、及时、全面地反映环境质量现状及发展趋势的技术手段，为环境科学研究环境规划、环境影响评价、环境工程设计、环境保护管理和环境保护宏观决策等提供不可缺少的基础数据和重要信息。环境监测是环境保护工作的基础，是执行环境保护法规的依据，是污染治理及环境科学研究、规划和管理不可缺少的重要手段。

水资源是自然环境的重要组成部分，又是环境生命的血液。它不仅是人类与其他一切生物生存的必要条件，也是国民经济发展不可缺少和无法替代的资源。随着人口与经济的增长，水资源的需求量不断增加，水环境又不断恶化，水资源短缺已经成为全球性问题。水资源的保护与管理是维持水资源可持续利用、实现水资源良性循环的重要保证，管理是为达到某种目标而实施的一系列计划、组织、协调、激励、调节、指挥、监督、执行和控制活动。保护是防止事物被破坏而实施的方法和控制措施。水资源管理与保护是我国现今涉水事务中最重要的并受到较多关注的两个方面。水资源管理包括对水资源从数量、质量、经济、权属、规划、投资、法律、行政、工程、数字化、安全等方面进行统筹和管理，水资源保护则用各种技术及政策对水资源的防污及治污进行控制和治理。

随着社会经济文化的发展，人们越来越认识到合理规划利用和保护水资源的重要性。在评价区域水资源的基础上，从水资源系统发挥的效益最佳化角度出发，开始研究水资源的合理规划、科学管理和有效保护，使水资源的用水需求尽量与区域环境的水资源承载能力相协调，实现水资源的可持续利用与协调发展。

在本书的编写过程中，参考了大量国内外文献，在此，谨向相关文献的作者致以诚挚的谢意！鉴于编者水平所限，书中不妥之处，敬请读者批评指正。

目　录

第一章　环境监测的含义

第一节　环境监测的目的、分类、原则及特点

环境监测（environmental monitoring）是指运用化学、生物学、物理学及公共卫生学等方法，间断或连续地测定代表环境质量的指标数据，研究环境污染物的检测技术，监视环境质量变化的过程。

环境监测是环境科学的一个分支学科，是随环境问题的日益突出及科学技术的进步而产生和发展起来的，并逐步形成系统的、完整的环境监测体系。

随着工业和科学的发展，环境监测的内容也由工业污染源监测，逐步发展到对大环境的监测，监测对象不仅是影响环境质量的污染因子，还包括对生物、生态变化的监测。

为了全面、确切地表明环境污染对人群、生物的生存和生态平衡的影响程度，做出正确的环境质量评价，现代环境监测不仅要监测环境污染物的成分和含量，往往还要对其形态、结构和分布规律进行监测。

一、环境监测的目的

环境监测的目的是准确、及时、全面地反映环境质量现状及发展趋势，为环境管理、污染源控制、环境规划等提供科学依据。具体可归纳如下：①根据环境质量标准，评价环境质量。②根据污染分布情况，追踪寻找污染源，为实现监督管理、控制污染提供依据。③收集本地数据，积累长期监测资料，为研究环境容量，实施总量控制、目标管理、预测预报环境质量提供数据。④为保护人类健康、保护环境、合理使用自然资源，制定环境法规、标准、规划等服务。

二、环境监测的分类

环境监测可按其监测对象、监测性质、监测目的等进行分类。

（一）按监测对象分类

按监测对象主要可分为水质监测、空气和废气监测、土壤监测、固体废物监测、生物污染监测、声环境监测和辐射监测等。

1. 水质监测

水质监测是指对水环境（包括地表水、地下水和近海海水）、工农业生产废水和生活污水等的水质状况进行监测。

2. 空气和废气监测

空气监测是指对环境空气质量（包括室外环境空气和室内环境空气）进行的监测。废气监测是指对大气污染源（包括固定污染源和移动污染源）排放废气进行的监测。

3. 土壤监测

土壤监测包括土壤质量现状监测、土壤污染事故监测、场地监测、土壤背景值调查等。

4. 固体废物监测

固体废物监测是指对工业产生的有害固体废物、城市垃圾和农业废物中的有毒有害物质进行监测，内容包括危险废物的特性鉴别、毒性物质含量分析和固体废物处理过程中的污染控制分析。

5. 生物污染监测

生物污染监测主要是对生物体内的污染物质进行的监测。

6. 声环境监测

声环境监测是指对城市区域环境噪声、社会生活环境噪声、工业企业厂界环境噪声以及交通噪声的监测。

7. 辐射监测

辐射监测包括辐射环境质量监测、辐射污染源监测、放射性物质安全运输监测以及辐射设施退役、废物处理和辐射事故应急监测等。

（二）按监测性质分类

按监测性质可分为环境质量监测和污染源监测。

1. 环境质量监测

环境质量监测主要是监测环境中污染物的浓度大小和分布情况，以确定环境的质量状况，包括水质监测、环境空气质量监测、土壤质量监测和声环境质量监测等。

2. 污染源监测

污染源监测是指对各种污染源排放口的污染物种类和排放浓度进行的监测，包括各种污水和废水监测，固定污染源废气监测和移动污染源排气监测，固体废物的产生、贮存、处置、利用排放点的监测以及防治污染设施运行效果监测等。

（三）按监测目的分类

1. 监视性监测

监视性监测又叫常规监测或例行监测，是对各环境要素进行定期的经常性的监测。其主要目的是确定环境质量及污染状况，评价控制措施的效果，衡量环境标准实施情况，积累监测数据。其一般包括环境质量的监视性监测和污染源的监督监测，目前我国已建成了各级监视性监测网站。

2. 特定目的监测

特定目的监测又叫特例监测，具体可分为污染事故监测、仲裁监测、考核验证监测和咨询服务监测等。

（1）污染事故监测

污染事故发生时，及时进行现场追踪监测，确定污染程度、危害范围和大小、污染物种类、扩散方向和速度，查明污染发生的原因，为控制污染提供科学依据。

（2）仲裁监测

主要解决污染事故纠纷，对执行环境法规过程中产生的矛盾进行裁定。纠纷仲裁监测由国家指定的具有权威的监测部门进行，以提供具有法律效力的数据作为仲裁凭据。

（3）考核验证监测

主要是为环境管理制度和措施实施考核。其包括人员考核、方法验证、新建项目的环境考核评价、污染治理后的验收监测等。

（4）咨询服务监测

主要是为环境管理、工程治理等部门提供服务，以满足社会各部门、科研机构和生产单位的需要。

3. 研究性监测

研究性监测又称科研监测，属于高层次、高水平、技术比较复杂的一种监测，通常由多个部门、多个学科协作共同完成。其任务是研究污染物或新污染物自污染源排出后，迁移变化的趋势和规律，以及污染物对人体和生物体的危害及影响程度，包括标准方法研制监测、污染规律研究监测、背景调查监测以及综合评价监测等。

此外，按监测方法的原理又可分为化学监测、物理监测、生态监测等；按监测技术的手段可以分为手工监测和自动监测等；接专业部门分类可以分为气象监测、卫生监测、资源监测等。

三、环境监测的原则

在环境监测中，由于人力、监测手段、经济条件、仪器设备等限制，不可能无选择地监测分析所有的污染物，应根据需要和可能，坚持以下原则。

（一）选择监测对象的原则

①在实地调查的基础上，针对污染物的性质（如物化性质、毒性、扩散性等），选择那些毒性大、危害严重、影响范围广的污染物。②对选择的污染物必须有可靠的测试手段和有效的分析方法，从而保证能获得准确、可靠、有代表性的数据。③对监测数据能做出正确的解释和判断。如果该监测数据既无标准可循，又不能了解对人体健康和生物的影响，会使监测工作陷入盲目的地步。

（二）优先监测的原则

需要监测的项目往往很多，但不可能同时进行，必须坚持优先监测的原则。对影响范围广的污染物要优先监测，燃煤污染、汽车尾气污染是全世界的问题，许多公害事件就是由它们造成的。因此，目前在大气中要优先监测的项目有二氧化硫、氮氧化物、一氧化碳、臭氧、飘尘及其组分、降尘等。水质监测可根据水体功能的不同，确定优先监测项目，如饮用水源要根据饮用水标准列出的项目安排监测。对于那些具有潜在危险，并且污染趋势有可能上升的项目，也应列入优先监测。

四、环境监测的特点

环境监测涉及的知识面、专业面宽，它不仅需要有坚实的化学分析基础，而且还需要有足够的物理学、生物学、生态学和工程学等多方面的知识。在做环境质量调查或鉴定时，环境监测也不能回避社会性问题，必须考虑一定的社会评价因素。因此，环境监测具有多学科性、边缘性、综合性和社会性等特征。

（一）环境监测的综合性

环境监测主体包括对水体、土壤、固体废物、生物体中污染指标的监测，其中污染物种类繁多、成分复杂；监测分析则涉及化学、物理、生物、水文气象和地理学等多方面。而实施环境监测得到的数据，不只是一个个简单的孤立数据，其中还包含着大量可探究、可追踪的丰富信息，通过数据的科学处理和综合分析，可以掌握污染物的变化规律以及多种污染物之间的相互影响。因此，环境监测的综合性就体现在监测方法、监测对象以及监测数据等综合性方面。判断环境质量仅对目标污染物进行某一地点、某一时间的分析测试是不够的，必须对相关污染因素、环境要素在一定范围、时间和空间内进行多元素、全方位的测定，综合分析数据信息的“源”与“汇”，这样才能对环境质量做出确切、可靠的评价。

（二）环境监测的持续性

环境监测数据具有空间和时间的可比性和历史积累价值，只有在具有代表性的监测点位上持续监测才有可能揭示环境污染的发展趋势和发展轨迹。因此，在环境监测方案的制订、实施和管理过程中应尽可能实施持续监测，并逐步布设监测网络，合理分布空间，提高标准化、自动化水平，积累监测数据构建数据信息库。

（三）环境监测的追踪性

环境监测数据是实施环境监管的依据，为保证监测数据的有效性，必须严格规范地制订监测方案，准确无误地实施，并全面科学地进行数据综合分析，即对环境监测全过程实施质量控制和质量保证，构建起完整的环境监测质量保证体系。

第二节 环境监测的方法、内容与含义

一、环境监测的方法与内容

环境监测的方法与技术包括采样技术、样品前处理技术、理化分析测试技术、生物监测技术、自动监测与遥感技术、数据处理技术、质量保证与质量控制技术等。它们是环境监测的基础，以根表示。环境监测的对象与内容包括水污染监测、大气污染监测、土壤污染监测、生物体污染监测、固体废物污染监测、噪声污染监测、放射性污染监测等。每一个监测对象又有各自若干监测指标及监测方法，以树枝和分枝表示。

二、环境监测技术的含义

（一）常用的环境监测技术

一般来说，环境监测技术包括采样技术、测试技术和数据处理技术。按照测试技术的不同，可将环境监测技术分为现场快速监测技术、采样后实验室分析监测技术、连续自动监测技术和遥感监测技术；按照采样技术的不同，可以将环境监测技术分为手工采样实验室分析技术、自动采样实验室分析技术和被动式采样一实验室分析技术；按照监测技术原理的不同，可以将环境监测技术分为物理监测、化学监测、生物监测和生态监测等。

1. 实验室分析技术

目前，实验室对污染物的成分、结构与形态分析主要采用化学分析法和仪器分析法。经典的化学分析法主要有容量法（volumetric method）和重量法（gravimetric method）两类，其中容量法包括酸碱滴定法、氧化还原滴定法、配位滴定法和沉淀滴定法。化学分析法因其准确度高、所需仪器设备简单、分析成本低，所以仍被广泛采用。仪器分析法是以物理和物理化学分析法为基础的分析方法，主要分为光谱分析（spectrometric analysis）、电化学分析（electrochemLcal analysis）、色谱分析（chromatographic analysis）、质谱法（mass spectrometry）、核磁共振波谱法（nuclear magnetic resonance spectroscopy）、流动注射分析（flow injection analysis）以及分析仪器联用技术。光谱分析法常见的有可见分光光度法、紫外分光光度法、红外分光光度法、原子吸收光谱法、原子发射光谱法、原子荧光光谱法、X 射线荧光光谱法和化学发光法等；电化学分析法常见的有电导分析法、电位分析法、电解分析法、极谱法、库仑法等；色谱分析法包括气相色谱（GC）法、高效液相色谱（HPLC）法、离子色谱（IC）、超临界流体色谱（SFC）法以及薄层色谱（TLC）法等；分析仪器联用技术常见的有气相色谱-质谱（GC~MS）联用技术、液相色谱-质谱（LC~MS）联用技术等。

2. 现场快速监测技术

现场快速监测技术主要有试纸法、速测管法、化学测试组件法及便携式分析仪器测试法等。现场快速监测技术主要用来进行污染事故的应急监测。

3. 连续自动监测技术

连续自动监测技术是以在线自动分析仪器为核心，运用自动采样、自动测量、自动控制、数据处理和传输等现代技术，对环境质量或污染源进行 24 小时连续监测。目前，其应用于地表水水质连续自动监测、污水连续自动监测、环境空气质量连续自动监测、固定污染源烟气排放连续自动监测、大气酸沉降连续自动监测、沙尘暴连续自动监测等。

4. 生物监测技术

生物监测技术就是利用植物、动物在污染环境中产生的反应信息来判断环境质量的方法。其常采用的手段包括：生物体污染物含量的测定，观察生物体在环境中的受害症状，生物的生理生化反应，生物群落结构和种类变化，等等。

（二）环境监测技术的发展

早期的环境监测技术主要是以化学分析为主要手段，对测定对象进行间断、定时、定点、局部的分析。这种分析结果不可能适应及时、准确、全面地反映环境质量动态和污染源动态变化的要求。随着科学技术的进步，环境监测技术迅速发展，仪器分析、计算机控制等现代化手段在环境监测中得到了广泛应用。环境监测从单一的环境分析发展到物理监测、生物监测、生态监测、遥感及卫星监测，从间断性监测逐步过渡到自动连续监测。监测范围从一个点或面发展到一个城市，从一个城市发展到一个区域。一个以环境分析为基础，以物理测定为主导，以生物监测为补充的环境监测技术体系已初步形成。

进入 21 世纪以来，随着科技进步和环境监测的需要，环境监测在传统的化学分析技术基础上，发展高精密度、高灵敏度、痕量、超痕量分析的新仪器、新设备，同时研发了适用于特定任务的专属分析仪器。计算机在监测系统中的普遍使用，使监测结果得到了快速处理和传递，多机联用技术的广泛采用，扩大了仪器的使用效率和应用价值。

今后一段时间，在发展大型、连续自动监测系统的同时，发展小型便携式仪器和现场快速监测技术将是环境监测技术的重要发展方向。广泛采用遥测遥控技术，以逐步实现监测技术的信息化、自动化和连续化。

第三节 环境标准

环境标准是指为了保护人群健康、社会物质财富和维持生态平衡，对大气、水、土壤等环境质量，对污染源、监测方法等，按照法定程序制定和批准发布的各种环境保护标准的总称，是环境法律法规体系的有机组成部分，也是保护生态环境的基础性、技术性方法和工具。

一、环境标准的作用

环境标准对于环境保护工作具有“依据、规范、方法”三大作用，是政策、法规的具体体现，是强化环境管理的基本保证。其作用体现在以下几个方面：

（一）环境标准是执行环境保护法规的基本手段

环境标准是执行环境保护法规的基本手段，又是制定环境保护法规的重要依据，在我国已经颁布的《环境保护法》《大气污染防治法》《水污染防治法》《海洋环境保护法》和《固体废物污染环境防治法》等法律中都规定了相关实施环境标准的条款。它们是环境保护法规原则规定的具体化，提高了执法过程的可操作性，为依法进行环境监督管理提供了手段和依据，也是一定时期内环境保护目标的具体体现。

（二）环境标准是强化环境管理的技术基础

环境标准是实施环境保护法律、法规的基本保证，是强化环境监督管理的核心。如果没有各种环境标准，法律、法规的有关规定就难以有效实施，强化环境监督管理也无实际保证。如“三同时”制度、排污申报登记制度、环境影响评价制度等都是以环境标准为基础建立并实施的，在处理环境纠纷和污染事故的过程中，环境标准是重要依据。

（三）环境标准是环境规划的定量化依据

环境标准用具体的数值来体现环境质量和污染物排放应控制的界限。环境标准中的定量化指标，是制定环境综合整治目标和污染防治措施的重要依据。依据环境标准，才能定量分析评价环境质量的优劣；依据环境标准，才能明确排污单位进行污染控制的具体要求和程度。

（四）环境标准是推动科技进步的动力

环境标准反映着科学技术与生产实践的综合成果，是社会、经济和技术不断发展的结果。应用环境标准可进行环境保护技术的筛选评价，促进无污染或少污染的先进工艺的应用，推动资源和能源的综合利用等。

此外，大量环境标准的颁布，对促进环保仪器设备以及样品采集、分析、测试和数据处理等技术方法的发展也起到了强有力的推动作用。

二、环境标准的分级和分类

环境标准体系是指根据环境标准的性质、内容和功能，以及它们之间的内在联系，将其进行分级、分类，构成一个有机统一的标准整体，其既具有一般标准体系的特点，又具有法律体系的特性。然而，世界上对环境标准没有统一的分类方法，可以按适用范围划分，按环境要素划分，也可以按标准的用途划分。应用最多的是按标准的用途划分，一般可分为环境质量标准、污染物排放标准和基础方法标准等；按标准的适用范围可分为国家标准、地方标准和环境保护行业标准；而按环境要素划分，有大气环境质量标准、水质标准和水污染控制标准、土壤环境质量标准、固体废物标准和噪声控制标准等。其中对单项环境要素又可按不同的用途再细分，如水质标准又可分为生活饮用水卫生标准、地表水环境质量标准、地下水环境质量标准、渔业用水水质标准、农田灌溉水质标准、海水水质标准等。而环境质量标准和污染物排放标准是环境保护标准的核心组成部分，其他的监测方法、标准样品、技术规范等标准是为实施这两类标准而制定的配套技术工具。

目前我国已形成以环境质量标准和污染物排放标准为核心，以环境监测标准（环境监测方法标准、环境标准样品、环境监测技术规范）、环境基础标准（环境基础标准和标准制修订技术规范）和管理规范类标准为重要组成部分，由国家、地方两级标准构成的“两级五类”环境保护标准体系，纳入了环境保护的各要素、领域。

（一）国家环境保护标准

国家环境保护标准体现国家环境保护的有关方针、政策和规定。依据环境保护法，国务院环境保护主管部门负责制定国家环境质量标准，并根据国家环境质量标准和国家经济、技术条件，制定国家污染物排放标准。针对不同环境介质中有害成分含量、排放源污染物及其排放量制定的一系列针对性标准构成了我国的环境质量标准和污染物排放标准，环境保护法明确赋予其判别合法与否的功能，直接具有法律约束力。

环境监测标准、环境基础标准和管理规范类标准、配套质量排放标准由国务院环境保护部门履行统一监督管理环境的法定职责而具有不同程度、范围的法律约束力。国务院环境保护主管部门还将负责制定监测规范，会同有关部门组织监测网络，统一规划国家环境质量监测站（点）的设置，建立监测数据共享机制，加强对环境监测的管理。相关行业、专业等各类环境质量监测站（点）的设置应当符合法律法规规定和监测规范的要求。监测机构应当使用符合国家标准的监测设备，遵守监测规范。监测机构及其负责人对监测数据的真实性和准确性负责。

同时，国家鼓励开展环境基准研究。

（二）地方环境保护标准

根据环境保护法，省、自治区、直辖市人民政府对国家环境质量标准中未做规定的项目，可以制定地方环境质量标准；对国家环境质量标准中已做规定的项目，可以制定严于国家环境质量标准的地方环境质量标准。地方环境质量标准应当报国务院环境保护主管部门备案。地方人民政府对国家污染物排放标准中未做规定的项目，可以制定地方污染物排放标准；对国家污染物排放标准中已做规定的项目，可以制定严于国家污染物排放标准的地方污染物排放标准。地方污染物排放标准应当报国务院环境保护主管部门备案。地方污染物排放标准应当参照国家污染物排放标准的体系结构制定，可以是行业型污染物排放标准和综合型污染物排放标准。

各地制定的地方标准优先于国家标准执行，体现了环境与资源管理的地方优先的管理原则。但各地除应执行各地相应标准的规定外，尚须执行国家有关环境保护的方针、政策和规定等。

国家环境保护标准尚未规定的环境监测、管理技术规范，地方可以制定试行标准，一旦相应的国家环保标准发布后这类地方标准即终止使命。地方环境质量标准和污染物排放标准中的污染物监测方法，应当采用国家环境保护标准。国家环境保护标准中尚无适用于地方环境质量标准和污染物排放标准中某种污染物的监测方法时，应当通过实验和验证，选择适用的监测方法，并将该监测方法列入地方环境质量标准或者污染物排放标准的附录，适用于该污染物监测的国家环境保护标准发布、实施后，应当按新发布的国家环境保护标准的规定实施监测。

我国现行的环境标准分为五类，下面分别简要介绍。

1. 环境质量标准

环境质量标准是为保护自然环境、人体健康和社会物质财富，对环境中有害物质和因素所做的限制性规定，而制定环境质量标准的基础是环境质量基准。所谓环境质量基准（环境基准），是指环境中污染物对特定保护对象（人或其他生物）不产生不良或者有害影响的最大剂量或浓度，是一个基于不同保护对象的多目标函数或一个范围值，如大气中 SO_2年平均浓度超过 0.115 mg/m^3时，对人体健康就会产生有害影响，这个浓度值就称为“大气中 SO_2的基准”。因此，环境质量标准是衡量环境质量和制定污染物控制标准的基础，是环保政策的目标，也是环境管理的重要依据。

2. 污染物排放标准

污染物排放标准指为实现环境质量标准要求，结合技术经济条件和环境特点，对排入环境的有害物质和产生污染的各种因素所做的限制性规定。由于我国幅员辽阔，各地情况差别较大，因此不少省、市制定并报国家环境保护部备案了相应的地方排放标准。

3. 环境基础标准

环境基础标准指在环境标准化工作范围内，对有指导意义的符号、代号、图式、量纲、导则等所做的统一规定，是制定其他环境标准的基础。

4. 环境监测标准

环境监测标准是保障环境质量标准和污染物排放标准有效实施的基础，其内容包含环境监测方法标准、环境标准样品和环境监测技术规范等。根据环境管理需求和监测技术的不断进步，以水、空气、土壤等环境要素为重点，积极鼓励采用先进的分析手段和方法，分步有序地完善该类标准的制定和修订，实验室验证工作还须同步进行，同时力求提高环境监测方法的自动化和信息化水平。

5. 环境管理类标准

结合环境管理需求，根据环境保护标准体系的特点，建立形成了管理规范类标准，为环境管理各项工作提供全面支撑。这类标准包括：建设项目和规划环境影响评价、饮用水源地保护、化学品环境管理、生态保护、环境应急与风险防范等各类环境管理规范类标准，还包含各类环境标准的实施机制与评估方法等，对现行各类管理规范类标准进行必要的制定和修订；通过及时掌握各行业先进技术动态与发展趋势，并参与全球环境保护技术法规相关工作等，不断推进我国环境保护标准与国际相关标准的接轨。

三、制定环境标准的原则

制定环境标准要体现国家关于环境保护的方针、政策和符合我国国情，使标准的依据和采用的技术措施实现技术先进、经济合理、切实可行，力求获得最佳的环境效益、经济效益和社会效益。

（一）遵循法律依据和科学规律

以国家环境保护方针、政策、法律、法规及有关规章为依据，以保护人体健康和改善环境质量为目标，以促进环境效益、经济效益和社会效益三者的统一为基础，制定环境标准。环境标准的科学性体现在设置标准内容有科学实验和实践的依据，具有重复性和再现性，能够通过交叉实验验证结果。如环境质量标准的制定则是依据环境基准研究和环境状况调查的结果，包括环境中污染物含量对人体健康和生态环境的“剂量-效应”关系研究，以及对环境中污染物分布情况和发展趋势的调查分析。

（二）区别对待原则

制定环境标准要具体分析环境功能、企业类型和污染物危害程度等不同因素，区别对待，宽严有别。按照环境功能不同，对自然保护区、饮用水源保护区等特殊功能环境，标准必须严格，对一般功能环境，标准限制相对宽些。按照污染物危害程度不同，标准的宽严也不一，对剧毒物要从严控制，而制定污染物排放标准则是以环境保护优化经济增长为原则，依据环境容量和产业政策的要求，确定标准的适用范围和控制项目，并对标准中的排放限值进行成本效益分析。

（三）适用性与可行性原则

制定环境标准，既要根据生物生存和发展的需要，同时还要考虑到经济合理，技术可行；而适用性则要求标准的内容有针对性，能够解决实际问题，实施标准能够获得预期的效益。这两点都要求从实际出发做到切实可行，要对社会为执行标准所花的总费用和收到的总效益进行“费用-效益”分析，寻求一个既能满足人群健康和维护生态平衡的要求，又使防治费用最小，能在近期内实现的环境标准。如制定的污染物排放标准并不是越严越好，必须考虑产业政策允许、技术上可达、经济上可行，体现的是在特定环境条件下各排污单位均应达到的基本排放控制水平。

（四）协调性与适应性原则

协调性要求各类标准的内容协调，没有冲突和矛盾。同时，要求各个标准的内容完整、健全，体系中的相关标准能够衔接与配合，如质量标准与排放标准、排放标准与收费标准、国内标准与国际标准之间应该体现相互协调和相互配套，使相关部门的执法工作有法可依，共同促进。

（五）国际标准和其他国家或国际组织相关标准的借鉴

一个国家的标准能够综合反映国家的技术、经济和管理水平。在国家标准的制定、修改或更新时，积极逐步采用或等效采用国际标准必然会促进我国环境监测水平的提高。逐步做到环境保护基础标准和通用方法标准与国际相关标准的统一，也可以避免国际合作等过程中执行标准时可能产生的责任不明确事件的发生。

（六）时效性原则

环境标准不是一成不变的，它与一定时期的技术经济水平以及环境污染与破坏的状况相适应，并随着技术经济的发展、环境保护要求的提高、环境监测技术的不断进步及仪器普及程度的提高须进行及时调整或更新，通常几年修订一次。修订时，每一标准的标准号不变，变化的只是标准的年号和内容。

第二章　水和废水监测

第一节　水质监测方案的制订

监测方案是一项监测任务的总体构思和设计，监测方案的制订需要考虑和明确这样一些内容：监测目的，监测对象，监测项目，设计监测断面的种类、位置和数量，合理安排采样时间和采样频率，选定采样方法和分析测定技术，确定水样的保存、运输和管理方法，提出监测报告要求，制定质量保证程序、措施和方案的实施计划等。

不同水体的监测方案稍有差别，以下分别进行介绍。

一、地表水监测方案的制订

（一）基础资料的调查和收集

在制订监测方案之前，应尽可能完备地收集欲监测水体及所在区域的有关资料，主要有以下几方面。

①水体的水文、气候、地质和地貌资料。如水位、水量、流速及流向的变化；降雨量、蒸发量及历史上的水情；河流的宽度、深度、河床结构及地质状况；湖泊沉积物的特性、间温层分布、等深线等。②水体沿岸城市分布、工业布局、污染源及其排污情况、城市给排水情况等。③水体沿岸的资源现状和水资源的用途；饮用水源分布和重点水源保护区；水体流域土地功能及近期使用计划等。④历年的水质监测资料等。

（二）监测断面和采样点的设置

监测断面即为采样断面，一般分为四种类型，即背景断面、对照断面、控制断面和消减断面。对于地表水的监测来说，并非所有的水体都必须设置四种断面。国家标准《采样方案设计技术规定》中规定了水（包括底部沉积物和污泥）的质量控制、质量表征、污染物鉴别及采样方案的原则，强调了采样方案的设计。

采样点的设置应在调查研究、收集有关资料、进行理论计算的基础上，根据监测目的和项目以及考虑人力、物力等因素来确定。

1. 河流监测断面和采样点设置

对于江、河水系或某一个河段，水系的两岸必定遍布很多城市和工厂企业，由此排放的城市生活污水和工业污水成为该水系受纳污染物的主要来源，因此要求设置四种断面，即背景断面、对照断面、控制断面和消减断面。

（1）对照断面

具有判断水体污染程度的参比和对照作用或提供本底值的断面。它是为了解流入监测河段前的水体水质状况而设置。这种断面应设在河流进入城市或工业区以前的地方。设置这种断面必须避开各种污水的排污口或回流处。常设在所有污染源上游处，排污口上游100~500m处，一般一个河段只设一个对照断面（有主要支流时可酌情增加）。

（2）控制断面

为及时掌握受污染水体的现状和变化动态，进而进行污染控制而设置的断面。这类断面应设在排污区下游，较大支流汇入前的河口处；湖泊或水库的出入河口及重要河流入海口处；国际河流出入国境交界处及有特殊要求的其他河段（如临近城市饮水水源地、水产资源丰富区、自然保护区、与水源有关的地方病发病区等）。控制断面一般设在排污口下游500~1000m处。断面数目应根据城市工业布局和排污口分布情况而定。

（3）消减断面

当工业污水或生活污水在水体内流经一定距离而达到（河段范围）最大限度混合时，其污染状况明显减缓的断面。这种断面常设在城市或工业区最后一个排污口下游1500m以外的河段上。

（4）背景断面

当对一个完整水体进行污染监测或评价时，需要设置背景断面。对于一条河流的局部河段来说，通常只设对照断面而不设背景断面。背景断面一般设置在河流上游不受污染的河段处或接近河流源头处，尽可能远离工业区、城市居民密集区和主要交通线以及农药与化肥施用区。通过对背景断面的水质监测，可获得该河流水质的背景值。

在设置监测断面后，应先根据水面宽度确定断面上的采样垂线，然后再根据采样垂线的深度确定采样点数目和位置。一般是当河面水宽小于50m时，设1条中泓垂线；当河面水宽为 50~100m 时，在左右近岸有明显水流处各设 1 条垂线；当河面水宽为 100~1000m 时，设左、中、右 3 条垂线；河面水宽大于 1500 时，至少设 5 条等距离垂线。每一条垂线上，当水深小于或等于 5m 时，只在水面下 0.3~0.5m 处设 1 个采样点；水深 5~10m 时，在水面下 0.3~0.5m 处和河底以上约 0.5m 处各设 1 个采样点；水深 10~50m 时，要设 3 个采样点，水面下 0.3~0.5m 处 1 点，河底以上约 0.5m 处 1 点，1/2 水深处 1 点；水深超过 50m 时，应酌情增加采样点个数。

监测断面和采样点位置确定后，应立即设立标志物。每次采样时以标志物为准，在同一位置上采样，以保证样品的代表性。

2. 湖泊、水库中监测断面和采样点的设置

湖泊、水库监测断面设置前，应先判断湖泊、水库是单一水体还是复杂水体，考虑汇入湖、库的河流数量、水体径流量、季节变化及动态变化、沿岸污染源分布等，然后按以下原则设置监测断面。

①在进出湖、库的河流汇合处设监测断面。②以功能区为中心（如城市和工厂的排污口、饮用水源、风景游览区、排灌站等），在其辐射线上设置弧形监测断面。③在湖库中心，深、浅水区，滞流区，不同鱼类的洄游产卵区，水生生物经济区等设置监测断面。

湖、库采样点的位置与河流相同。但由于湖、库深度不同，会形成不同水温层，此时应先测量不同深度的水温、溶解氧等，确定水层情况后，再确定垂线上采样点的位置。位置确定后，同样需要设立标志物，以保证每次采样在同一位置上。

（三）采样时间和频率的确定

为使采取的水样具有代表性，能反映水质在时间和空间上的变化规律，必须确定合理的采样时间和采样频率。一般原则如下。

①对较大水系干流和中、小河流，全年采样不少于 6 次，采样时间分为丰水期、枯水期和平水期，每期采样两次。②流经城市、工矿企业、旅游区等的水源每年采样不少于 12 次。③底泥在枯水期采样一次。④背景断面每年采样一次。

二、地下水监测方案的制订

地球表面的淡水大部分是贮存在地面之下的地下水，所以地下水是极宝贵的淡水资源。地下水的主要水源是大气降水，降水转成径流后，其中一部分通过土壤和岩石的间隙而渗入地下形成地下水。严格地说，由重力形成的存在于地表之下饱和层的水体才是地下水。目前大多数地下水尚未受到严重污染，但一旦受污，又非常难以通过自然过程或人为

手段予以消除。可供利用的现成地下水有井水、泉水等。

（一）基础资料的调查和收集

①收集、汇总监测区域的水文、地质、气象等方面的有关资料和以往的监测资料。例如，地质图、剖面图、测绘图、水井的成套参数、含水层、地下水补给、径流和流向，以及温度、湿度、降水量等。②调查监测区域内城市发展、工业分布、资源开发和土地利用情况，尤其是地下工程规模、应用等；了解化肥和农药的施用面积和施用量；查清污水灌溉、排污、纳污和地表水污染现状。③测量或查知水位、水深，以确定采水器和泵的类型、所需费用和采样程序。④在完成以上调查的基础上，确定主要污染源和污染物，并根据地区特点与地下水的主要类型把地下水分成若干个水文地质单元。

（二）采样点的设置

1. 地下水背景值采样点的确定

采样点应设在污染区外，如须查明污染状况，可贯穿含水层的整个饱和层，在垂直于地下水流方向的上方设置。

2. 受污染地下水采样点的确定

对于作为应用水源的地下水，现有水井常被用作日常监测水质的现成采样点。当地下水受到污染需要研究其受污情况时，则常须设置新的采样点。例如在与河道相邻近地区新建了一个占地面积不太大的垃圾堆场的情况下，为了监测垃圾中污染物随径流渗入地下，并被地下水挟带转入河流的状况，应设置地下水监测井。如果含水层渗透性较大，污染物会在此水区形成一个条状的污染带，那么监测井位置应处在污染带内。

一般地下水采样时应在液面下 0.3～0.5m 处采样，若有间温层，可按具体情况分层采样。

（三）采样时间和频率的确定

采样时间与频率一般是：每年应在丰水期和枯水期分别采样检验一次，10 天后再采检一次，可作为监测数据报出。

三、水污染源监测方案的制订

水污染源包括工业废水源、生活污水源、医院污水源等。在制订监测方案时，首先也要进行调查研究，收集有关资料，查清用水情况、污水的类型、主要污染物及排污去向和排放量等。

（一）基础资料的调查和收集

1. 调查污水的类型

工业废水、生活污水、医院污水的性质和组成十分复杂，它们是造成水体污染的主要原因。根据监测的任务，首先需要了解污染源所产生的污水类型。工业废水、生活污水、医院污水等所生成的污染物具有较大的差别。相对而言，工业污水往往是我们监测的重点，这是由于工业用水不仅在数量上而且在污染物的浓度上都是比较大的。

工业废水可分为物理污染污水、化学污染污水、生物及生物化学污染污水三种主要类型以及混合污染污水。

2. 调查污水的排放量

对于工业废水，可通过对生产工艺的调查，计算出排放水量并确定需要监测的项目；对于生活污水和医院污水则可在排水口安装流量计或自动监测装置进行排放量的计算和统计。

3. 调查污水的排污去向

调查内容有：①车间、工厂、医院或地区的排污口数量和位置；②直接排入还是通过渠道排入江、河、湖、库、海中，是否有排放渗坑。

（二）采样点的设置

1. 工业废水源采样点的确定

①含汞、镉、总铬、砷、铅、苯并［a］芘等第一类污染物的污水，不分行业或排放方式，一律在车间或车间处理设施的排出口设置采样点。②含酸、碱、悬浮物、生化需氧量、硫化物、氟化物等第二类污染物的污水，应在排污单位的污水出口处设采样点。③有处理设施的工厂，应在处理设施的排放口设点。为对比处理效果，在处理设施的进水口也可设采样点，同时采样分析。④在排污渠道上，选择道直、水流稳定、上游无污水流入的地点设点采样。⑤在排水管道或渠道中流动的污水，因为管道壁的滞留作用，使同一断面的不同部位流速和浓度都有变化，所以可在水面下1/4~1/2处采样，作为代表平均浓度水样采集。

2. 综合排污口和排污渠道采样点的确定

①在一个城市的主要排污口或总排污口设点采样。②在污水处理厂的污水进出口处设点采样。③在污水泵站的进水和安全溢流口处布点采样。④在市政排污管线的入水处布点

采样。

3. 采样时间和频率的确定

工业废水的污染物含量和排放量常随工艺条件及开工率的不同而有很大差异，故采样时间、周期和频率的选择是一个比较复杂的问题。

一般情况下，可在一个生产周期内每隔 0.5h 或 1h 采样 1 次，将其混合后测定污染物的平均值。如果取几个生产周期（如 3~5 个周期）的污水样监测，可每隔 2h 取样 1 次。对于排污情况复杂、浓度变化大的污水，采样时间间隔要缩短，有时需要 5~10min 采样 1 次，这种情况最好使用连续自动采样装置。对于水质和水量变化比较稳定或排放规律性较好的污水，待找出污染物浓度在生产周期内的变化规律后，采样频率可大大降低，如每月采样测定两次。

城市排污管道大多数受纳 10 个以上工厂排放的污水，由于在管道内污水已进行了混合，故在管道出水口，可每隔 1h 采样 1 次，连续采集 8h；也可连续采集 24h，然后将其混合制成混合样，测定各污染组分的平均浓度。

我国《地表水和污水监测技术规范》中对向国家直接报送数据的污水排放源规定：工业废水每年采样监测 2~4 次；生活污水每年采样监测 2 次，春、夏季各 1 次；医院污水每年采样监测 4 次，每季度 1 次。

第二节 水样的采集、保存和预处理

采集具有代表性的水样是水质监测的关键环节。分析结果的准确性首先依赖于样品的采集和保存。为了得到具有真实代表性的水样，需要选择合理的采样位置、正确的采样时间和科学的采样技术。

一、水样的采集

采样前，要根据监测项目、监测内容和采样方法的具体要求，选择适宜的盛水容器和采样器，并清洗干净。采样器具的材质化学性质要稳定，大小形状适宜、不吸附待测组分、容易清洗、瓶口易密封。同时要确定总采样量（分析用量和备份用量），并准备好交通工具。

（一）采样设备

采集表层水样，可用桶、瓶等容器直接采集。目前我国已经生产出不同类型的水质监测采样器，如单层采水器、直立式采水器、深层采水器、连续自动定时采水器等，广泛用于废水和污水采样。

常用的简易采水器，是一个装在金属框内用绳吊起的玻璃瓶或塑料瓶，框底装有重锤，瓶口有塞，用绳系牢，绳上标有高度。采样时，将采样瓶降至预定深度，将细绳上提打开瓶塞，水样即流入并充满采样瓶，然后用塞子塞住。

急流采水器适于采集地段流量大、水层深的水样。它是将一根长钢管固定在铁框上，钢管是空心的，管内装橡皮管，管上部的橡皮管用铁夹夹紧，下部的橡皮管与瓶塞上的短玻璃管相接，橡皮塞上另有一长玻璃管直通至样瓶底部。采集水样前，须将采样瓶的橡皮塞子塞紧，然后沿船身垂直方向伸入特定水深处，打开铁夹，水样即沿长玻璃管流入样瓶中。此种采水器是隔绝空气采样，可供溶解氧测定。

此外还有各种深层采水器和自动采水器。

沉积物采样分表层沉积物采样和柱状沉积物采样。表层沉积物采样是用各种掘式和抓式采样器，用手动绞车或电动绞车进行采样；柱状沉积物采样是采用各种管状或筒状的采样器，利用自身重力或通过人工锤击，将管子压入沉积物中直至所需深度，然后将管子提取上来，用通条将管中的柱状沉积物样品压出。

（二）盛样容器

采集和盛装水样或底质样品的容器要求材质化学稳定性好，保证水样各组分在贮存期内不与容器发生反应，能够抵御环境温度从高温到严寒的变化，抗震，大小、形状和重量适宜，能严密封口并容易打开，容易清洗并可反复使用。常用材料有高压聚乙烯塑料（以P表示）、一般玻璃（G）和硬质玻璃或硼硅玻璃（BG）。不同监测项目水样容器应采用适当的材料。

水质监测，尤其是进行痕量组分测定时，常常因容器污染造成误差。为减少器壁溶出物对水样的污染和器壁吸附现象，须注意容器的洗涤方法。应先用水和洗涤剂洗净，用自来水冲洗后备用。常用洗涤法是用重铬酸钾-硫酸洗液浸泡，然后用自来水冲洗和蒸馏水荡洗；用于盛装重金属监测样品的容器，须用10%硝酸或盐酸浸泡数小时，再用自来水冲洗，最后用蒸馏水洗净。容器的洗涤还与监测对象有关，洗涤容器时要考虑到监测对象。如测硫酸盐和铬时，容器不能用重铬酸钾-硫酸洗液；测磷酸盐时不能用含磷洗涤剂；测汞时容器洗净后尚须用 1+3 硝酸浸泡数小时。

（三）采样方法

（1）在河流、湖泊、水库及海洋采样应有专用监测船或采样船，如无条件也可用手划或机动的小船。如果位置合适，可在桥或坎上采样。较浅的河流和近岸水浅的采样点可以涉水采样。采样容器口应迎着水流方向，采样后立即加盖塞紧，避免接触空气，并避光保存。深层水的采集，可用抽吸泵采样，利用船等行驶至特定采样点，将采水管沉降至规定的深度，用泵抽取水样即可。采集底层水样时，切勿搅动沉积层。（2）采集自来水或从机井采样时，应先放水数分钟，使积留在水管中的杂质及陈旧水排除后再取样。采样器和塞子须用采集水样洗涤 3 次。对于自喷泉水，在涌水口处直接采样。（3）从浅埋排水管、沟道中采集废（污）水，用采样容器直接采集。对埋层较深的排水管、沟道，可用深层采水器或固定在负重架内的采样容器，沉入检测井内采样。（4）采用自动采水器可自动采集瞬时水样和混合水样。当废（污）水排放量和水质较稳定时，可采集瞬时水样；当排放量较稳定，水质不稳定时，可采集时间等比例水样；当二者都不稳定时，必须采集流量等比例水样。

4. 水样采集量和现场记录

水样采集量根据监测项目确定，不同的监测项目对水样的用量和保存条件有不同的要求，所以采样量必须按照各个监测项目的实际情况分别计算，再适当增加 20%～30%。底质采样量通常为 1～2kg。

采样完成并加好保存剂后，要贴上样品标签或在水样说明书上做好详细记录，记录内容包括采样现场描述与现场测定项目两部分。采样现场描述的内容包括：样品名称、编号、采样断面、采样点、添加保存剂种类和数量、监测项目、采样者、登记者、采样日期和时间、气象参数（气温、气压、风向、风速、相对湿度）、流速、流量等。水样采集后，对有条件进行现场监测的项目进行现场监测和描述，如水温、色度、臭味、pH 值、电导率、溶解氧、透明度、氧化还原电位等，以防变化。

二、流量的测量

为了计算水体污染负荷是否超过环境容量、控制污染源排放量和评价污染控制效果等，需要了解相应水体的流量。因此在采集水样的同时，还需要测量水体的水位（m）、流速（m/s）、流量（m^3/s）等水文参数。河流流量测量和工业废水、污水排放过程中的流量测量方法基本相同，主要有流速仪法、浮标法、容积法、溢流堰法等。对于较大的河流，水利部门通常都设有水文测量断面，应尽可能利用这些断面。若监测河段无水文测量断面，应选择水文参数比较稳定、流量有代表性的断面作为测量断面。

（一）流速仪法

使用流速仪可直接测量河流或废（污）水的流量。流速仪法通过测量河流或排污渠道的过水截面积，以流速仪测量水流速，从而计算水流量。流速仪法测量范围较宽，多数用于较宽的河流或渠道的流量测量。测量时需要根据河流或渠道深度和宽度确定垂直测点数和水平测点数。流速仪有多种规格，常用的有旋杯式和旋桨式两种，测量时将仪器放到规定的水深处，按照仪器说明书要求操作。

（二）浮标法

浮标法是一种粗略测量小型河、渠中水流速的简易方法。测量时选取一平直河段，测量该河段 2m 间距内起点、中点和终点 3 个过水横断面面积，求出其平均横断面面积。在上游河段投入浮标（如木棒、泡沫塑料、小塑料瓶等），测量浮标流经确定河段（L）所需要的时间，重复测量多次，求出所需时间的平均值（t），即可计算出流速（L/t），进而可按下式计算流量：

$$Q = K \times \bar{v} \times S$$

式中：

Q ——水流量，m^3/s；

$\bar{v}$ ——浮标平均流速，m/s，等于 L/t；

S ——过水横断面面积，m^2；

K ——浮标系数，与空气阻力、断面上流速分布的均匀性有关，一般须用流速仪对照标定，其范围为 0.84~0.90。

（三）容积法

容积法是将污水接入已知容量的容器中，测定其充满容器所需时间，从而计算污水流量的方法。本法简单易行，测量精度较高，适用于污水量较小的连续或间歇排放的污水。但溢流口与受纳水体应有适当落差或能用导水管形成落差。

三、水样的运输与保存

（一）样品的运输

水样采集后，应尽快送到实验室分析测定。通常情况下，水样运输时间不超过 24h。在运输过程中应注意：装箱前应将水样容器内外盖盖紧，对盛水样的玻璃磨口瓶应用聚乙烯薄膜覆盖瓶口，并用细绳将瓶塞与瓶颈系紧；装箱时用泡沫塑料或波纹纸板垫底和间隔防震；须冷藏的样品，应采取制冷保存措施；冬季应采取保温措施，以免冻裂样品瓶。

（二）样品的保存

水样在存放过程中，可能会发生一系列理化性质的变化。由于生物的代谢活动，会使水样的 pH 值、溶解氧、生化需氧量、二氧化碳、碱度、硬度、磷酸盐、硫酸盐、硝酸盐和某些有机化合物的浓度发生变化；由于化学作用，测定组分可能被氧化或还原。如六价铬在酸性条件下易被还原为三价铬，余氯可能被还原变为氯化物，硫化物、亚硫酸盐、亚铁、碘化物和氰化物可能因氧化而损失；由于物理作用，测定组分会被吸附在容器壁上或悬浮颗粒物的表面上，如金属离子可能与玻璃器壁发生吸附和离子交换，溶解的气体可能损失或增加，某些有机化合物易挥发损失等。为了避免或减少水样的组分在存放过程中的变化和损失，部分项目要在现场测定。不能尽快分析时，应根据不同监测项目的要求，放在性能稳定的材料制成的容器中，采取适宜的保存措施。

为了减缓水样在存放过程中的生物作用、化合物的水解和氧化还原作用及挥发和吸附作用，需要对水样采取适宜的保存措施。包括：①选择适当材料的容器；②控制溶液的 pH 值；③加入化学试剂抑制氧化还原反应和生化反应；④冷藏或冷冻以降低细菌活性和化学反应速率。

四、水样的预处理

环境水样所含组分复杂，多数待测组分的浓度低，存在形态各异，且样品中存在大量干扰物质，因此在分析测定之前，需要进行样品的预处理，以得到待测组分适合于分析方法要求的形态和浓度，并与干扰性物质最大限度地分离。水样的预处理主要指水样的消解、微量组分的富集与分离。

（一）水样的消解

当对含有机物的水样中的无机元素进行测定时，需要对水样进行消解处理。消解处理的目的是破坏有机物、溶解颗粒物，并将各种价态的待测元素氧化成单一高价态或转变成易于分离的无机化合物。消解主要有湿式消解法和干灰化法两种。消解后的水样应清澈、透明、无沉淀。

1. 湿式消解法

（1）硝酸消解法

对于较清洁的水样，可用此法。具体方法是：取混匀的水样 50~200mL 于锥形瓶中，加入 5~10mL 浓硝酸，在电热板上加热煮沸，缓慢蒸发至小体积，试液应清澈透明，呈浅色或无色，否则，应补加少许硝酸继续消解。蒸至近干时，取下锥形瓶，稍冷却后加 2% HNO_3（或 HCl）20mL，温热溶解可溶盐。若有沉淀，应过滤，滤液冷却至室温后于 50mL 容量瓶中定容，备用。

（2）硝酸-硫酸消解法

这两种酸都是强氧化性酸，其中硝酸沸点低（83℃），而浓硫酸沸点高（338℃），两者联合使用，可大大提高消解温度和消解效果，应用广泛。常用的硝酸与硫酸的比例为 5：2。消解时，先将硝酸加入水样中，加热蒸发至小体积，稍冷，再加入硫酸、硝酸，继续加热蒸发至冒大量白烟，冷却后加适量水，温热溶解可溶盐。若有沉淀，应过滤，滤液冷却至室温后定容，备用。为提高消解效果，常加入少量过氧化氢。该法不适用于含易生成难溶硫酸盐组分（如铅、钡、银等元素）的水样。

（3）硝酸-高氯酸消解法

这两种酸都是强氧化性酸，联合使用可消解含难氧化有机物的水样。方法要点是：取适量水样于锥形瓶中，加 5~10mL 硝酸，在电热板上加热、消解至大部分有机物被分解。取下锥形瓶，稍冷却，再加 2~5mL 高氯酸，继续加热至开始冒白烟，如试液呈深色再补加硝酸，继续加热至冒浓厚白烟将尽，取下锥形瓶，冷却后加 2% HNO_3 溶解可溶盐。若有沉淀，应过滤，滤液冷却至室温后定容备用。因为高氯酸能与羟基化合物反应生成不稳定的高氯酸酯，有发生爆炸的危险，所以应先加入硝酸氧化水样中的羟基有机物，稍冷后再加高氯酸处理。

（4）硫酸-磷酸消解法

两种酸的沸点都比较高，其中，硫酸氧化性较强，磷酸能与一些金属离子如 Fe^{3+} 等络合，两者结合消解水样，有利于测定时消除 Fe^{3+} 等离子的干扰。

（5）硫酸-高锰酸钾消解法

该方法常用于消解测定汞的水样。高锰酸钾是强氧化剂，在中性、碱性、酸性条件下都可以氧化有机物，其氧化产物多为草酸根，但在酸性介质中还可继续氧化。消解要点

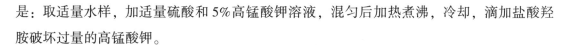

是：取适量水样，加适量硫酸和5%高锰酸钾溶液，混匀后加热煮沸，冷却，滴加盐酸羟胺破坏过量的高锰酸钾。

（6）多元消解法

为提高消解效果，在某些情况下需要通过多种酸的配合使用，特别是在要求测定大量元素的复杂介质体系中。例如处理测定总铬废水时，需要使用硫酸、磷酸和高锰酸钾消解体系。

（7）碱分解法

造成某些元素挥发或损失时，可采用碱分解法。即在水样中加入氢氧化钠和过氧化氢溶液，或者氨水和过氧化氢溶液，加热沸腾至近干，稍冷却后加入水或稀碱溶液温热溶解可溶盐。

（8）微波消解法

此方法主要是利用微波加热的工作原理，对水样进行激烈搅拌、充分混合和加热，能够有效提高分解速度，缩短消解时间，提高消解效率。同时，避免了待测元素的损失和可能造成的污染。

2. 干灰化法

干灰化法又称高温分解法。具体方法是：取适量水样于白瓷或石英蒸发皿中，于水浴上先蒸干，固体样品可直接放入坩埚中，然后将蒸发皿或坩埚移入马福炉内，于450～550℃灼烧至残渣呈灰白色，使有机物完全分解去除。取出蒸发皿，稍冷却后，用适量2% HNO_3（或HCl）溶解样品灰分，过滤后滤液经定容后供分析测定。本方法不适用于处理测定易挥发组分（如砷、汞、镉、硒、锡等）的水样。

（二）水样的富集与分离

水质监测中，待测物的含量往往极低，大多处于痕量水平，常低于分析方法的检出下限，并有大量共存物质存在，干扰因素多，所以在测定前须进行水样中待测组分的分离与富集，以排除分析过程中的干扰，提高测定的准确性和重现性。富集和分离过程往往是同时进行的，常用的方法有过滤、挥发、蒸发、蒸馏、溶剂萃取、沉淀、吸附、离子交换、冷冻浓缩、层析等，比较先进的技术有固相萃取、微波萃取、超临界流体萃取等，应根据具体情况选择使用。

1. 挥发、蒸发和蒸馏

挥发、蒸发和蒸馏主要是利用共存组分的挥发性不同（沸点的差异）进行分离。

(1) 挥发

此方法是利用某些污染组分挥发度大，或者将欲测组分转变成易挥发物质，然后用惰性气体带出而达到分离的目的。例如，汞是唯一在常温下具有显著蒸气压的金属元素，用冷原子荧光法测定水样中的汞时，先将汞离子用氯化亚锡还原为原子态汞，通入惰性气体将其带出并送入仪器测定。

(2) 蒸发

蒸发一般是利用水的挥发性，将水样在水浴、油浴或沙浴上加热，使水分缓慢蒸出，而待测组分得以浓缩。该法简单易行，无须做化学处理，但存在缓慢、易吸附损失的缺点。

(3) 蒸馏

蒸馏分离是利用各组分的沸点及其蒸气压大小的不同实现分离的方法，分为常压蒸馏、减压蒸馏、水蒸气蒸馏、分馏法等。加热时，较易挥发的组分富集在蒸气相，通过对蒸气相进行冷凝或吸收，使挥发性组分在馏出液或吸收液中得到富集。

2. 液-液萃取法

液-液萃取也叫溶剂萃取，是基于物质在互不相溶的两种溶剂中分配系数不同，从而达到组分的富集与分离。具体分为以下两类。

(1) 有机物的萃取

分散在水相中的有机物易被有机溶剂萃取，利用此原理可以富集分散在水样中的有机污染物。常用的有机溶剂有三氯甲烷、四氯甲烷、正己烷等。

(2) 无机物的萃取

多数无机物质在水相中均以水合离子状态存在，无法用有机溶剂直接萃取。为实现用有机溶剂萃取，通过加入一种试剂，使其与水相中的离子态组分相结合，生成一种不带电、易溶于有机溶剂的物质。根据生成可萃取物类型的不同，可分为螯合物萃取体系、离子缔合物萃取体系、三元络合物萃取体系和协同萃取体系等。在环境监测中常用的是螯合物萃取体系，利用金属离子与螯合剂形成疏水性的螯合物后被萃取到有机相，主要应用于金属阳离子的萃取。

3. 沉淀分离法

沉淀分离法是基于溶度积原理，利用沉淀反应进行分离。在待分离试液中，加入适当的沉淀剂。在一定条件下，使欲测组分沉淀出来，或者将干扰组分析出沉淀，以达到组分分离的目的。

4. 吸附法

吸附法是利用多孔性的固体吸附剂将水中的一种或多种组分吸附于表面，以达到组分分离的目的。常用的吸附剂主要有活性炭、硅胶、氧化铝、分子筛、大孔树脂等。被吸附富集于吸附剂表面的组分可用有机溶剂或加热等方式解析出来，进行分析测定。

5. 离子交换法

离子交换法是利用离子交换剂与溶液中的离子发生交换反应进行分离的方法。离子交换剂分为无机离子交换剂和有机离子交换剂。目前广泛应用的是有机离子交换剂，即离子交换树脂。通过树脂与试液中的离子发生交换反应，再用适当的淋洗液将已交换在树脂上的待测离子洗脱，以达到分离和富集的目的。该法既可以富集水中痕量无机物，又可以富集痕量有机物，分离效率高。

第三节　金属污染物的测定

金属污染物主要有汞、镉、铅、铬、铍、铜、镍等。根据金属在水中存在的状态，分别测定溶解的、悬浮的、总金属以及酸可提取的金属成分等。溶解的金属是指能通过0. 45μm滤膜的金属；悬浮的金属指被 0.45μm 滤膜阻留的金属；总金属指未过滤水样，经消解处理后所测得的金属含量。目前环境标准中，如无特别指明，一般指总金属含量。

水体中金属化合物的含量一般较低，对其进行测定须采用高灵敏的方法。目前标准中主要采用原子吸收分光光度法，其他测定金属的方法有电感耦合等离子体发射光谱法、分光光度法、原子荧光法和阳极溶出伏安法等。

一、原子吸收分光光度法测定多种金属

原子吸收分光光度法是利用某元素的基态原子对该元素的特征谱线具有选择性吸收的特性来进行定量分析的方法。按照使被测元素原子化的方式可分为火焰法、无火焰法和冷原子法三种形式。最常用的是火焰原子吸收分光光度法，其分析示意图如图 2-1 所示。

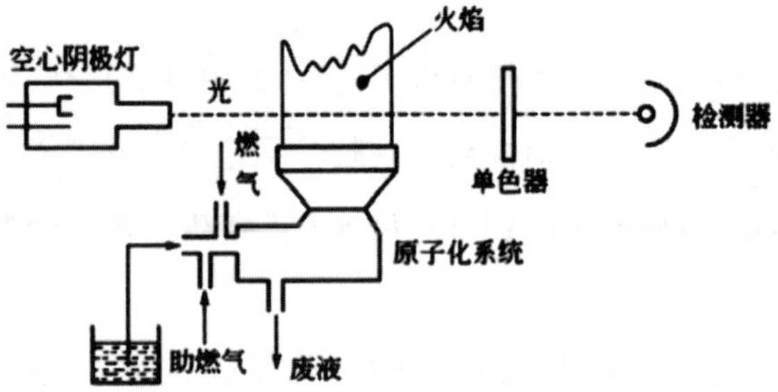

图 2-1　火焰原子吸收分光光度法示意图

压缩空气通过文丘里管把试液吸入原子化系统，试液被撞击为细小的雾滴随气流进入火焰。试样中各元素化合物在高温火焰中气化并解离成基态原子，这一过程称为原子化过程。此时，让从空心阴极灯发出的具有特征波长的光通过火焰，该特征光的能量相当于待测元素原子由基态提高到激发态所需的能量。因而被基态原子吸收，使光的强度发生变化，这一变化经过光电变换系统放大后在计算机上显示出来。被吸收光的强度与蒸气中基态原子浓度的关系在一定范围内符合比耳定律，因此，可以根据吸光度的大小，在相同条件下制作的标准曲线上求得被测元素的含量。

在无火焰原子吸收分光光度法中，元素的原子化是在高温的石墨管中实现的。石墨管同轴地放置在仪器的光路中，用电加热使其达到近 3000℃温度，使置于管中的试样原子化并同时测得原子化期间的吸光度值。此法具有比火焰原子吸收法更高的灵敏度。

冷原子吸收分光光度法仅适用于常温下能以气态原子状态存在的元素，实际上只能用来测定汞蒸气，可以说是一种测汞专用的方法。

二、汞

汞及其化合物属于极毒物质。天然水中含汞极少，一般不超过 0.1μg/L。工业废水中汞的最高允许排放浓度为 0.05mg/L。汞的测定方法有冷原子吸收法、冷原子荧光法、二硫腙分光光度法等。

（一）冷原子吸收法

汞是常温下唯一的液态金属，具有较高的蒸气压（20℃时汞的蒸气压为 0.173Pa，在 25℃时以 1L/min 流量的空气流经 10cm^2的汞表面，每 1m^3空气中含汞约为 30mg），而且汞在空气中不易被氧化，以气态原子形态存在。由于汞具有上述特性，可以直接用原子吸收法在常温下测定汞，故称为冷原子吸收法。采用此法，由于可以省去原子化装置，使仪器结构简化。测定时干扰因素少，方法检出限为 0.05μg/L。冷原子吸收法测汞的专用仪器为测汞仪，光源为低压汞灯，发出汞的特征吸收波长为253.7nm的光。

汞在污染水体中部分以有机汞（如甲基汞和二甲基汞）形式存在，测总汞时须将有机物破坏，使之分解，并使汞转变为汞离子。一般用强氧化剂加以消解处理。浓硫酸-高锰酸钾可以氧化有机汞的化合物，将其中的汞转变成汞离子，然后用适当的还原剂（如氯化亚锡）将汞离子还原为汞。利用汞的强挥发性，以氮气或干燥清洁的空气做载气，将汞吹出，导入测汞仪进行原子吸收测定。

（二）冷原子荧光法

荧光是一种光致发光的现象。当1/4压汞灯发出的253.7nm的紫外线照射基态汞原子时，汞原子由基态跃迁至激发态，随即又从激发态回至基态，伴随以发射光的形式释放这部分能量，这样发射的光即为荧光。通过测量荧光强度求得汞的浓度。在较1/4浓度范围内，荧光强度与汞浓度成正比。冷原子荧光测汞仪与冷原子吸收测汞仪的不同之处是光电倍增管处在与光源垂直的位置上检测光强，以避免来自光源的干扰。冷原子荧光法具有更高的灵敏度，其方法检测为1.5ng/L。

三、砷

砷污染主要来自含砷农药、冶炼、制革、染料化工等工业废水。环境中的砷以砷（Ⅲ）和砷（V）两种价态化合物存在。砷化物有毒性，三价砷比五价砷毒性更大。地面水环境质量标准规定砷的含量为0.05～0.1mg/L，工业废水的最高允许排放浓度为0.5mg/L。

砷的测定方法可采用分光光度法、原子吸收法和原子荧光法。不管采用何种方法，水样均要进行相似的前处理。除非是清洁水样，对于污染水样，首先用酸消解，然后还原使砷以砷化氢气体形式从水样中分离出来。

（一）分光光度法（光度法）

1. 二乙基二硫代氨基甲酸银光度法

此法由Vazak提出。水样经前处理，以碘化钾和氯化亚锡使五价砷还原为三价砷，加入无砷锌粒，锌与酸产生的新生态氢使三价砷还原成气态砷化氢。用二乙基二硫代氨基甲酸银（AgDDTC）的吡啶溶液吸收分离出来的砷化氢，吸收的砷化氢将银盐还原为单质银，这种单质银是颗粒极细的胶态银，分散在溶中呈棕红色，借此作为光度法测定砷的依据。显色反应为：

$$AsH_3 + 6AgDDTC \rightarrow 6Ag + 3HDDTC + As(DDTC)_3$$

吡啶在体系中有两种作用：Az（DDTC）$_3$为水不溶性化合物，吡啶既作为溶剂，又能与显色反应中生成的油离酸结合成盐，有利于显色反应进行得更完全。但是，由于吡啶易挥发，其气味难闻，后来改用 AgDDTC －三乙醇胺－氯仿作为吸收显色体系。在此，三乙醇胺作为有机碱与游离酸结合成盐，氯仿作为有机溶。本法选择在波长 510nm 下测定吸光度。50mL 水样，最低检出浓度为 7μg/L。

2. 新银盐光度法

硼氢化钾（或硼氢化钠）在酸性溶液中，产生新生态的氢，将水中无机砷还原成砷化氢气体。以硝酸－硝酸银－聚乙烯醇－乙醇为吸收液，砷化氢将吸收液中的银离子还原成单质胶态银，使溶液呈黄色，颜色强度与生成氢化物的量成正比。黄色溶液在 400nm 处有最大吸收。颜色在 2h 内无明显变化（20℃以下）。化学反应如下：

$$BH_4^- + FH + 3H_2O \rightarrow 8[H] + H_3BO_3$$

$$As^{3+} + 3[H] \rightarrow AsH_3\uparrow$$

$$6Ag^+ + ASH_3 + 3H_2O \rightarrow 6Ag + H_3AsO_3 + 6H^+$$

聚乙烯醇在体系中的作用是作为分散剂，使胶体银保持分散状态。乙醇作为溶剂。此法测定精密度高，根据四地区不同实验室测定，相对标准偏差为 1. 9%，平均加标回收率为 98%。此法反应时间只需几分钟，而 AgDDC 法则需 1h 左右。此法对砷测定具有较好选择性，但在反应中能生成与砷化氢似氢化物其他离子有正干扰，如锑、铋、锡、锗等；能被氢还原金属离子有负干扰，如镍、钴、铁、锰、镉等；常见阴阳离子没有干扰。

在含 2μg 砷 250mL 试样中加入 0.15mol/L 酒石酸溶液 20mL，可消除为砷量 800 倍铝、锰、锌、镉、200 倍铁，0 倍镍、钴、30 倍铜、2.5 倍锡（Ⅳ）、1 倍锡（Ⅱ）干扰。用浸渍二甲基甲酰胺（DMF）脱脂棉可消除为砷量 2.5 倍锑、铋和 0.5 倍锗干扰。用乙酸铅棉可消除硫化物干扰。水体中含量较低的硫、硒对本法无影响。

（二）氢化物原子吸收法

硼氢化钾或硼氢化钠在酸性溶液中，产生新生态氢，将水样中无砷还原砷化氢气体，将其用 N_2气载入石英管中，以电加热方式使石英管升温至 900～1000℃。砷化氢在此温度下被分解形成砷原子蒸气，对来自砷光源特征电磁辐射产生吸收。将测得水样中砷吸光度值和标准吸光度值进行比较，确定水样中砷含量。原子吸收光谱仪一般带有氢化物发生与测定装置作为附件供选择购置，一般装置检出限为 0.25ug/L。

（三）原子荧光法

在消解处理水样后加入硫脲，把砷还原成三价。在酸性介质中加入硼氢化钾溶液，三价砷被还原形成砷化氢气体，由载气（氩气）直接导入石英管原子化器中，进而在氩氢火焰中原子化。基态原子受特种空心阴极灯光源的激发，产生原子荧光，通过检测原子荧光的相对强度，利用荧光强度与溶液中的砷含量呈正比的关系，计算样品溶液中相应成分的含量。该法也适用于测定锑和铋等元素，砷、锑、泌的方法检出限为0.1~0.2μg/L。

四、铬

铬的主要污染源是电镀、制革、冶炼等工业排放的污水。它以三价铬离子和铬酸根离子形式存在。微量的三价铬是生物体必需的元素，但超过一定浓度也有危害。六价铬的毒性强，且更易为人体吸收，因此被列为优先监测的项目之一。

铬的测定可用多种方法：原子吸收分光光度法可用来直接测定三价铬和六价铬的总量；含高浓度铬酸根的污水可用滴定法测定；在多种测定铬的光度法中，二苯碳酰二肼光度法对铬（Ⅵ）的测定几乎是必需的，能分别测定两种价态的铬。

二苯碳酰二肼，又名二苯氨基脲、二苯卡巴肼。白色或淡橙色粉末，易溶于乙醇和丙酮等有机溶剂。试剂配成溶液后，易氧化变质，稳定性不好，应在冰箱中保存。

二苯碳酰二肼测定铬是基于与铬（Ⅵ）发生的显色反应，共存的铬（Ⅲ）不参与反应。铬（Ⅵ）与试剂反应生成红紫色的络合物，其最大吸收波长为540nm。其具有较高的灵敏度（$\varepsilon = 4 \times 10^4$），最低检出浓度为4μg/L。水样经高锰酸钾氧化后测得的是总铬，未经氧化测得的是Cr(Ⅵ)，将总铬减Cr(Ⅵ)，即得Cr(Ⅲ)。

第四节　非金属无机物的测定

环境水体中除了有机污染物外，还有大量的无机物，例如，含氮化合物、含磷化合物、氟化物、氯化物、氰化物、硫酸盐等。这些化合物一般以阴离子形态存在于水体中，容易被生物吸收或不稳定。对于这些化合物的测定，最普遍应用的方法是化学法和光度法，应用离子选择电极法的也较多，近年来离子色谱法在测定阴离子方面取得较大进展。

水中的含氮化合物是一项重要的卫生指标。环境水体中存在着各种形态的含氮化合物，由于化学和生物化学的作用，它们处在不断的变化和循环之中。水中氮的存在形式有氨氮（NH_3、NH_4^+）、亚硝酸盐（NO_2^-）、硝酸盐（NO_3^-）、有机氮（蛋白质、尿素、氨基酸、硝基化合物等）。最初进入水中的有机氮和氨氮，其中有机氮首先被分解转化为氨氮，尔后在有氧条件下，氨氮在亚硝酸菌和硝酸菌的作用下逐步氧化为亚硝酸盐和硝酸盐。若水中富含大量有机氮和氨氮，则说明水体最近受到污染。

磷为常见元素，在天然水和废水中磷主要以正磷酸盐［PO_4^{3-}、PHO_4^{2-}、$H_2PO_4^-$］、缩合磷酸盐（$P_2O_7^{4-}$、$P_3O_{10}^{5-}$、$(PO_3)_6^{3-}$）和有机磷（如磷脂等）形式存在，也存在于腐殖质粒子和水生生物中。化肥、冶炼、合成洗涤剂等行业的工业废水及生活污水中常含有大量的磷。由于化肥和有机磷农药的大量使用，农田排水中也会含有比较高的磷。

当水体中含氮、磷和其他营养物质过多时，会促使藻类等浮游生物大量繁殖，形成水华或赤潮，造成水体富营养化。

一、硝酸盐

硝酸盐（NO_3^-）是在有氧环境中最稳定的含氮化合物，也是含氮有机化合物经无机化作用最终阶段的分解产物。由于大量施用化肥和酸雨等因素的影响，水体中硝酸盐含量呈升高趋势。清洁的地面水硝酸盐含量很低，受污染的水体和一些深层地下水含量较高。过多的硝酸盐对环境和人体不利。饮用水中的硝酸盐是有害物质，进入人体后可以被还原为亚硝酸盐进而生成其他危害更严重的物质。饮用水中，硝酸盐的浓度限制在 10mg/L（以氮计）以下。

硝酸盐测定方法有光度法、离子色谱法、离子选择电极法和气相分子吸收光谱法等。光度法包括酚二磺酸分光光度法、戴氏合金还原-纳氏试剂光度法、镉柱还原-偶氮光度法、紫外分光光度法等。

其中镉柱还原-偶氮光度法利用硝酸盐通过镉柱后被还原成亚硝酸盐，亚硝酸盐与芳香胺生成重氮化合物，测定亚硝酸盐。此法可分别测定样品中硝酸盐与亚硝酸盐，但操作比较烦琐，较少应用。戴氏合金还原法是水样在碱性介质中，硝酸盐可被还原剂戴氏合金在加热情况下定量还原为氨，经蒸馏出后被吸收于硼酸溶液中，用纳氏试剂光度法或酸滴定法测定。紫外分光光度法是利用硝酸根离子在 220nm 波长处的吸收而定量测定硝酸根。酚二磺酸分光光度法显色稳定，测定范围较宽，下面重点介绍此测定方法。

（一）酚二磺酸光度法原理

利用硝酸盐在无水情况下与酚二磺酸反应生成邻硝基酚二磺酸，在碱性（氨性）溶液中生成黄色化合物，于 410nm 波长处进行分光光度测定。

（二）仪器

75~100mL 容量瓷蒸发皿；50mL 具塞比色管；分光光度计；恒温水浴。

（三）试剂

第一，浓硫酸。ρ=1.84g/mL。

第二，发烟硫酸（$H_2SO_4 \cdot SO_3$）。含 13%三氧化硫（SO_3）。

注：①发烟硫酸在室温较低时凝固，取用时，可先在 40~50℃隔水浴中加温使熔化，不能将盛装发烟硫酸的玻璃瓶直接置入水浴中，以免瓶裂引起危险。②发烟硫酸中含三氧化硫（SO_3）浓度超过 13%时，可用浓硫酸按计算量进行稀释。

第三，酚二磺酸［$C_6H_3(OH)(SO_3H)_2$］。称取 25g 苯酚置于 500mL 锥形瓶中，加 150mL 浓硫酸使之溶解，再加 75mL 发烟硫酸充分混合。瓶口插一小漏斗，置瓶于沸水浴中加热 2h，得淡棕色稠液，贮于棕色瓶中，密塞保存。当苯酚色泽变深时，应进行蒸馏精制。若无发烟硫酸时，亦可用浓硫酸代替，但应增加在沸水浴中加热时间至 6h，制得的试剂尤应注意防止吸收空气中的水分，以免因硫酸浓度的降低，影响硝基化反应的进行，使测定结果偏低。

第四，氨水（$NH_3 \cdot H_2O$）。$\rho = 0.90g/mL_c$。

第五，氢氧化钠溶液。0.1mol/L。

第六，硝酸盐氮标准贮备液。$c_N = 100mg//L$。将 0.7218g 经 105~110℃干燥 2h 的硝酸钾（KNO_3）溶于水中，移入 1000mL 容量瓶，用水稀释至标线，混匀。加 2mL 氯仿做保存剂，至少可稳定 6 个月。每毫升本标准溶液含 0.10mg 硝酸盐氮。

第七，硝酸盐氮标准溶液。CN=10.0mg/L。吸取 50.0mL100mg/L 硝酸盐氮标准贮备液，置蒸发皿内，加 0.1mol/L 氢氧化钠溶液使 pH 值调至 8，在水浴上蒸发至干。加 2mL 酚二磺酸试剂，用玻璃棒研磨蒸发皿内壁，使残渣与试剂充分接触，放置片刻，重复研磨一次，放置 10min，加入少量水，定量移入 500mL 容量瓶中，加水至标线，混匀。每毫升本标准溶液含 0.010mg 硝酸盐氮。贮于棕色瓶中，此溶液至少稳定 6 个月。

第八，硫酸银溶液。称取 4.397g 硫酸银（Ag_2SO_4）溶于水，稀释至 1000mL。1.00mL 此溶液可去除 1.00mg 氯离子（Cl）。

第九，硫酸溶液。0.5mol/L。

第十，EDTA 二钠溶液。称取 50gEDTA 二钠盐的二水合物（$C_{10}H_4N_20_3Na_2 \cdot 2H_2O$），溶于 20mL 水中，调成糊状，加入 60mL 氨水充分混合，使之溶解。

第十一，氢氧化铝悬浮液。称取 125g 硫酸铝钾［$KAl(SO_4)_2\cdot 12H_2O$］或硫酸铝铵［$NH_4Al(SO_4)_2\cdot 12H_2O$］溶于 1L 水中，加热到 60℃，在不断搅拌下徐徐加入 55mL 氨水，使生成氢氧化铝沉淀，充分搅拌后静置，弃去上清液。反复用水洗涤沉淀，至倾出液无氯离子和铵盐。最后加入 300mL 水使成悬浮液。使用前振摇均匀。

二、氨氮

水样中的总氮含量是衡量水质的重要指标之一。其测定方法通常采用过硫酸钾氧化，使有机氮和无机氮化合物转变为硝酸盐测定。凯氏氮是指以基耶达法测得的含氮量，它包括氨氮以及在浓硫酸和催化剂（K_2SO_4）条件下能转化为铵盐而被测定的有机氮化合物。

氨氮以游离氨（又称非离子氨，NH_3）和铵盐（NH_4^+）形式存在于水中，二者的组成比取决于水的 pH 值。水中氨氮的来源主要有生活污水、合成氨工业废水以及农田排水。氨氮较高时对鱼类有毒害作用，高含量时会导致鱼类死亡。

纳氏试剂分光光度法是氯化汞和碘化钾的碱性溶液与氨反应生成黄棕色化合物，在较宽的波长范围内有强烈吸收，比色测定。水杨酸分光光度法是在亚硝基铁氰化钠存在下，铵与水杨酸盐和次氯酸离子反应生成蓝色化合物，比色测定。比色方法操作简便、灵敏、但干扰较多。因此对污染严重的工业废水，应将水样蒸馏，以消除干扰。蒸馏时调节水样的 pH 值在 6~7.4 范围，加入氢氧化镁使呈微碱性。若采用纳氏试剂比色法或酸滴定法时以硼酸为吸收液；用水杨酸一次氯酸盐分光光度法时采用硫酸吸收。

（一）纳氏试剂法原理

碘化汞和碘化钾的碱性溶液与氨反应生成淡黄棕色胶态化合物，其色度与氨氮含量成正比，通常可在波长 410~425nm 范围内测其吸光度，反应式如下：

$$2K_2[HgI_4] + NH_3 + 3KOH - NH_2Hg_2IO(\text{棕黄色}) + 7KI + 2H_2O$$

本法最低检出浓度为 0.025mg/L（光度法），测定上限为 2mg/L。采用目视比色法，最低检出浓度为 0.02mg/L。水样做适当的预处理后，本法可适用于地面水、地下水、工业废水和生活污水。

（二）仪器

带氮球的定氮蒸馏装置：500mL 凯氏烧瓶、氮球、直形冷凝管；分光光度计；pH 值计。

（三）试剂

1. 配制试剂用水均应为无氨水

无氨水，可选用下列方法之一进行制备。

①蒸馏法：每升蒸馏水中加0.1mL硫酸，在全玻璃蒸馏器中重蒸馏，弃去50mL初馏液，接取其余馏出液于具塞磨口的玻璃瓶中，密塞保存。②离子交换法：使蒸馏水通过强酸性阳离子交换树脂柱。

（2）1mol/L盐酸溶液

取8.5mL盐酸于100mL容量瓶中，用水稀释至标线。

（3）1mol/L氢氧化钠溶液

称取4g氢氯化钠溶于水中，稀释至100mL。

（4）轻质氧化镁（MgO）

将氧化镁在500℃下加热，以除去碳酸盐。

（5）0.05%溴百里酚蓝指示液（pH值=6.0~7.6）

称取0.05g溴百里酚蓝指示液溶于50mL水中，加10mL无水乙醇，用水稀释至100mL。

（6）防沫剂

如石蜡碎片。

（7）吸收液

①硼酸溶液：称取20g硼酸溶于水，稀释至1L。②0.01mol/L硫酸溶液。

（8）纳氏试剂

可选择下列方法之一制备：①称取20g碘化钾溶于约25mL水中，边搅拌边分次少量加入氯化汞（$HgCl_2$）结晶粉末（约10g），至出现朱红色沉淀不易溶解时，改为滴加饱和氯化汞溶液，并充分搅拌，当出现微量朱红色沉淀不再溶解时，停止滴加氯化汞溶液。另称取60g氢氧化钾溶于水，并稀释至250mL，冷却至室温后，将上述溶液徐徐注入氢氧化钾溶液中，用水稀释至400mL，混匀。静置过夜，将上清液移入聚乙烯瓶中，密塞保存。②称取16g氢氧化钠，溶于50mL水中，充分冷却至室温另称取9g碘化钾和10g碘化汞（HgC_2）溶于水，然后将此溶液在搅拌下徐徐注入氢氧化钠溶液中。用水稀释至100mL，贮于聚乙烯瓶中，密塞保存。

（9）酒石酸钾钠溶液

称取50g酒石酸钾钠溶于100mL水中，加热煮沸以除去氨，放冷，定容至100mL。

（10）铵标准贮备溶液

称取 3.619g 经 100℃干燥过的氯化铵（NH_4Cl）溶于水中，移入 1000mL 容量瓶中，稀释至标线。此溶液每毫升含 1.00mg 氨氮。

（11）铵标准使用溶液

移取 5.00mL 铵标准贮备液于 500mL 容量瓶中，用水稀释至标线。此溶液每毫升含 0.010mg 氨氮。

2. 操作步骤

（1）水样预处理

取 250mL 水样（如氨氮含量较高，可取适量并加水至 250mL，使氨氮含量不超过 2.5mg），移入凯氏烧瓶中，加数滴溴百里酚蓝指示液，用氢氧化钠溶液或盐酸溶液调节至 pH 值=9 左右。加入 0.25g 轻质氧化镁和数粒玻璃珠，立即连接氮球和冷凝管，导管下端插入吸收液液面下。加热蒸馏，至馏出液达 200mL 时，停止蒸馏。定容至 250mL。

采用酸滴定法或纳氏比色法时，以 50mL 硼酸溶液为吸收液；采用水杨酸一次氯酸盐比色法时，改用 50mL0.01mol/I 硫酸溶液为吸收液。

（2）标准曲线的绘制

吸取 0、0.50、1.00、3.00、5.00、9.00 和 10.0mL 铵标准使用液于 50mL 比色管中，加水至标线，加 1.0mL 酒石酸钾钠溶液，混匀。加 1.5mL 纳氏试剂，混匀。放置 10min 后，在波长 420nm 处，用光程 20mm 比色皿，以水为参比，测定吸光度。

由测得的吸光度，减去零浓度空白管的吸光度后，得到校正吸光度，绘制以氨氮含量（mg）对校正吸光度的标准曲线。

（3）水样的测定

①分取适量经絮凝沉淀预处理后的水样（使氨氮含量不超过 0.1mg），加入 50mL 比色管中，稀释至标线，加 0.1mL 酒石酸钾钠溶液；②分取适量经蒸馏预处理后的馏出液，加入 50mL 比色管中，加一定量 1mol/L 氢氧化钠溶液以中和硼酸，稀释至标线。加 1.5mL 纳氏试剂，混匀。放置 10min 后，同标准曲线步骤测量吸光度。

（4）空白试验

以无氨水代替水样，做全程序空白测定。

（5）计算

由水样测得的吸光度减去空白试验的吸光度后，从标准曲线上查得氨氮含量（mg）。

$$\text{氨氮}(\mathrm{N},\ \mathrm{mg/L}) = \frac{m}{V} \times 1000$$

式中：

m——由校准曲线查得的氨氮量，mg；

V——水样体积，mL；

1000——换算为每升水样计。

（6）注意事项

①纳氏试剂中碘化汞与碘化钾的比例，对显色反应的灵敏度有较大影响。静置后生成的沉淀应除去。②滤纸中常含痕量铵盐，使用时注意用无氨水洗涤。所用玻璃器皿应避免实验室空气中氨的污染。

第五节 水中有机化合物的测定

现代人的生活对有机化学品的依赖是显而易见的，医药、农药、洗涤剂、化妆品、高分子材料等都是有机化学工业的伟大杰作，不可能全盘否定化学工业给人类生活所带来的巨大好处。但不可回避的现实是，人类生产和生活所排放出的污水中，有机物的含量已远远超过了水体自净所能承受的最大限度，这样水体的有机物污染就不可避免了。

水体中有毒有机污染物主要来源于农药、医药、染料、化工等制造行业和使用部门，大规模地滥用这些产品，使水体中 DDT、六六六、苯酚等有害物质大量增加，其结果是造成许多地区鱼虾死亡、鸟蛇绝迹，人群中癌症发病率和胎儿畸形现象增多。虽然不能绝对地说这些情况都是有机污染造成的，但许多科学证据表明，有机污染物的危害性是不容忽视的。

从环境治理的角度来说，这种污染并非无法消除，除了对现有生产工艺的改革以外，污水排放前的无害化处理是十分关键的。其中就包含对水中有机物的测定。因为水中所含有机物种类繁多，难以对每一个组分都进行定量测定，所以目前多测定与水中有机物相当的需氧量来间接表征有机物的含量。

一、化学耗氧量（COD）的测定

化学耗氧量是指在一定条件下，氧化 1L 水样中还原性物质所消耗的氧化剂的量，以氧的量 mg/L 表示。水体中还原性物质包括有机物和亚硝酸盐、硫化物、亚铁盐等无机物。化学耗氧量反映了水体受还原性物质污染的程度。基于水体被有机物污染是很普遍的现象，该指标也作为有机物相对含量的综合指标之一。

COD 测定采用重铬酸钾法。测定原理：在强酸性溶液中，用重铬酸钾氧化水样中的还原性物质，过量的重铬酸钾以试铁灵做指示剂，用硫酸亚铁铵标准溶液回滴，根据其用量计算水样中还原性物质消耗氧的量。

二、总有机碳（TOC）和总需氧量（TOD）的测定

（一）总有机碳（TOC）的测定

总有机碳是以碳的含量表示水体中有机物质总量的综合指标。TOC 的测定都采用燃烧法，能将有机物全部氧化，因此它比 B0D5 或 COD 更能反映水样中有机物的总量。

目前广泛应用的测定 TOC 的方法是燃烧氧化非色散红外吸收法。其测定原理是：将一份定量水样注入高温炉内的石英管，在 900~950℃高温下，以铂和三氧化钴或三氧化二铬为催化剂，使有机物燃烧裂解转化为二氧化碳，然后用红外线气体分析仪测定 CO_2 含量，从而确定水样中碳的含量。但是在高温条件下，水样中的碳酸盐也会分解产生二氧化碳，因而上法测得的为水样中的总碳（TC）而非有机碳。

为了获得有机碳含量，一般可采用两种方法。一是将水样预先酸化，通入氮气曝气，驱除各种碳酸盐分解生成的二氧化碳后再注入仪器测定；另一种方法是使用装配有高低温炉的 TOC 测定仪，测定时将同样的水样分别等量注入高温炉（900℃）和低温炉（150℃）。在高温炉中，水样中的有机碳和无机碳全部转化为 CO_2，而低温炉的石英管中装有磷酸浸渍的玻璃棉，能使无机碳酸盐在 150℃分解为 CO_2，有机物却不能被分解氧化。将高、低温炉中生成的 CO_2 依次导入非色散红外气体分析仪，分别测得总碳（TC）和无机碳（IC），二者之差即为总有机碳（TOC）。

（二）总需氧量（TOD）的测定

总需氧量是指水中能被氧化的物质（主要是有机物质）在燃烧中变成稳定的氧化物时所需要的氧量，结果以 O_2的量 mg/L 表示。TOD 也是衡量水体中有机物污染程度的一项指标。用 TOD 测定仪测定 TOD 的原理是：将一定量水样注入装有铂催化剂的石英燃烧管，通入含已知氧浓度的载气（氮气）作为原料气，则水样中的还原性物质在 900℃下被瞬间燃烧氧化，测定燃烧前后原料气中氧浓度的减少量，便可求得水样的总需氧量值。

TOD 值能反映几乎全部有机物质经燃烧后变成 CO_2、H_2O、NO、SO_2……所需要的氧量，它比 BOD、COD 和高锰酸盐指数更接近于理论需氧量值。它们之间没有固定的相关

关系，从现有的研究资料来看，BOD_5：TOD 为 0.1~0.6，COD：TOD 为 0.5~0.9，具体比值取决于污水的性质。

根据 TOD 和 TOC 的比例关系可粗略判断有机物的种类。对于含碳化合物，因为一个碳原子需要消耗两个氧原子，即 O_2：C = 2.67，所以从理论上说，TOD = 2.67TOC。若某水样的 TOD：TOC = 2.67 左右，可认为主要是含碳有机物；若 TOD：TOC>4.0，则应考虑水中有较大量含 S、P 的有机物存在；若 TOD：TOC<2.6，就应考虑水样中硝酸盐和亚硝酸盐可能含量较大，它们在高温和催化条件下分解放出氧，使 TOD 测定呈现负误差。

三、挥发酚的测定

芳香环上连有羟基的化合物均属酚类，各种不同结构的酚具有不同的沸点和挥发性，根据酚类能否与水蒸气一起蒸出，可以将其分为挥发酚与不挥发酚。通常认为沸点在 230℃以下的为挥发酚，而沸点在 230℃以上的为不挥发酚。

在有机污染物中，酚属毒性较高的物质，人体摄入一定量会出现急性中毒症状；长期饮用被酚污染的水，可引起头昏、瘙痒、贫血及神经系统障碍。当水体中的酚含量大于 5mg/L 时，就可造成鱼类中毒死亡。酚的主要污染源是炼油、焦化、煤气发生站、木材防腐及化工等行业所排放的废水。

酚的主要分析方法有滴定分析法、分光光度法、色谱法等。目前各国普遍采用的是 4-氨基安替比林分光光度法，高浓度含酚废水可采用溴化滴定法。

现以分光光度法为例说明挥发酚的测定方法。测定原理：酚类化合物在 pH 值 = 10 的条件和铁氰化钾的存在下，与 4-氨基安替比林反应，生成橙红色的安替比林，在 510nm 波长处有最大吸收。若用氯仿萃取此染料，则在 460nm 波长处有最大吸收，可用分光光度法进行定量测定。

四、矿物油类测定

水中的矿物油来自工业废水和生活污水。工业废水中的石油类（各种烃类的混合物）污染物主要来自原油开采、炼油企业及运输部门。矿物油漂浮在水体表面，影响空气与水体界面间的氧交换；分散于水中的油可被微生物氧化分解，消耗水中的溶解氧，使水质恶化。

矿物油中还含有毒性大的芳烃类。

测定矿物油的方法有重量法、非色散红外法、紫外分光光度法、荧光法、比浊法等。

（一）紫外分光光度法

石油及其产品在紫外光区有特征吸收。带有苯环的芳香族化合物的主要吸收波长为250~260nm；带有共轭双键的化合物主要吸收波长为215~230nm；一般原油的两个吸收峰波长为225nm和254nm；轻质油及炼油厂的油品可选225nm。

水样用硫酸酸化，加氯化钠破乳化，然后用石油醚萃取、脱水、定容后测定。标准油用受污染地点水样中石油醚萃取物。

不同油品特征吸收峰不同，如难以确定测定波长时，可用标准油样在波长215~300nm之间扫描，采用其最大吸收峰处的波长，一般在220~225nm之间。

（二）非色散红外法

本法系利用石油类物质的甲基（$-CH_3$）、亚甲基（$-CH_2-$）在近红外区（3.4μm）有特征吸收，作为测定水样中油含量的基础。标准油可采用受污染地点水中石油醚萃取物。根据我国原油组分特点，也可采用混合石油烃作为标准油，其组成为：十六烷：异辛烷：苯=65：25：10（V/V）。

测定时，先用硫酸将水样酸化，加氯化钠破乳化，再用三氯三氟乙炔萃取，萃取液经无水硫酸钠过滤、定容，注入红外分析仪测其含量。

所有含甲基、亚甲基的有机物质都将产生干扰。如水样中有动、植物性油脂以及脂肪酸物质应预先将其分离。此外，石油中有些较重的组分不溶于三氯三氟乙炔，致使测定结果偏低。

第三章 大气和废气监测

第一节 大气污染基本知识

一、大气污染源

大气污染源可分为自然污染源和人为污染源两种。自然污染源是由于自然现象造成的，如火山爆发时喷射出大量粉尘、二氧化硫气体等；森林火灾产生大量二氧化碳、碳氢化合物、热辐射等。人为污染源是由于人类的生产和生活活动造成的，是空气污染的主要来源，主要有以下几种。

（一）工业企业排放的废气

在工业企业排放的废气中，排放量最大的是以煤和石油为燃料，在燃烧过程中排放的粉尘、SO_2、NO_X、CO、CO_2等，其次是工业生产过程中排放的多种有机和无机污染物质。

（二）交通运输工具排放的废气

主要是交通车辆、轮船、飞机排出的废气。其中，汽车数量最大，并且集中在城市，故对空气质量特别是城市空气质量影响大，是一种严重的空气污染源，其排放的主要污染物有碳氢化合物、一氧化碳、氮氧化物和黑烟等。

（三）室内空气污染源

随着人们生活水平、现代化水平的提高，加上信息技术的飞速发展，人们在室内活动的时间越来越长。据统计，现代人，特别是生活在城市中的人 80%以上的时间是在室内度过的。因此，近年来对建筑物室内空气质量（ICO）的监测及其评估，在国内外引起广泛重视。据测量，室内污染物的浓度高于室外污染物浓度 2~5 倍。室内环境污染直接威胁着人们的身体健康，流行病学调查表明：室内环境污染将提高急、慢性呼吸系统障碍疾病的发生率，特别是使肺结核、鼻、咽、喉和肺癌、白血病等疾病的发生率、死亡率上升，导致社会劳动效率降低。室内污染来源是多方面的，如含有过量有害物质的化学建材大量使用、装修不当、高层封闭建筑新风不足、室内公共场合人口密度过高等，使室内污染物质难以被充分稀释和置换，从而引起室内环境污染。

室内空气污染来源有：化学建材和装饰材料中的油漆、胶合板、内墙涂料、刨花板中含有的挥发性的有机物，如甲醛、苯、甲苯、氯仿等有毒物质；大理石、地砖、瓷砖中的放射性物质的排放（氡气及其子体）；烹饪、吸烟等室内燃烧所产生的油、烟污染物质；人群密集且通风不良的封闭室内 SO_2 过高；空气中的霉菌、真菌和病毒等。

1. 室内空气污染的分类

（1）化学性污染

如甲醛、总挥发有机物（TVOC）、O_3、NH_3、SO、SO_2、SO_2、NO_2 等。

（2）物理性污染

温度、相对湿度、通风率、新风量；PM10、PM2.5、电磁辐射等。

（3）生物性污染

霉菌、真菌、细菌、病毒等。

（4）放射性污染

氡气及其子体。

发达国家对室内空气质量均制定了标准、规范、标准监测方法和评估体系等。我国在近年也开展了这方面的工作，颁布实施控制室内环境污染的工程设计强制性标准，包括《民用建筑工程室内环境污染控制规范》和《室内空气质量标准》等 10 项标准，并配套规定相应的采样、监测方法。

2. 室内空气的质量表征

（1）有毒、有害污染因子指标

在《室内空气质量标准》中规定了最高允许量。

（2）舒适性指标

包括室内温度、湿度、大气压、新风量等，它属主观性指标，与季节（夏季和冬季室内温度控制不一样）、人群生活习惯等有关。

二、空气中的污染物及其存在状态

空气中污染物的种类有数千种，已发现有危害性而被人们注意到的有100多种。

我国《大气污染物综合排放标准》规定了33种污染物排放限值。根据空气污染物的形成过程，可将其分为一次污染物和二次污染物。

一次污染物是直接从各种污染源排放到空气中的有害物质。常见的主要有二氧化硫、氮氧化物、一氧化碳、碳氢化合物、颗粒性物质等。颗粒性物质中包含苯并［a］芘等强致癌物质、有毒重金属、多种有机和无机化合物等。

二次污染物是一次污染物在空气中相互作用或它们与空气中的正常组分发生反应所产生的新污染物。这些新污染物与一次污染物的化学、物理性质完全不同，多为气溶胶，具有颗粒小、毒性大等特点。常见的二次污染物有硫酸盐、硝酸盐、臭氧、醛类（乙醛和丙烯醛等）、过氧乙酰硝酸酯（PAN）等。

空气中的污染物质的存在状态是由其自身的理化性质及形成过程决定的，气象条件也起一定的作用。一般将它们分为分子状态污染物和粒子状态污染物两类。

（一）分子状态污染物

某些物质如二氧化硫、氮氧化物、一氧化碳、氯化氢、氯气、臭氧等沸点都很低，在常温、常压下以气体分子形式分散于空气中。还有些物质如苯、苯酚等，虽然在常温、常压下是液体或固体，但因其挥发性强，故能以蒸气态进入空气中。

无论是气体分子还是蒸气分子，都具有运动速度较大、扩散快、在空气中分布比较均匀的特点。它们的扩散情况与自身的密度有关，密度大者向下沉降，如汞蒸气等；密度小者向上飘浮，并受气象条件的影响，可随气流扩散到很远的地方。

（二）粒子状态污染物

粒子状态污染物（或颗粒物）是分散在空气中的微小液体和固体颗粒，粒径多在0.01～100μm，是一个复杂的非均匀体系。通常根据颗粒物在重力作用下的沉降特性将其分为降尘和可吸入颗粒物。粒径大于10μm的颗粒物能较快地沉降到地面上，称为降尘；粒径小于10μm的颗粒物（PM10）可长期飘浮在空气中，称为可吸入颗粒物或飘尘（IP）。粒径小于2.5μm的颗粒物（PM2.5）能够直接进入支气管，干扰肺部的气体交换，引发哮喘、支气管炎和心血管病等方面的疾病。空气污染常规测定项目——总悬浮颗粒物（TSP）是粒径小于100μm颗粒物的总称。

可吸入颗粒物具有胶体性质，故又称气溶胶，它易随呼吸进入人体肺脏，在肺泡内积累，并可进入血液输往全身，对人体健康危害大。通常所说的烟（smoke）、雾（fog）、灰尘（dust）也是用来描述颗粒物存在形式的。

某些固体物质在高温下由于蒸发或升华作用变成气体逸散于空气中，遇冷后又凝聚成微小的固体颗粒悬浮于空气中构成烟。例如，高温熔融的铅、锌，可迅速挥发并氧化成氧化铅和氧化锌的微小固体颗粒。烟的粒径一般在 0.01～1μm。

雾是由悬浮在空气中微小液滴构成的气溶胶。按其形成方式可分为分散型气溶胶和凝聚型气溶胶。常温状态下的液体，由于飞溅、喷射等原因被雾化而形成微小雾滴分散在空气中，构成分散型气溶胶。液体因为加热变成蒸气逸散到空气中，遇冷后又凝集成微小液滴形成凝聚型气溶胶。雾的粒径一般在 10μm 以下。

通常所说的烟雾是烟和雾同时构成的固、液混合态气溶胶、如硫酸烟雾、光化学烟雾等。硫酸烟雾主要是由燃煤产生的高浓度二氧化硫和煤烟形成的二氧化硫经氧化剂、紫外光等因素的作用被氧化成三氧化硫、三氧化硫与水蒸气结合形成硫酸烟雾。当空气中的氮氧化物、一氧化碳、碳氢化合物达到一定浓度后，在强烈阳光照射下，发生一系列光化学反应，形成臭氧、PAN 和醛类等物质悬浮于空气中而构成光化学烟雾。

尘是分散在空气中的固体微粒，如交通车辆行驶时所带起的扬尘、粉碎固体物料时所产生的粉尘、燃煤烟气中的含碳颗粒物等。

第二节　空气污染监测方案的制订

制订大气污染监测方案的程序，首先要根据监测的目的进行调查研究，收集必要的基础材料，然后经过综合分析，确定监测项目，设计布点网络，选定采样频率、采样方法和监测技术，建立质量保证程序和措施，提出监测结果报告要求及进度计划。

一、基础资料的收集

收集的基础资料主要有污染源分布及排放情况、气象资料、地形资料、土地利用和功能分区情况、人口分布及人群健康情况等。

（一）污染源分布及排放情况

通过调查，将监测区域内的污染源类型、数量、位置、排放的主要污染物及排放量调

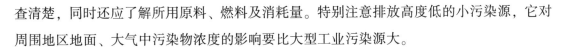

查清楚，同时还应了解所用原料、燃料及消耗量。特别注意排放高度低的小污染源，它对周围地区地面、大气中污染物浓度的影响要比大型工业污染源大。

（二）气象资料

污染物在大气中的扩散、输送和一系列的物理、化学变化在很大程度上取决于当时当地的气候条件。因此，要收集监测区域的风向、风速、气温、气压、降水量、日照时间、相对湿度、温度的垂直梯度和逆温层底部高度等资料。

（三）地形资料

地形对当地的风向、风速和大气稳定情况等有影响。因此，设置监测网点时应该考虑地形的因素。例如，一个工业区建在不同的地区，对环境的影响会有显著的差异，不同的地理环境会有不同。在河谷地区出现逆温层的可能性较大，在丘陵地区污染物浓度梯度会很大，在海边、山区影响也是不同的。所以，监测区域的地形越复杂，要求布设监测点越多。

（四）土地利用和功能分区情况

监测地区内土地利用情况及功能区划分也是设置监测网点应考虑的重要因素之一，不同功能区的污染状况是不同的，如工业区、商业区、混合区、居民区等。

（五）人口分布及人群健康情况

环境保护的目的是维护自然环境的生态平衡，保护人群的健康。因此，掌握监测区域的人口分布、居民和动植物受大气污染危害情况及流行性疾病等资料，对制订监测方案、分析判断监测结果是有益的。

对于相关地区以及周边地区的大气资料，如有条件也应收集、整理，供制订监测方案参考。

二、采样点的布设

环境空气中污染物的监测是大气污染物监测的常规监测。为了获得高质量的大气污染物数据，必须考虑多种因素采集有代表性的试样，然后进行分析测试。主要因素有：采样点的选择、采样物理参数的控制、数据处理报告等。

（一）采样点布设原则

环境空气采样点（监测点）的位置主要依据《环境空气质量监测规范》中的要求布设。常规监测的目的：一是判断环境大气是否符合大气质量标准，或改善环境人气质量的程度；二是观察整个区域的污染趋势；三是开展环境质量识别，为环境科学提供基础资料和依据。监测（网）点的布设方法有经验法、统计法、模式法等。监测点的布设，要使监测大气污染物所代表的空间范围与监测站的监测任务相适应。

经验法布点采样的原则和要求是：采样点应选择整个监测区域内不同污染物的地方；采样点应选择在有代表性区域内，按工业密集的程度、人口密集程度、城市和郊区，增设采样点或减少采样点；采样点要选择开阔地带，要选择风向的上风口；采样点的高度由监测目的而定，一般为离地面 1.5~2m 处，连续采样例行监测采样口高度应距地面 3~15m，或设置于屋顶采样；各采样点的设置条件要尽可能一致，或按标准化规定实施，使获得的数据具有可比性；采样点应满足网络要求，便于自动监测。

（二）采样布点方法

采样点的设置数目要与经济投资和精度要求相应的一个效益函数适应，应根据监测范围大小、污染物的空间分布特征、人口分布及密度、气象、地形及经济条件等因素综合考虑确定。世界卫生组织（WH0）和世界气象组织（WM0）提出按城市人口多少设置城市大气地面自动监测站（点）的数目。

1. 功能区布点法

这种方法多用于区域性常规监测。布点时先将监测地区按环境空气质量标准划分成若干能区，再按具体污染情况和人力、物力条件，在各功能区设置一定数量的采样点。各功能区的采样点不要求平均，一般在污染较集中的工业区多设点，人口较密集的区域多设点。

2. 网格布点法

这种方法是将监测区域地面划分成均匀网状方格，采样点设在两条线的交叉处或方格中心。网格大小视污染源强度、人口分布及人力、物力条件等确定，如主导风向明显，下风向设点应多一些，一般约占采样总数的 60%。网格划分越小检测结果越接近真值，监测效果越好。网格布点法适用于有多个污染源，且污染分布比较均匀的地区。

3. 同心圆布点法

这种方法主要用于多个污染源构成污染群，且大污染源较集中的地区。先找出污染群

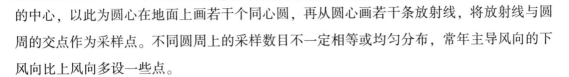

的中心，以此为圆心在地面上画若干个同心圆，再从圆心画若干条放射线，将放射线与圆周的交点作为采样点。不同圆周上的采样数目不一定相等或均匀分布，常年主导风向的下风向比上风向多设一些点。

三、采样时间和频率

采样时间系指每次采样从开始到结束所经历的时间，也称采样时段。采样频率系指在一定时间范围内的采样次数。这两个参数要根据监测目的、污染物分布特征及人力物力等因素决定。

（一）采样时间

采样时间短，试样缺乏代表性，监测结果不能反映污染物浓度随时间的变化，仅适用于事故性污染、初步调查等情况的应急监测。为增加采样时间，目前采用的方法是使用自动采样仪器进行连续自动采样。若再配上污染组分连续或间歇自动监测仪器，其监测结果能更好地反映污染物浓度的变化，得到任何一段时间（如 1 小时、1 天、1 个月、1 个季度、1 年）的代表值（平均值）。这是最佳采样和测定方式。

（二）采样频率

采样频率安排合理、适当，积累足够多的数据，则具有较好的代表性。增加采样频率，即每隔一定时间采样测定一次，取多个试样测定结果的平均值为代表值。例如：每个月采样一天，而一天内由间隔等时间采样测定一次，求出日平均、月平均监测结果。这种方法适用于受人力、物力限制而进行人工采样测定的情况，是目前进行大气污染常规监测、环境质量评价现状监测等广泛采用的方法。

第三节　环境空气样品的采集和采样设备

一、采集方法

根据被测物质在空气中存在的状态和浓度，以及所用分析方法的灵敏度，可选择不同的采样方法。采集空气样品的方法一般分为直接采样法和富集采样法两大类。

（一）直接采样法

直接采样法一般用于空气中被测污染物浓度较高，或者所用的分析方法灵敏度高，直接进样就能满足环境监测的要求。如用氢焰离子化监测器测定空气中的苯系物、置换汞法测定空气本底中的一氧化碳等。用这类方法测得的结果是瞬时或者短时间内的平均浓度，它可以比较快地得到分析结果。直接采样法常用的采样容器有注射器、塑料袋、真空瓶（管）和一些固定容器等。这种方法具有经济和轻便的特点。

1. 注射器采样法

即将空气中被测物采集在 100mL 注射器中的方法。采样时，先用现场空气抽洗 2~3 次，然后抽取空气样品 100mL，密封进样口，带回实验室进行分析。采集的空气样品要立即进行分析，最好当天处理完毕。注射器采样法一般用于有机蒸气的采样。

2. 塑料袋采样法

即将空气中被测物质直接采集在塑料袋中的方法。此种方法需要注意所用塑料袋不应与所采集的被测物质起化学反应，也不应对被测物质产生吸附和渗漏现象。常用塑料袋有聚乙烯袋、聚四氟乙烯袋及聚酯袋等，为减少对待测物质的吸附，有些塑料袋内壁衬有金属膜，如衬银、铝等。采样时用二联球打入现场空气，冲洗 2~3 次，然后再充满被测样品，夹住进气口，带回实验室进行分析。

3. 采气管采样法

采气管是两端具有旋塞的管式玻璃容器，其容积为 100~500mL。采样时，打开两端旋塞，将二联球或抽气泵接在管的一端，迅速抽进比采气管体积大 6~10 倍的欲采气体，使气管中原有气体完全被置换出，关上两端旋塞，采气体积即为采气管的容积。

4. 真空瓶（管）采样法

即将空气中被测物质采集到预先抽成真空的玻璃瓶或玻璃采样管中的方法。所用的采样瓶（管）必须是用耐压玻璃制成的，一般容积为 500~2000mL。

抽真空时，瓶外面应套有安全保护套，一般抽至剩余压力为 1.33kPa 左右即可，如瓶中预先装好吸收液，可抽至溶液冒泡时为止。采样时，在现场打开瓶塞，被测空气即充进瓶中，关闭瓶塞，带回实验室分析。采样体积为真空采样瓶（管）的体积。如果真空度达不到 1.33kPa 时，那么采样体积的计算应扣除剩余压力。

（二）富集采样法

当空气中被测物质浓度很低，而所用分析方法又不能直接测出其含量时，须用富集采样法进行空气样品的采集。富集采样的时间一般都比较长，所得的分析结果是在富集采样时间内的平均浓度，这更能反映环境污染的真实情况。

富集采样的方法有溶液吸收法、填充柱阻留法（固体阻留法）、滤料阻留法、低温冷凝法及自然积集法等。在实际应用时，可根据监测目的和要求、污染物的理化性质、在空气中的存在状态，以及所用的分析方法来选择。

1. 溶液吸收法

溶液吸收法是用吸收液采集空气中气态、蒸气态物质以及某些气溶胶的方法。当空气样品进入吸收液时，气泡与吸收液界面上的监测物质的分子由于溶解作用或化学反应，很快地进入吸收液中。同时气泡中间的气体分子因存在浓度梯度和运动速度极快，能迅速地扩散到气-液界面上。因此，整个气泡中被测物质分子很快地被溶液吸收。各种气体吸收管就是利用这个原理而设计的。

理想的吸收液应是理化性质稳定，在空气中和在采样过程中自身不会发生变化，挥发性小，并能够在较高温度下经受较长时间采样而无明显的挥发损失，有选择性地吸收，吸收效率高，能迅速地溶解被测物质或与被测物质起化学反应。最理想的吸收液中就含有显色剂，边采样边显色，不仅采样后即可比色定量，而且可以控制采样的时间，使显色强度恰好在测定范围内。常用的吸收液有水溶液和有机溶剂等。吸收液的选择是根据被测物质的理化性质及所用的分析方法而定。

吸收液的选择原则是：①与被采集的物质发生化学反应快或对其溶解度大；②污染物质被吸收液吸收后，要有足够的稳定时间，以满足分析测定所需时间的要求；③污染物质被吸收后，应有利于下一步分析测定，最好能直接用于测定；④吸收液毒性小、价格低、易于购买，且尽可能回收利用。

2. 填充柱阻留法

填充柱是用一根长 6~10cm、内径 3~5mm 的玻璃管或塑料管，内装颗粒状填充剂制成。采样时，让气样以一定流速通过填充柱，欲测组分因吸附、溶解或化学反应等作用被阻留在填充剂上，达到浓缩采样的目的。采样后，通过解吸或溶剂洗脱，使被测组分从填充剂上释放出来进行测定。根据填充剂阻留作用的原理，可分为吸附型、分配型和反应型三种类型。

吸附型填充柱的填充剂是颗粒状固体吸附剂，如活性炭、硅胶、分子筛、高分子多孔微球等。在选择吸附剂时，既要考虑吸附效率，又要考虑易于解吸测定。

分配型填充柱这种填充柱的填充剂是表面涂有高沸点有机溶剂（如异十三烷）的惰性多孔颗粒物（如硅藻土），类似于气液色谱柱中的固定相，只是有机溶剂的用量比色谱固定相大。当被采集气样通过填充柱时，在有机溶剂（固定液）中分配系数大的组分保留在填充剂上而被富集。

反应型填充柱这种柱的填充剂是由惰性多孔颗粒物（如石英砂、玻璃微球等）或纤维状物（如滤纸、玻璃棉等）表面涂渍能与被测组分发生化学反应的试剂制成。气样通过填充柱时，被测组分在填充剂表面因发生化学反应而被阻留。

3. 滤料阻留法

该方法是将过滤材料（滤纸、滤膜等）放在采样夹上，用抽气装置抽气，则空气中的颗粒物被阻留在过滤材料上，称量过滤材料上富集的颗粒物质量，根据采样体积，即可计算出空气中颗粒物的浓度。

4. 低温冷凝法

空气中某些沸点比较低的气态污染物质，如烯烃类、醛类等，在常温下用固体填充剂的方法富集效果不好，而低温冷凝法可提高采集效率。低温冷凝采样法是将 U 形或蛇形采样管插入冷阱中，当空气流经采样管时，被测组分因冷凝而凝结在采样管底部。如用气相色谱法测定，可将采样管与仪器进气口连接，移去冷阱，在常温或加热情况下气化，进入仪器测定。

二、采样效率及评价

采样方法或采样器的采样效率是指在规定的采样条件（如采样流量、污染物浓度范围、采样时间等）下所采集到的污染物量占总量的百分数。采样效率评价方法通常与污染物在空气中存在状态有很大关系。不同的存在状态有不同的评价方法。

（一）采集气态和蒸气态污染物质效率的评价方法

采集气态和蒸气态的污染物常用溶液吸收法和填充柱阻留法。效率评价有绝对比较法和相对比较法两种。

1. 绝对比较法

精确配制一个已知浓度为 c_0 的标准气体，然后用所选用的采样方法采集标准气体，测定其浓度，比较实测浓度 c_1 和配气浓度 c_0，其采样效率 K 为：

$$K = \frac{c_1}{c_0} \times 100\%$$

用这种方法评价采样效率虽然比较理想，但是配制已知浓度的标准气体有一定困难，实际应用时受到限制。

2. 相对比较法

配制一个恒定浓度的气体，而其浓度不一定要求准确已知。然后用 2~3 个采样管串联起来采集所配制的样品。采样结束后，分别测定各采样管中污染物的含量，计算第一个采样管含量占各管总量的百分数，其采样效率 K 为：

$$K = \frac{c_1}{c_1 + c_2 + c_3} \times 100\%$$

式中：c_1、c_2、c_3——第一、第二和第三个采样管中污染物的实测浓度。

用此法计算采样效率时，要求第二管和第三管的浓度之和与第一管比较是极小的，这样三个管所测得的浓度之和就近似于所配制的气样浓度。一般要求 K 值在 90%以上。有时还须串联更多的吸收管采样，以期求得与所配制的气样浓度更加接近。采样效率过低时，应更换采样管、吸收剂或降低抽气速度。

（二）采集颗粒物效率的评价方法

采集颗粒物的效率评价有两种表示方法。一种是颗粒采样效率，即所采集到的颗粒数占总颗粒数的百分数比；另一种是质量采样效率，即所采集到的颗粒物质量占颗粒物总质量的百分数比。只有当全部颗粒大小相同时，这两种采样效率才在数值上相等。但是，实际上这种情况是不存在的。粒径几微米以下的极小颗粒在颗粒数上总是占绝大部分，而按质量计算却只占很小部分。所以质量采样效率总是大于颗粒采样效率。在空气监测中，评价采集颗粒物方法的采样效率多用质量采样效率表示。

评价采集颗粒物方法的效率与评价气态和蒸气态的采样方法有很大的不同。一是由于配制已知浓度标准颗粒物在技术上比配制标准气体要复杂得多，而且颗粒物粒度范围也很大，所以很难在实验室模拟现场存在的气溶胶各种状态；二是用滤料采样就像一个滤筛一样，能漏过第一张滤料的细小颗粒物，也有可能会漏过第二张或第三张滤料，所以用相对比较法评价颗粒物的采样效率就有困难。鉴于以上情况，评价滤料的采样效率一般用另一个已知采样效率高的方法同时采样，或串联在其后面进行比较得出。颗粒采样效率常用一个灵敏度很高的颗粒计数器测量进入滤料前后的空气中的颗粒数来计算。

第四节　大气颗粒物污染源样品的采集及处理

因为对环境样品的采集技术已经发展得比较成熟，并建立了相关的标准和质量保证或质量控制措施。与环境样品的采集相比较，源样品的采集有其特殊性。下面介绍几种重要的源样品采集技术的进展。

一、大气颗粒物排放源分类

大气颗粒物排放源分类大致如下：土壤风沙尘、海盐粒子、燃煤飞灰、燃油飞灰、汽车尘、道路尘、建筑材料尘、冶炼工业粉尘、植物尘、动物焚烧尘、烹调油烟、城市扬尘等。

二、源样品采集原则

有些源类，其构成物质在向受体排放时，主要经历物理变化过程，如海盐粒子、火山灰、风沙土壤、植物花粉等。采集这类源样品时，可以直接采集构成源的物质，以源物质的成分谱作为源成分谱。

有些源类，其构成物质不直接向受体排放，中间主要经历物理化学变化过程，如煤炭、石油及石油制品要经过燃烧过程，建筑水泥尘是矿石经过焙烧过程，钢铁尘经过冶炼过程等。因此采集这类源样品时，不能直接采集源构成物质，而应该采集它们的排放物，以源的排放物（飞灰）的成分谱作为源成分谱。

二次粒子成分，如硫酸盐、硝酸盐和二次转化的有机物，则难以通过一般的方法来采样测量。

三、代表性源样品采集技术的新进展

（一）用机动车随车采样器采集机动车尾气尘

机动车尾气尘与道路尘是不同的源类。机动车尾气尘是指机动车排气管排出的燃料油燃烧后形成的颗粒物，属于单一尘源类，而道路尘属于混合尘源类。机动车尾气尘采集方法一般分为台架法、隧道法和随车法，下面简单介绍台架法和随车法。

1. 台架法

机动车尾气管排放的颗粒物主要以含碳为主的不可挥发部分和以高沸点碳氢化合物为主要成分的可挥发部分。因此颗粒物的取样温度、取样方式直接影响检测结果。通常都要将尾气稀释，以避免化学活性强的物质发生化学反应和水蒸气聚集凝结溶解其他污染物引起误差。

常见的取样方法有三种：①全流稀释风道法，采用定容取样原理制成，适用于气体和颗粒物的采样；②二次稀释风道采样；③分流稀释取样。1979 年我国机动车排放颗粒物测试标准已经规定采用定容取样方法。

2. 随车法

目前我国生产和进口的机动车种类繁多，工况复杂。台架法适合于规定工况条件下的尾气测试，不能反映机动车随机条件下的尾气排放情况，因此采用随车采样器更能满足随机条件下的尾气排放测试。南开大学已经研制开发了适合各种机动车型号的随车采样器，能够满足测试的要求。

（二）烟道气湍流混合稀释采样系统采集工业燃煤（油）飞灰

烟尘在环境中主要以气、固两相气溶胶形态存在，是环境空气颗粒物的主要来源之一。烟尘从排气筒中排出后，会立即与环境空气混合发生凝结、蒸发、凝聚以及二次化学反应。这些物理、化学变化将改变颗粒物的粒度分布和化学组成。因此如何能够从固定源排气筒中采集到物化行为更接近于环境条件下演化的颗粒物样品，已成为困扰环保界的技术难题之一。

（三）颗粒物再悬浮采样器对粉末源样品进行分级

颗粒物再悬浮采样器主要是为了解决开放源样品的采样问题。再悬浮采样器通过送样装置将已干燥、筛分好的粉末样品送至再悬浮箱中使颗粒再次悬浮起来，然后利用分级采样头将样品采集到滤膜上。

第五节　空气污染物的测定

空气污染物有气态、蒸气和气溶胶。常见的气态污染物有一氧化碳、二氧化硫、氮氧化物、硫化物、氯气、氯化氢、氟化氢和臭氧。常见气溶胶中固体颗粒有粉尘、烟、尘粒和烟气等。

一、粒子状污染物的测定

大气中悬浮颗粒污染物，特别是小颗粒的污染物对人的健康损害最大，各种呼吸道疾病的产生，无不与它们有关。悬浮颗粒污染物对环境也有严重的影响，大雾弥漫可使局部地区气候恶化。因此，监测大气中的悬浮颗粒污染物浓度，治理悬浮颗粒污染物，对人类与自然的保护显得十分重要。

（一）自然降尘的测定

降尘是大气污染监测的参考性质指标之一，大气降尘定义是指在空气环境下，靠重力自然沉降在集尘缸中的颗粒物。降尘颗粒多在 10μm 以上。

1. 测定原理

空气中可沉降的颗粒，沉降在装有乙二醇水溶液的集尘缸里，样品经蒸发、干燥、称量后，计算降尘量。

2. 采样

（1）设点要求

采样地点附近不应有高大的建筑物及局部污染源的影响，集尘缸应距离地面 5~15m。

（2）样品收集

放置集尘缸前，加入乙二醇 60~80mL，以占满缸底为准，加入的水量适宜（50~200mL）；将采样缸放在固定架上并记录放缸地点、缸号、时间；定期取采样缸［（30±2）h］。

（3）测定步骤

①瓷坩埚的准备

将洁净的瓷坩埚置于电热干燥箱内在（105±5）℃烘 3h，取出放入干燥器内冷却 50min，在分析天平上称量；在同样的温度下再烘 50min，冷却 50min，再称量，直至恒重（两次误差小于 0. 4mg），此值为 W_0。然后，将瓷坩埚置于高温熔炉内在 600℃灼烧 2h，待炉内温度降至 300℃以下时取出，放入干燥器中，冷却 50min，称量，再在 600℃下灼烧 1h，冷却 50min，再称量，直至质量恒定，此值为 W_b。

②降尘总量的测定

剔除采样缸中的树叶、小虫后其余部分转移至 500mL 烧杯中，在电热板上蒸发至 10~20mL，冷却后全部转移至恒重的坩埚内蒸干，放入干燥箱经（105±5）℃烘干至恒重 W_1。

③试剂空白测定

取与采样操作等量的乙二醇水溶液，放入 500mL 烧杯中，重复前面实验内容，得到的恒定质量减去 W_0 即为空白 W_e。

（4）计算

$$M = \frac{W_1 - W_0 - W_e}{Sn} \times 30 \times 10^4$$

式中：

M——除尘总量，t/（km^2·30d）；

W_1——降尘，瓷坩埚、乙二醇水溶液蒸发至干恒重质量，g；

W_0——瓷坩埚恒重质量，g；

W_e——空白质量，g；

S——集尘缸缸口面积，cm^2；

n——采样天数，准确至0.1d。

（二）PM10和PM2.5的测定

PM10又称胸部颗粒物，指可吸入颗粒物中能够穿过咽喉进入人体肺部的气管、支气管区和肺泡的那部分颗粒物，它并不是表示空气动力学直径小于10μm的可吸入颗粒物，而是表示具有D50=10μm，空气动力学直径小于30μm以下的可吸入颗粒物。其中空气动力学直径指在通常的温度、压力和相对湿度的情况下，在静止的空气中，与实际颗粒物具有相同重力加速度的密度为1g/cm^3的球体直径，实际上是一种假想的球体颗粒直径；而D50是指在一定的颗粒物体系中，即空气动力学直径范围一定时，颗粒物的累积质量占到总颗粒物质量一半（50%）时所对应的空气动力学直径，它代表了可吸入颗粒物体系的几何平均空气动力学直径。

由于通常不能测得实际颗粒的粒径和密度，而空气动力学直径则可直接由动力学的方法测量求得，这样可使具有不同形状、密度、光学与电学性质的颗粒粒径有了统一的量度。大气颗粒物（或气溶胶粒子）的粒径（直径或半径），均应指空气动力直径。在标准状况下，粒子在空气中的气体动力学直径为0.5μm，比重为2时，其真实直径只有0.34μm，而比重为0.5时，却为0.73μm。

测定空气动力学直径的仪器有空气动力学直径测定仪。

细颗粒物的化学成分主要包括有机碳（OC）、元素碳（EC）、硝酸盐、硫酸盐、铵盐、钠盐（Na^+）等。

目前，各国环保部门广泛采用的空气粒子状污染物测定方法有四种：重量法、β射线吸收法、微量振荡天平法和光散射法。重量法是最直接、最可靠的方法，是验证其他方法是否准确的标杆。但重量法须人工称重，程序烦琐费时。如果要实现自动监测，就需要用其他3种方法。自动监测仪在24小时空气质量连续自动监测中应用广泛。在污染较重或地理位置重要的地方，自动监测仪可有效地反映出空气中PM10、PM2.5污染浓度的变化情况，为环保部门进行空气质量评估和政府决策提供准确、可靠的数据依据。

1. 重量法

测定方法依据是 HJ 618-2011，该标准是《大气飘尘浓度测定方法》（GB 6921-86）的修订版。适用于环境空气中 PM10 和 PM2.5 浓度的手工测定。

（1）方法原理

分别通过具有一定切割特性的采样器，以恒速抽取定量体积空气，使环境空气中 PM2.5 和 PM10 被截留在已知质量的滤膜上。根据采样前后滤膜的重量差和采样体积，计算出 PM2.5 和 PM10 浓度。

（2）主要仪器

PM10（或 PM2.5）切割器及采样系统、采样器孔口流量计、滤膜、分析天平、恒温恒湿箱（室）、干燥器。

（3）分析步骤

将滤膜放在恒温恒湿箱（室）中平衡 24h，平衡条件为：温度取 15～30℃中任何一个，相对湿度控制在 45%～55%范围内，记录平衡温度与湿度。在上述平衡条件下，用感量为 0.1mg 或 0.01mg 的分析天平称量滤膜，记录滤膜重量。同一滤膜在恒温恒湿箱（室）中相同条件下再平衡 1h 后称重。对于 PM10 和 PM2.5 颗粒物样品滤膜，两次重量之差分别小于 0.4mg 或 0.04mg 为满足恒重要求。

2. 微量振荡天平法

微量振荡天平法是在质量传感器内使用一个振荡空心锥形管，在其振荡端安装可更换的滤膜，振荡频率取决于锥形管特征和其质量。当采样气流通过滤膜，其中的颗粒物沉积在滤膜上，滤膜的质量变化导致振荡频率的变化，通过振荡频率变化计算出沉积在滤膜上颗粒物的质量，再根据流量、现场环境温度和气压计算出该时段颗粒物标志的质量浓度。

3. β 射线吸收法

仪器利用抽气泵对大气进行恒流采样，经 PM10 或 PM2.5 切割器切割后，大气中的颗粒物吸附在 β 源和盖革计数管之间的滤纸表面，采样前后盖革计数管计数值的变化反映了滤纸上吸附灰尘的质量变化，由此可以得到采样空气中 PM10 的浓度。

二、分子状污染物的测定

分子状污染物较多，本节只介绍最基本和最重要的物质的测定。

（一）SO_2的测定

二氧化硫是主要大气污染物之一，来源于煤和石油产品的燃烧、含硫矿石的冶炼、硫

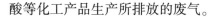

酸等化工产品生产所排放的废气。

1. 测定方法

测定 SO_2方法很多，常见的有分光光度法、紫外荧光法、电导法、恒电流库仑法和火焰光度法。国家制定了两个标准方法，即《环境空气二氧化硫的测定四氯汞盐-副玫瑰苯胺分光光度法》和《环境空气二氧化硫的测定甲醛吸收-副玫瑰苯胺分光光度法》。

四氯汞盐-副玫瑰苯胺分光光度法适用于大气中二氧化硫的测定，方法检出限为 $0.015ug/m^3$，以 50mL 吸收液采样 24h，采样 288L 时，可测浓度范围为 $0.017\sim0.35mg/m^3$；甲醛吸收-副玫瑰苯胺分光光度法方法检出限 $0.007mg/m^3$，以 50mL 吸收液采样 24h，采样 288L 时，最低检出限量 $0.003mg/m^3$。

2. 测定原理

两种测定方法原理基本上相同，差别在于 SO_2 吸收剂不同，一种方法是用四氯汞钾吸收液，另一种方法用甲醛缓冲液。

（1）四氯汞钾（TCM）做吸收液

气样中的 SO_2被吸收液吸收生成稳定的二氯亚硫酸盐配合物，此配合物与甲醛和盐酸副玫瑰苯胺（PRA）反应生成红色配合物，用分光光度法测定生成配合物的吸光度，进行定量分析。

（2）甲醛缓冲溶液为吸收液

气样中 SO_2与甲醛生成羟醛甲基磺酸加成产物，加入 NaOH 溶液使加成物分解释放出 SO_2再与盐酸副玫瑰苯胺反应生成紫红色配合物，比色定量分析。

3. 计算

$$c=\frac{(A-A_0)B_s}{V_0}D$$

式中：

c——空气中二氧化硫的浓度，mg/m^3；

A——样品溶液的吸光度；

A_0——试剂空白溶液的吸光度；

B_s——用标准溶液制备标准曲线得到的计算因子，μg；

D——分析时样品溶液的稀释倍数（30~60min 样品为 1，24h 50mL 样品为 5）；

V_0——换算成标准状况下的采样体积，L。

（二）氮氧化物的测定

氮的氧化物有 NO、NO_2、N_2O_3、N_3O_4、N_2O_5等多种形式。大气中的氮氧化物主要是以一氧化氮（NO）和二氧化氮（NO_2）的形式存在，主要来源于石化燃料、化肥等生产排放的废气，以及汽车排气。

大气中的 NO、NO_2 可分别测定，也可测定它们的总量。常见的测定方法有盐酸萘乙二胺分光光度法、化学发光法。

1. 盐酸萘乙二胺分光光度法

（1）测定原理

空气中的氧化氮（NO_x）经氧化管后，在采样吸收过程中生成亚硝酸，再与对氨基苯磺酰胺进行重氮化反应，然后与盐酸萘乙二胺偶合生成玫瑰红氮化合物，比色定量分析。

（2）采样。

①1h 采样

用一个内装 10mL 吸收液的普通型多孔玻璃吸收管，进口接上一个氧化管，并使管略微向下倾斜，以免潮湿空气将氧化管弄脏，污染后面的吸收管；以 0.4L/min 流量避光采气 5～24L，使吸收液呈现玫瑰红色。

②4h 采样

用一个内装 50mL 吸收液的大型多孔玻璃板吸收管，进口接上一个氧化管，并使管略微向下倾斜，以免潮湿空气将氧化管弄脏，污染后面的吸收管；以 0.2L/min 流量避光采气 288L，或采至吸收液呈现玫瑰红色为止。

记录采样时的温度和大气压。

③计算

$$c = \frac{(A - A_0)\,B_s V_1}{V_0 K} \times D$$

式中：

c——空气中氧化氮的浓度，mg/m^3；

A——样品溶液的吸光度；

A_0——试剂空白溶液的吸光度；

B_s——用标准溶液制备标准曲线得到的计算因子，ug/mL；

V_1——采样用的吸收液的体积，mL（短时间采样为 10mL，24h 采样为 50mL）；

K——$NO \rightarrow NO_2^-$的经验转换系数，0.89；

D——分析时样品溶液的稀释倍数；

V_0——换算成标准状况下的采样体积，L。

2. 化学发光法

（1）测定原理

某些化合物分子吸收化学能后，被激发到激发态，再由激发态返回到基态时，以光量子的形式释放出能量，这种化学反应称为化学发光法。利用测量化学发光强度对物质进行分析测定的方法称为化学发光分析法。

化学发光 NO_x 监测仪（又称氧化氮分析器）可用于氧化氮的分析，它是根据一氧化氮和臭氧气相发光反应的原理制成的。被测样气连续被抽入仪器，氧化氮经过 $NO_2 \rightarrow NO$ 转化器后，以一氧化氮的形式进入反应室，再与臭氧反应产生激发态二氧化氮（NO_2^*），当 NO_2^* 回到基态时放出光子（hv）。反应式如下：

$$2NO_2 \xrightarrow[M]{\Delta} 2NO + MO_2$$

$$NO + O_3 \rightarrow NO_2^* + O_2$$

$$NO_2^* \rightarrow NO_2 + hv$$

式中：

M ——$NO_2 \rightarrow NO$ 转化器中转化剂；

h ——普朗克常数；

v ——光子振动频率。

光子通过滤光片，被光电倍增管接收，并转变为电流，经放大后而被测量。电流大小与一氧化氮浓度成正比。用二氧化氮标准气体标定仪器的刻度，即得知相当于二氧化氮量的氧化氮（NO_x）的浓度。仪器接记录器。

仪器中与 $NO_2 \rightarrow NO$ 转化器相对应的阻力管是为测定一氧化氮用的，这时气样不经转化器而经此旁路，直接进入反应室，测得一氧化氮量。则二氧化氮量等于氧化氮减一氧化氮量。

（2）采样

按 HJ/T26.1 中采用定容取样系统（必须测定排气与稀释空气的总容积；必须按容积比例连续收集样气），空气样品通过聚四氟乙烯管以 1L/min 的流量被抽入仪器，取样管长度等于 5.0m，取样探头长度不小于 600mm。

（3）测量

将进样三通阀置于“测量”位置，样气通过聚四氟乙烯管被抽进仪器，即可读数。

（4）计算

在记录器上读取任一时间的氧化氮（换算成 NO）浓度，mg/m^3。将记录纸上的浓度和时间曲线进行积分计算，可得到氧化氮（换算成 NO）小时和日平均浓度，mg/m^3。

第四章　噪声监测

第一节　噪声及声学基础

一、声音与噪声

（一）声音

人类生活在一个充满声音的环境中，通过声音进行交谈、表达思想感情以及开展各种活动。而各种各样的声音都起源于物体的振动，凡能发生振动的物体统称为声源。从物体的形态来分，声源可分为固体声源、液体声源和气体声源。声源的振动通过空气介质作用于人耳鼓膜而产生的感觉称为声音。声音的传播介质有空气、水和固体，它们分别称为空气声、水声和固体声等。噪声监测主要讨论空气声。

（二）噪声

从物理现象判断，一切无规律的或随机的声信号叫噪声。例如，震耳欲聋的机器声、呼啸而过的飞机声等。另外噪声的判断还与人们的主观感觉和心理因素有关，即一切不希望存在的干扰声都叫噪声。例如，音乐之声对正在欣赏音乐的人来说，是一种美的享受，是需要的声音；而对正在思考或睡眠的人来说，则是不需要的声音，是噪声。

1. 噪声的危害

噪声污染对人群的危害程度取决于噪声的强度和暴露时间的长短。噪声的危害是多方面的，主要表现在以下几点。①干扰睡眠。噪声会影响人的熟睡或使人从睡眠中惊醒，使体力和疲劳得不到应有的恢复，从而影响工作效率和安全生产。②损伤听力。长期在充满噪声的环境中工作和生活，将造成人的听力下降，产生噪声性耳聋。在噪声级为90dB 条件下长期工作的人，20%会发生耳聋；在 85dB 时，10%的人有可能会耳聋。③干扰语言交谈和通信联络。④影响视力。长时间处于高噪声环境中的人，很容易发生眼疲劳、眼病、眼花和视物流泪等眼损伤现象。⑤能诱发多种疾病。噪声会引起紧张的反应，使肾上腺素增加，因而引起心率改变和血压上升；强噪声会刺激耳腔前庭，使人眩晕、恶心、呕吐，症状和晕船一样；在神经系统方面，能够引起失眠、疲劳、头晕、头痛和记忆力减退；噪声还能影响人的心理。

2. 噪声的分类

环境噪声按来源分类有四种：交通噪声，指机动车辆、船舶、航空器（如汽车、火车和飞机等）所产生的噪声；工业噪声，指工矿企业在生产活动中各种机械设备（如鼓风机、汽轮机、织布机和冲床等）所产生的噪声；建筑施工噪声，指建筑施工机械（如打桩机、挖土机和混凝土搅拌机等）发出的声音；社会生活噪声，指人类社会活动和家庭活动所产生的（如高音喇叭、电视机等）过强声音。

3. 噪声的特征

（1）可感受性

就公害的性质而言，噪声是一种感受公害，许多公害是无感觉公害，如放射性污染和某些有毒化学品的污染，人们在不知不觉中受污染及危害，而噪声则是通过感觉对人产生危害的。一般的公害可以根据污染物排放量来评价，而噪声公害则取决于受污染者心理和生理因素。一般来说，不同的人对相同的噪声可能有不同的反应。因此，在噪声评价中，应考虑对不同人群的影响。

（2）即时性

与大气、水体和固体废弃物等其他物质污染不一样，噪声污染是一种能量污染，仅仅是由于空气中的物理变化而产生的。无论多么强的噪声，还是持续了多么久的噪声，一旦产生噪声的声源停止辐射能量，噪声污染立即消失，不存在任何残存物质。

（3）局部性

与其他公害相比，噪声污染是局部和多发性的。一般情况下，噪声源辐射出的噪声随着传播距离的增加，或受到障碍物的吸收，噪声能量被很快地减弱，因而噪声污染主要局限在声源附近不大的区域内。此外，噪声又是多发的，城市中噪声源分布既多又散，使得噪声的测量和治理工作很难。

二、声音的物理特性和量度

（一）声音的发生、频率、波长和声速

物体在空气中振动，使周围空气发生疏、密交替变化并向外传递，当这种振动频率在20~20 000 Hz之间，人耳可以感觉，称为可听声，简称声音。频率低于20 Hz的叫次声，高于20 000 Hz的叫超声，它们作用到人的听觉器官时不引起声音的感觉，所以不能听到。

声音是波的一种，叫声波。通常情况下的声音是由许多不同频率、不同幅值的声波构成的，称为复音；而最简单的仅有一个频率的声音称为纯音。

声源在1s内振动的次数叫频率，记作f，单位为赫兹（Hz）。振动一次所经历的时间叫周期，记作T，单位为秒（s）。，$T = 1/f$，即频率和周期互为倒数。可听声的周期为50ms~50μs。

沿声波传播方向，振动一个周期所传播的距离，或在波形上相位相同的相邻两点间的距离称作波长，记为λ，单位为米（m）。可听声的波长范围为0.017~17m。

单位时间内声波传播的距离叫声波速度，简称声速，记作c，单位为m/s。频率f、波长λ和声速c三者的关系是：

$$c = \lambda f$$

声速与传播声音的媒质和温度有关。在空气中，声速（c）和温度（t）的关系可简写为：

$$c = 331.45 + 0.607t$$

常温下，声速约为345m/s。

2. 声功率N声强和声压

（1）声功率（W）

在声源振动时，总有一定的能量随声波的传播向外发射。声功率是指声源在单位时间内向周围空间所发出的总声能，用W表示，其常用单位为瓦（W）。

（2）声强（I）

声强是指单位时间内，与声波传播方向垂直的单位面积上所通过的声能量。声强用I表示，其常用单位为瓦/平方米（W/m^2）。如果是点声源，声音以球面波向外传播，那么距声源r处的声强I与声功率W有如下关系。

$$I = \frac{W}{4\pi r^2}$$

可见，在声功率一定的条件下，某点的声强与该点离声源的距离的平方成反比。这就是离声源越远，人们所听到的声音就越弱的原因。

（3）声压（p）

表征声波的另一个物理量是声压。当声源振动时，它所辐射出的能量会引起空气介质的压力变化，这种压力变化称为声压，用户表示，其常用单位是牛顿/米^2（N/m^2）或帕（Pa）。人耳听声音的感觉直接与声压有关，一般声学仪器直接测量的也是声压。可以引起人耳感觉的声压值（又称闻阈）为 2×10^{-5} Pa，人耳最大承受（引起鼓膜破裂）的声压值（又称痛阈）为 20Pa，两者相差 100 万倍。

声压与声强有密切的关系，在离声源较远而且不发生波的反射作用时。该处的声波可近似地看作是平面波，平面波的声压（p）与声强（I）有如下关系。

$$I=\frac{p^2}{\rho c}$$

式中：

p——声压，N/m^2；

ρ——空气密度，kg/m；

c——声速，m/s。

在声功率、声强和声压三个物理量中，声功率和声强都不容易直接测定。所以在噪声监测中，一般都是测定声压，就可算出声强，进而算得声功率。

3. 声压级 N 声强级 N 声功率级

能够引起人们听觉的噪声不仅要有一定的频率范围（20～20 000 Hz），而且还要有一定的声压范围（2×10^{-5}～20 Pa）。声压太小，不能引起听觉；声压太大，只能引起痛觉，而不能引起听觉。从听阈声压 2×10^{-5} Pa 到痛阈声压 20 Pa，声压的绝对值数量级相差 100 万倍，声强之比则达 1 万亿倍。因此，在实践中使用声压的绝对值描述噪声的强弱是很不方便的。另外，人耳对声音强度的感觉并不正比于强度（如声压）的绝对值，而更接近正比于其对数值。由于这两个原因，在声学中普遍采用对数标度。

（1）分贝的定义

由于取对数后是无量纲的，因此用对数标度时必须先选定基准量（或称参考量），然后对被量度量与基准量的比值求对数，这个对数称为被量度量的“级”，如果所取对数是以 10 为底，那么级的单位称为贝尔（B）。由于 B 过大，故常将 1B 分为 10 份，每一份的单位称为分贝（dB）。

（2）声压级

当用“级”来衡量声压大小时，就称为声压级。这与人们常用级来表示风力大小、地震强度的意义是一样的。声压级用 L_p 表示，单位是 dB，其定义式为：

$$L_p = 10\lg\frac{p^2}{p_0^2} = 20\lg\frac{p}{p_0}$$

式中：

p——声压，Pa；

p_0——基准声压，即 2×10^{-5} Pa。

显然，采用 dB 标度的声压级后，将动态范围 $2\times10^{-5}\sim2\times10$Pa 声压转变为动态范围为 0~120dB 的声压级，因而使用方便，也符合人的听觉的实际情况，一般人耳对声音强弱的分辨能力约为 0.5dB。

分贝标度法不仅用于声压，同样用于声强和声功率的标度，当用分贝标度声强或声功率的大小时，就是声强级或声功率级。

（3）声强级

声强级常用 L_I 表示，单位是 dB，其式为：

$$L_I = 10\lg\frac{I}{I_0}$$

式中：

I——声强，W/m2；

I_0——基准声强，即 10^{-12} W/m²。

（4）声功率级

声功率级用 Lw 表示，单位是 dB，其定义式为：

$$L_W = 10\lg\frac{W}{W_0}$$

式中：

W——声功率，W；

W_0——基准声功率，即 10^{-12} W。

第二节　噪声标准

噪声对人的影响与声源的物理特性、暴露时间和个体差异等因素有关。所以噪声标准的制定是在大量实验基础上进行统计分析的，主要考虑因素是保护听力、噪声对人体健康的影响、人们对噪声的主观烦恼度和目前的经济、技术条件等方面，对不同的场所和时间分别加以限制。即同时考虑标准的科学性、先进性和现实性。

从保护听力而言，一般认为每天 8h 长期工作在 80dB 以下听力不会损失，而声级分别为 85dB 和 90dB 环境中工作 30 年，根据国际标准化组织（ISO）的调查，耳聋的可能性分别为 8%和 18%。在声级 70dB 环境中，谈话就感到困难。而干扰睡眠和休息的噪声级阈值白天为 50dB，夜间为 45dB。我国提出环境噪声允许范围见表 4-1。

表 4-1 我国环境噪声允许范围

人的活动	最高值	理想值
体力劳动（保护听力）	90	70
脑力劳动（保证语言清晰度）	60	40
睡眠	50	30

环境噪声标准制定的依据是环境基本噪声。各国大多参考 ISO 推荐的基数（如睡眠为 30dB）作为基准，根据不同时间、不同地区和室内噪声受室外噪声影响的修正值，以及本国具体情况来制定（表 4-2~4-4）。我国声环境质量标准（GB3096）环境噪声限值见表 4-5。

表 4-2 一天不同时间对基数的修正值（单位：dB）

时间	修正值
白天	0
晚上	-5
夜间	-10~-15

表 4-3 不同地区对基数的修正值（单位：dB）

地区	修正值	地区	修正值
农村、医院、休养区	0	居住、工商业、交通混合区	15
市郊、交通量很少的地区	5	城市中心（商业区）	20
城市居住区	10	工业区（重工业）	25

表 4-4 室内噪声受室外噪声影响的修正值（单位：dB）

地区	修正值	地区	修正值
农村、医院、休养区	0	居住、工商业、交通混合区	15
市郊、交通量很少的地区	5	城市中心（商业区）	20
城市居住区	10	工业区（重工业）	25

表 4-5　城市各类区域环境噪声标准值（单位：dB）

类别	昼间	夜间	类别	昼间	夜间
0 类	50	40	3 类	65	55
1 类	55	45	4 类（4a）	70	55
2 类	60	50	4 类（4b）	70	60

表中“0 类声环境功能区”指康复疗养区等特别需要安静的区域；“1 类声环境功能区”指以居民住宅、医疗卫生、文化教育、科研设计、行政办公为主要功能，需要保持安静的区域；“2 类声环境功能区”指以商业金融、集市贸易为主要功能，或者居住、商业、工业混杂，需要维护住宅安静的区域；“3 类声环境功能区”指以工业生产、仓储物流为主要功能，需要防止工业噪声对周围环境产生严重影响的区域；“4 类声环境功能区”指交通干线两侧一定区域之内，需要防止交通噪声对周围环境产生严重影响的区域，包括 4a 类和 4b 类两种类型，4a 类为高速公路、一级公路、二级公路、城市快速路、城市主干路、城市次干路、城市轨道交通（地面段）、内河航道两侧区域，4b 类为铁路干线两侧区域。

上述标准值指户外允许噪声级，测量点选在居住或工作建筑物外，离任一建筑物的距离不小于 1m 处。传声器距地面的垂直距离不小于 1.2m。若必须在室内测量，则标准值应低于所在区域 10dB，测点距墙面和其他主要反射面不小于 1m，距地板 1.2~1.5m，距窗户约 1.5m，开窗状态下测量。铁路两侧区域环境噪声测量，应避开列车通过的时段。夜间频繁出现的噪声（如风机等），其峰值不准超过标准值 10dB，夜间偶尔出现的噪声（如短促鸣笛声）其峰值不准超过标准值 15dB。

我国《工业企业厂界环境噪声排放标准》限值见表 4-6，现有企业见表 4-7。

表 4-6　工业企业厂界环境噪声排放限值（单位：dB）

厂界外声环境功能区类别	时段	
	昼间	夜间
0	50	40
1	55	45
2	60	50
3	65	55
4	70	55

表 4-7 现有企业暂行标准

每个工作日接触噪声时间/h	允许标准/dB (A)
8	90
4	93
2	96
1	99
最高不得超过 115	

由于接触噪声时间与允许声级相联系，故而定义实际噪声暴露时间（$T_{实}$）除以容许暴露时间（T）之比为噪声剂量（D）：

$$D = \frac{T_{实}}{T}$$

如果噪声剂量大于 1，那么在场工作人员所接受的噪声已超过安全标准。通常每天所接受的噪声往往不是某一固定声级，这时噪声剂量应按具体声级和相应的暴露时间进行计算，即：

$$D = \frac{T_{实1}}{T_1} + \frac{T_{实2}}{T_2} + \cdots$$

《机场周围飞机噪声环境标准》规定的机场周围飞机噪声标准值见 4-8。

表 4-8 机场周围飞机噪声标准（单位：dB）

适用区域	标准值
一类区域	≤70
二类区域	≤75

“一类区域”指特殊住宅区，居住、文教区；“二类区域”指除一类区域以外的生活区。

第三节 噪声污染监测方法

关于噪声的测量方法，目前国际标准化组织和各国都有测量规范，除了一般方法外，对许多机器设备、车辆、船舶和城市环境等均有相应的测量方法。

一、声环境功能区监测方法

（一）声环境功能区分类

按区域的使用功能特点和环境质量要求，声环境功能区分为以下五种类型。

1. 0 类声环境功能区

指康复疗养区等特别需要安静的区域。

2. 1 类声环境功能区

指以居民住宅、医疗卫生、文化教育、科研设计、行政办公为主要功能，需要保持安静的区域。

3. 2 类声环境功能区

指以商业金融、集市贸易为主要功能，或者居住、商业、工业混杂，需要维持住宅安静的区域。

4. 3 类声环境功能区

指以工业生产、仓储物流为主要功能，需要防止工业噪声对周围环境产生严重影响的区域。

5. 4 类声环境功能区

指交通干线两侧一定距离之内，需要防止交通噪声对周围环境产生严重影响的区域，包括 4a 类和 4b 类两种类型。4a 类为高速公路、一级公路、二级公路、城市快速路、城市主干路、城市次干路、城市轨道交通（地面段）、内河航道两侧区域；4b 类为铁路干线两侧区域。

乡村声环境功能的确定：乡村区域一般不划分声环境功能区，根据环境管理的需要，县级以上人民政府环境保护行政主管部门可按以下要求确定乡村区域适用的声环境质量要求。

位于乡村的康复疗养区执行 0 类声环境功能区要求；村庄原则上执行 1 类声环境功能区要求，工业活动较多的村庄以及有交通干线经过的村庄（指执行 4 类声环境功能区要求以外的地区）可局部或全部执行 2 类声环境功能区要求；集镇执行 2 类声环境功能区要求；独立于村庄、集镇之外的工业、仓储集中区执行 3 类声环境功能区要求；位于交通干线两侧一定距离内的噪声敏感建筑物执行 4 类声环境功能区要求。

（二）环境噪声监测的要求

1. 测量仪器

测量仪器为积分平均声级计或环境噪声自动监测仪器，其性能须符合 GB 3785 和 GB/T 17181 的规定，并定期校验。测量前后使用声校准器校准测量仪器的示值偏差不得大于 0.5dB，否则测量无效。声校准器应满足 GB/T 15173 对 1 级或 2 级声校准器的要求。测量时传声器应加防风罩。

2. 测点选择

根据监测对象和目的，可选择以下三种测点条件（指传声器所置位置）进行环境噪声的测量。

（1）一般户外

距离任何反射物（地面除外）至少 3.5m 外测量，距离地面高度 1.2m 以上。必要时可置于高层建筑上，以扩大监测受声范围。使用监测车辆测量，传声器应固定在车顶部 1.2m 高度处。

（2）噪声敏感建筑物户外

在噪声敏感建筑物外，距墙壁或窗户 1m 处，距地面高度 1.2m 以上。

（3）噪声敏感建筑物室内

距离墙面和其他反射面至少 1m，距窗约 1.5m 处，距地面 1.2~1.5m 高。

3. 气象条件

测量应在无雨雪、无雷电天气，风速 5m/s 以下时进行。

（三）声环境功能区监测方法

1. 定点监测法

选择能反映各类功能区声环境质量特征的监测点至若干个，进行长期定点监测，每次测量的位置、高度应保持不变。对于 0、1、2、3 类声环境功能区，该监测点应为户外长期稳定、距地面高度为声场空间垂直分布的可能最大值处，其位置应能避开反射面和附近的固定噪声源；4 类声环境功能区监测点设于 4 类区内第一排噪声敏感建筑物户外交通噪声空间垂直分布的可能最大值处。

全国重点环保城市以及其他有条件的城市和地区宜设置环境噪声自动监测系统，进行不同声环境功能区监测点的连续自动监测。

声环境功能区监测每次至少进行一昼夜 24h 的连续监测，得出每小时及白天、夜间的

等效声级 L_{eq}、L_d、L_n和最大声级 L_{max}。用于噪声分析目的，可适当增加监测项目，如累积百分声级 L_{10}、L_{50}、L_{90}等。监测应避开节假日和非正常工作日。

各监测点位测量结果独立评价，以白天等效声级 L_d和夜间等效声级 L_n作为评价各监测点位声环境质量是否达标的基本依据。一个功能区设有多个测点的，应按点次分别统计昼间、夜间的达标率。

2. 普查监测法

（1）0~3 类声环境功能区普查监测

将要普查监测的某一声环境功能区划分成多个等大的正方格，网络要完全覆盖住被普查的区域，且有效网格总数应多于 100 个；测点应设在每一个网格的中心，测点条件为一般户外条件，监测分别在白天工作时间和夜间 22：00—24：00（时间不足可顺延）进行。在上述测量时间内，每次每个测点测量 10min 的等效声级 L_{eq}，同时记录噪声主要来源。监测应避开节假日和非正常工作日。将全部网格中心测点测得的 10min 的等效声级 L_{eq}做算术平均运算，所得到的平均值代表某一声环境功能区的总体环境噪声水平，并计算标准偏差。根据每个网格中心的噪声值及对应的网格面积，统计不同噪声影响水平下的面积百分比，以及白天、夜间的达标面积比例，有条件的可估算受影响人口。

（2）4 类声环境功能区普查监测

以自然路场、站场、河段等为基础，考虑交通运行特征和两侧噪声敏感建筑物分布情况，划分典型路段（包括河段）。在每个典型路段对应的 4 类区边界上（指 4 类区内无噪声敏感建筑物存在时）或第一排噪声敏感建筑物户外（指 4 类区内有噪声敏感建筑物存在时）选择一个测点进行噪声监测。这些测点应与站、场、码头、岔路口、河流汇入口等相隔一定的距离，避开这些地点的噪声干扰。监测分昼、夜两个时段进行，分别测量规定时间内的等效声级 L_{eq}和交通流量，如铁路、城市轨道交通线路（地面段），应同时测量最大声级 L_{max}，对道路交通噪声应同时测量累积百分声级 L_{10}、L_{50}、L_{90}。根据交通类型的差异，规定的测量时间如下。

铁路、城市轨道交通（地面段）、内河航道两侧：昼、夜各测量不低于平均运行密度的 1h 值，若城市轨道交通（地面段）的运行车次密集，测量时间可缩短至 20min。

高速公路、一级公路、二级公路、城市快速路、城市主干路、城市次干路两侧：昼、夜各测量不低于平均运行密度的 20min 的数值。监测应避开节假日和非正常工作日。

将某条交通干线各典型路段测得的噪声值，按路段长度进行加权算术平均，以此得出某条交通干线两侧 4 类声环境功能区的环境噪声平均值；也可对某一区域内的所有铁路、确定为交通干线的道路、城市轨道交通（地面段）、内河航道按前述方法进行长度加权统计，得出针对某一区域某一交通类型的环境噪声平均值；根据每个典型路段的噪声值及对应的路段长度，统计不同噪声影响水平下的路段百分比，以及白天、夜间的达标路段比例，有条件的估算受影响人口；对某条交通干线或某一区域某一交通类型采取抽样测量的，应统计抽样磁带比例。

（四）噪声敏感建筑物监测方法

监测点一般位于噪声敏感建筑物户外。不得不在噪声敏感建筑物室内监测时，应在门窗全打开状况下进行室内噪声测量，并采用较该噪声敏感建筑物所在声环境功能区对应环境噪声限值低 10dB 的值作为评价依据。

对敏感建筑物的环境噪声监测应在周围环境噪声源正常工作条件下测量，视噪声源的运行工况，分昼、夜两个时段连续进行。根据环境噪声源的特征，可优化测量时间。

1. 受固定噪声源的噪声影响

稳态噪声测量 1min 的等效声级 L_{eq}；非稳态噪声测量按正常工作时间（或代表性时段）的等效声级 L_{eq}。

2. 受交通噪声源的噪声影响

对于铁路、城市轨道交通（地面段）、内河航道，昼、夜各测量不低于平均运行密度的 1h 等效声级 L_{eq}；若城市轨道交通（地面段）的运行车次交集，测量时间可缩短至 20min。对于道路交通，昼、夜各测量不低于平均运行密度的 20min 等效声级 L_{eq}。

3. 受突发噪声的影响

以上监测对象夜间存在突发噪声的，应同时监测测量时段的最大声级 L_{max}。

以白天、夜间环境噪声源正常工作时段的 L_{eq} 和夜间突发噪声 L_{max} 作为评价噪声敏感建筑物户外（或室内）环境噪声水平是否符合所处声环境功能区的环境质量要求的依据。

二、工业企业厂界噪声监测方法

（一）测量仪器

测量仪器为积分平均声级计或环境噪声自动监测仪，其性能应不低于 GB 3785 和 GB/T 17181 对 2 型仪器的要求。测量 35dB 以下的噪声应使用 1 型声级计，目测量范围应满足所测量噪声的需要。校准所用仪器应符合 GB/T 15173 对 1 级或 2 级声校准器的要求。当需要进行噪声的频谱分析时，仪器性能应符合 GB/T 3241 中对滤波器的要求。

测量仪器和校准仪器应定期检定合格，并在有效使用期限内使用；每次测量前、后必须在测量现场进行声学校准，其前、后校准示值偏差不得大于0.5dB，否则测量结果无效。测量时传声器加防风罩，测量仪器时间计权特性设为“F”挡，采样时间间隔不大于1s。

（二）测量条件

1. 气象条件

测量应在无雨雪、无雷电天气，风速为5m/s以下时进行。不得不在特殊气象条件下测量时，应采取必要措施保证测量准确性，同时注明当时所采取的措施及气象情况。

2. 测量工况

测量应在被测声源正常工作时间进行，同时注明当时的工况。

3. 测点位置

（1）测点布设

根据工业企业声源、周围噪声敏感建筑物的布局以及毗邻的区域类别，在工业企业厂界布设多个测点，其中包括距噪声敏感建筑物较近以及受被测声源影响大能位置。

（2）测点位置一般规定

一般情况下，测点选在工业企业厂界外1m、高度1.2m以上。

（3）测点位置其他规定

当厂界有围墙且周围有受影响的噪声敏感建筑物时，测点应选在厂界外1m、高于围墙0.5m以上的位置；当厂界无法测量到声源的实际排放状况时（如声源位于高空、厂界设有声屏障等），应按测点位置一般规定设置测点，同时在受影响的噪声敏感建筑物户外1m处另设测点；室内噪声测量，室内测量点位设在距任一反射面0.5m以上、距地面1.2m高度处，在受噪声影响方向的窗户开启状态下测量；固定设备结构传声至噪声敏感建筑物室内，在噪声敏感建筑物室内测量时，测点应距任一反射面至少0.5m以上、距地面1.2m、距外窗1m以上，窗户关闭状态下测量。被测房间内的其他可能干扰测量的声源（如电视机、空调机、排气扇以及镇流器较响的日光灯、运转时出声的时针）应关闭。

4. 测量时段

分别在白天、夜间两个时段测量。夜间有频发、偶发噪声影响时同时测量最大声级。被测声源是稳态噪声，采用1min的等效声级。被测声源是非稳态噪声，测量被测声源有代表性时段的等效声级，必要时测量被测声源整个正常工作时段的等效声级。

（五）背景噪声测量

1. 测量环境

不受被测声源影响且其他声环境与测量被测声源时保持一致。

2. 测量时段

与被测声源测量的时间长度相同。

（六）测量结果

修正噪声测量值与背景噪声值相差大于 10dB 时，噪声测量值不做修正；噪声测量值与背景噪声值相差在 3～10dB 之间时，噪声测量值与背景噪声值的差值取整后，按修正表中的数值进行修正；噪声测量值与背景噪声值相差小于 3dB 时，应在采取措施降低背景噪声后，视情况按前面两条的规定执行，仍无法满足这两条要求的，应按环境噪声监测技术规范的有关规定执行。

（七）结果评价

各个测点的测量结果应单独评价。同一测点每天的测量结果按白天、夜间进行评价。最大声级 L_{max} 直接评价。

三、社会生活环境噪声监测方法

（一）测量仪器

测量仪器为积分平均声级计或环境噪声自动监测仪，其性能应不低于 GB 3785 和 GB/T 17181 对 2 型仪器的要求。测量 35dB 以下的噪声应使用 1 型声级计，且测量范围应满足所测量噪声的需要。校准所用仪器应符合 GB/T 15173 对 1 级或 2 级声校准器的要求。当需要进行噪声的频谱分析时，仪器性能应符合 GB/T 3241 中对滤波器的要求。

测量仪器和校准仪器应定期检定合格，并在有效使用期限内使用；每次测量前、后必须在测量现场进行声学校准，其前、后校准示值偏差不得大于 0.5dB，否则测量结果无效。测量时传声器加防风罩，测量仪器时间计权特性设为“F”挡，采样时间间隔不大于 1s。

（二）测量条件

1. 气象条件

测量应在无雨雪、无雷电天气，风速为5m/s以下时进行。不得不在特殊气象条件下测量时，应采取必要措施保证测量准确性，同时注明当时所采取的措施及气象情况。

2. 测量工况

测量应在被测声源正常工作时间进行，同时注明当时的工况。

（三）测点位置

1. 测点布设

根据社会生活噪声排放源、周围噪声敏感建筑物的布局以及毗邻的区域类别，在社会生活噪声排放源边界布设多个测点，其中包括距噪声敏感建筑物较近以及受被测声源影响大的位置。

2. 测点位置一般规定

一般情况下，测点选在社会生活噪声排放源边界外1m、高度1.2m以上。

3. 测点位置其他规定

当边界有围墙且周围有受影响的噪声敏感建筑物时，测点应选在边界外1m、高于围墙0.5m以上的位置；当边界无法测量到声源的实际排放状况时（如声源位于高空、厂界设有声屏障等），应按测点位置一般规定设置测点，同时在受影响的噪声敏感建筑物户外1m处另设测点；室内噪声测量，室内测量点位设在距任一反射面0.5m以上、距地面1.2m高度处，在受噪声影响方向的窗户开启状态下测量；社会生活噪声排放源的固定设备结构传声至噪声敏感建筑物室内，在噪声敏感建筑物室内测量时，测点应距任一反射面至少0.5m以上、距地面1.2m、距外窗1m以上，在窗户关闭状态下测量。被测房间内的其他可能干扰测量的声源（如电视机、空调机、排气扇以及镇流器较响的日光灯、运转时出声的时针）应关闭。

（四）测量时段

分别在白天、夜间两个时段测量。夜间有频发、偶发噪声影响时同时测量最大声级。被测声源是稳态噪声，采用1min的等效声级。被测声源是非稳态噪声，测量被测声源有代表性时段的等效声级，必要时测量被测声源整个正常工作时段的等效声级。

（五）背景噪声测量

①测量环境不受被测声源影响且其他声环境与测量被测声源时保持一致。②测量时段与被测声源测量的时间长度相同。

（六）测量结果

修正噪声测量值与背景噪声值相差大于 10dB 时，噪声测量值不做修正；噪声测量值与背景噪声值相差在 3～10dB 之间时，噪声测量值与背景噪声值的差值取整后，按修正表中的数值进行修正；噪声测量值与背景噪声值相差小于 3dB 时，应采取措施降低背景噪声后，视情况按前面两条的规定执行，仍无法满足这两类要求的，应按环境噪声监测技术规范的有关规定执行。

（七）结果评价

各个测点的测量结果应单独评价。同一测点每天的测量结果按白天、夜间进行评价。最大声级$_{Lmax}$直接评价。

四、建筑施工场界噪声监测方法

可根据城市建设部门提供的建筑方案和其他与施工现场情况有关的数据确定建筑施工场地边界线，并应在测量表中标出边界线与噪声敏感区域之间的距离；根据被测建筑施工场地的建筑作业方位和活动形式，确定噪声敏感建筑或区域的方位，并在建筑施工场地边界线上选择离敏感建筑物或区域最近的点作为测点。由于敏感建筑物方位不同，对于一个建筑施工场地，可同时有几个测点。

采用环境噪声自动监测仪进行测量时，仪器动态特性为“快”响应，采样时间间隔不大于 1s。白天以 20min 的等效 A 声级表征该点的昼间噪声值，夜间以 8h 的平均等效 A 声级表征该点的夜间噪声值。测量期间，各施工机械应处于正常运行状态，并应包括不断进入或离开场地的车辆，例如卡车、施工机械车辆、搅拌机等以及在施工场地上运转的车辆，这些都属于施工场地范围以内的建筑施工活动。背景噪声应比测量噪声低 10dB 以上，若测量值与背景噪声值相差小于 10dB，按《建筑施工场界噪声测量方法》（GB 12524－90）所列的修正表进行修正。在测量报告中应包括以下内容：建筑施工场地及边界线示意图；敏感建筑物的方位、距离及相应边界线处测点；各测点的等效连续 A 声级$_{Leq}$。

五、机场周围飞机噪声监测方法

在规定的测量条件下（无雪、无雨，地面上 10m 高处风速不大于 5m/s，30%≤相对湿度≤90%，传声器离地面 1.2m）用 2 型声级计或机场噪声监测系统进行测量。机场周围飞机噪声测量方法（GB 9661-88）包括精密测量和简易测量。精密测量是通过声级计将飞机噪声信号送到测量录音机记录在磁带上，然后在实验室按原速回放录音信号并对信号进行频谱分析。简易测量是只须经频率计权的测量。

第四节　噪声测量仪器与噪声监测

为了测量噪声的强度、大小是否超过标准，了解噪声对人体健康的危害，研究或降低噪声等，都需要噪声测量仪器。噪声测量技术的一个重要组成部分就是对测量仪器的操作使用。了解噪声测量仪器的基本结构和工作原理，掌握仪器的功能和适用场合，学会仪器的正确使用方法，并能判别和排除仪器的常见故障，应是监测人员所具备的最基本技能。随着现代电子技术的飞速发展，噪声测量仪器发展也很快。在噪声测量中，人们可根据不同的测量与分析目的，选用不同的仪器，采用相应的测量方法。常用的测量仪器有声级计、声级频谱仪、噪声级分析仪。

一、声级计

声级计也称噪声计，它是用来测量噪声的声压级和计权声级的最基本的测量仪器，它适用于环境噪声和各种机器（如风机、空压机、内燃机、电动机）噪声的测量，也可用于建筑声学、电声学的测量。

（一）声级计的种类

声级计按其用途可分为：普通声级计、精密声级计、脉冲声级计、积分声级计和噪声剂量计等。按其精度可分为 4 种类型：0 型声级计、I 型声级计、Ⅱ型声级计和Ⅲ型声级计，它们的精度分别为±0.4dB、±0.7dB、±1.0dB、±1.5dB。按其体积大小可分为便携式声级计和袖珍式声级计。国产声级计有 ND-2 型精密声级计和 PSJ-2 普通声级计。国际标准化组织（ISO）及国际电工委员会（IEC）规定普通声级计的频率范围是 20~8000 Hz，精密声级计的频率范围为 20~12 500 Hz。

（二）声级计的基本构造

声级计主要由传声器、放大器、衰减器、计权网络、电表电路及电源等部分组成。

声级计的工作原理是：声压经传声器后转换成电压信号，此信号经前置放大器放大后，最后从显示仪表上指示出声压级的分贝数值。

1. 传声器

也称话筒或麦克风，它是将声能转换成电能的元件。声压由传声器膜片接受后，将声压信号转换成电信号。传声器的质量是影响声级计性能和测量准确度的关键。优质的传声器应满足以下要求：灵敏度高、工作稳定；频率范围宽、频率响应特性平直、失真小；受外界环境（如温度、湿度、振动、电磁波等）影响小；动态范围大。

在噪声测量中，根据换能原理和结构的不同，常用的传声器分为晶体传声器、电动式传声器、电容传声器和驻极体传声器。晶体和电动式传声器一般是用于普通声级计；电容和驻极体传声器多用于精密声级计。

电容传声器灵敏度高，一般为 10~50mV/Pa；在很宽的频率范围内（10~20 000 Hz）频率响应平直；稳定性良好，可在 50~150℃、相对湿度为 0~100%的范围内使用。所以电容传声器是目前较理想的传声器。

传声器对整个声级计的稳定性和灵敏度影响很大，因此，使用声级计要合理选择传声器。

2. 放大器和衰减器

放大器和衰减器是声级计和频谱分析仪内部放大和衰减电信号的电子线路。传声器把声音信号变成电信号，此电信号一般很微弱，既达不到计权网络分离信号所需的能量，也不能在电表上直接显示，所以需要将信号加以放大，这个工作由前置放大器来完成；当输入信号较强时，为避免表头过载，须对信号加以衰减，这就需要用输入衰减器进行衰减。经过前边处理后的信号必须再由输入放大器进行定量的放大才能进入计权网络。用于声级测量的放大器和衰减器应满足下面几个条件：要有足够大的增益而且稳定；频率响应特性要平直；在声频范围（20~20 000 Hz）内要有足够的动态范围；放大器和衰减器的固有噪声要低；耗电量小。

3. 计权网络

它是由电阻和电容组成的、具有特定频率响应的滤波器，能使欲测定的频带顺利地通过，而把其他频率的波尽可能地除去。为了使声级计测出的声压级的大小接近人耳对声音的响应，用于声级计的计权网络是根据等响曲线设计的，即 A、B、C 三种计权网络。

4. 电表、电路和电源

经过计权网络后的信号由输出衰减器衰减到额定值，随即送到输出放大器放大，使信号达到响应的功率输出，输出的信号被送到电表电路进行有效值检波（RMS 检波），送出有效电压，推动电表，显示所测得声压级分贝值。声级计上有阻尼开关能反映人耳听觉动态特性，“F”表示表头为“快”的阻尼状态，它表示信号输入 0.2s 后，表头上就迅速达到其最大读数，一般用于测量起伏不大的稳定噪声。如果噪声起伏变化超过 4dB，应使用慢挡“S”，它表示信号输入 0.5s 后，表头指针就达到它的最大读数。

为了适用于野外测量，声级计电源一般要求电池供电。为了保证测量精度，仪器应进行校准。声级计类型不同其性能也不一样，普通声级计的测量误差约为±3dB，精密声级计的误差约为±1dB。

（三）PSJ-2 型声级计使用方法

①按下电源按键（ON），接通电源，预热 0.5min，使整机进入稳定的工作状态。②电池校准。分贝拨盘可在任意位置，按下电池（BAT）按键，当表针指示超过表面所标的“BAT”刻度时，表示机内电池电能充足，整机可正常工作，否则需要更换电池。③整机灵敏度校准。先将分贝拨盘置于 90dB 位置，然后按下校准“CAL”和“A”（或“C”）按键，这时指针应有指示，用螺丝刀放入灵敏度校准孔进行调节，使表针指在“CAL”刻度上，此时整机灵敏度正常，可进行测量使用。④分贝拨盘的使用与读数法。转动分贝拨盘选择测量量程，读数时应将量程数加上表针指示数。如：当分贝拨盘选择在 90 挡，而表针指示为 4dB 时，则实际读数为 90+4＝94（dB）；若指针指示为 s5dB 时，则读数应为 90−5＝85（dB）。⑤+10dB 按钮的使用。在测试中当有瞬时大信号出现时，为了能快速正确地进行读数，可按下+10dB 按钮，此时应按分贝拨盘和表针指示的读数再加上 10dB 作读数。如在按下+10dB 按钮后，表针指示仍超过满刻度，则应将分贝拨盘转动至更高一挡再进行读数。⑥表面刻度。有 0.5dB 与 1dB 两种分度刻度。0 刻度以上指示值为正值，长刻度为 1dB 的分度，短刻度为 0.5dB 的分度；0 刻度以下为负值，长刻度为 5dB 的分度，短刻度为 1dB 的分度。⑦计权网络。本机的计权网络有 A 和 C 两挡，当按下 A 或 C 时，则表示测量的计权网络为 A 或 C；当不按键时，整机不反映测试结果。⑧表头阻尼开关。当开关处于“F”位置时，表示表头为“快”的阻尼状态；当开关在“S”位置时，表示表头为“慢”的阻尼状态。⑨输出插口。可将测出的电信号送至示波器、记录仪等仪器。

二、其他噪声测量仪器

由于测量对象和测量目的的不同，需要了解声源和声场的声学特性和声源的性能参数、环境状况等，光用声级计是不行的，还需要其他的测量仪器。本节再介绍声级频谱仪和噪声级分析仪。

（一）声级频谱仪

频谱仪是测量噪声频谱的仪器，它的基本组成大致与声级计相似。但是频谱分析仪中，设置了完整的计权网络（滤波器），借助于滤波器的作用，可以将声频范围内的频率分成不同的频带进行测量。例如做倍频程划分时，若将滤波器置于中心频率 500Hz，通过频谱分析仪的，则是 335～710Hz 的噪声，其他频率就不能通过，因此在频谱分析仪上所显示的就是频率为 355～710Hz 噪声的声压级，其他类推。由于频谱分析仪能分别测量噪声中所包含的各种频带的声压级，所以它是进行噪声频谱分析不可缺少的仪器。一般情况下，进行频谱分析时，都采用倍频程划分频带。如果对噪声要进行更详细的频谱分析，就要用窄频带分析仪，例如用 1/3 频程划分频带。在没有专用的频谱分析仪时，也可以把适当的滤波器接在声级计上进行频谱测定。

（二）噪声级分析仪

在声级计的基础上配以自动信号存储、处理系统和打印系统，便成为噪声级分析仪。噪声级分析仪的工作原理是噪声信号经传声器转换为交变的电压信号，经放大、计权、检波后，利用微机和单板机存储并处理，处理后的结果由数字显示，测量结束后，由打印机打出计算结果，微机和单板机还将控制仪器的取样间隔、取样时间和量程进行切换。一般噪声级分析仪均可测量声压级、A 计权声级、累计百分声级、等效声级、标准偏差、概率分布和累积分布。更进一步可测量 L_d、声暴露级 LAET、车流量、脉冲噪声等，外接滤波器可做频谱分析。噪声分析仪与声级计相比有着显著优点：一是完成取样和数据处理的自动化；二是高密度取样，提高了测量精度。

三、噪声的监测

环境噪声监测是整个环境监测体系中的一个分支。通过对环境中各类噪声源的调查、声级水平的测定、频谱特性的分析、传播规律的研究，得出噪声环境质量的结论。环境噪声监测的目的和意义是及时、准确地掌握城市噪声现状，分析其变化趋势和规律；了解各类噪声源的污染程度和范围，为城市噪声管理、治理和科学研究提供系统的监测资料。

（一）城市区域环境噪声的监测

1. 布点

将要监测的城市划分为（500×500）m^2的网格，测量点选择在每个网络的中心，若中心点的位置不易测量，如在房顶、污沟、禁区等，可移到旁边能够测量的位置。测量的网格数目不应少于100个格。若城市较小，可按（250×250）m^2的网络划分。

2. 测量

测量时应选在无雨、无雪天气。白天时间一般选在上午8：00—12：00，下午2：00—6：00；夜间时间一般选在22：00—5：00。根据南北方地区的不同、季节的不同，时间可稍有变化。声级计安装调试好后置于慢挡，每隔5s读取一个瞬时A声级数值，每个测点连续读取100个数据（当噪声涨落较大时，应读取200个数据）作为该点的白天或夜间噪声分布情况。在规定时间内每个测点测量10min，白天和夜间分别测量，测量的同时要判断测点附近的主要噪声源（如交通噪声、工厂噪声、施工噪声、居民噪声或其他噪声源等），并记录下周围的声学环境。

3. 数据处理

因为城市环境噪声是随时间而起伏变化的非稳态噪声，所以测量结果一般用统计噪声级或等效连续A声级进行处理，即测定数据按本章有关公式计算出L_{10}、L_{50}、L_{90}、L_{eq}和标准偏差s数值，确定城市区域环境噪声污染情况。如果测量数据符合正态分布，那么可用下述两个近似公式来计算L_{eq}和s：

$$L_{eq} \approx L_{50} + d^2/60 \quad d = L_{10} - L_{90}$$

$$s \approx (L_{16} - L_{84})/2$$

所测数据均按由大到小顺序排列，第10个数据即为L_{10}，第16个数据即为L16，其他依此类推。

4. 评价方法

（1）数据平均法

将全部网络中心测点测得的连续等效A声级做算术平均运算，所得到的算术平均值就代表某一区域或全市的总噪声水平。

（2）图示法

城市区域环境噪声的测量结果，除了用上面有关的数据表示外，还可用城市噪声污染图表示。为了便于绘图，将全市各测点的测量结果以5dB为一等级，划分为若干等级（如

57~70，71~75，77~90……分别为一个等级），然后用不同的颜色或阴影线表示每一等级，绘制在城市区域的网格上，用于表示城市区域的噪声污染分布。因为一般环境噪声标准多以 L_{eq} 来表示，为便于同标准相比较，所以建议以 L_{eq} 作为环境噪声评价量，来绘制噪声污染图。

（二）道路交通噪声监测

1. 布点

在每两个交通路口之间的交通线上选一个测点，测点设在马路旁的人行道上，一般距马路边沿 20cm，这样选点的好处是该点的噪声可以代表两个路口之间的该段马路的交通噪声。

2. 测量

测量时应选在无雨、无雪的天气进行，以减免气候条件的影响，因为风力大小等都直接影响噪声测量结果。测量时间同城市区域环境噪声要求一样，一般在白天正常工作时间内进行测量。将声级计置于慢挡，安装调试好仪器，每隔 5s 读取一个瞬时 A 声级，连续读取 200 个数据，同时记录车流量（辆/h）。

3. 数据处理

测量结果一般用统计噪声级和等效连续 A 声级来表示。将每个测点所测得的 200 个数据按从大到小顺序排列，第 20 个数即为 L_{10}，第 100 个数即为 L_{50}，第 180 个数即为 L_{90}。经验证明城市交通噪声测量值基本符合正态分布，因此，可直接用近似公式计算等效连续 A 声级和标准偏差值。

$$L_{eq} \approx L_{50} + d^2/60,\ d = L_{10} - L_{90}$$

$$s \approx (L_{16} - L_{84})/2$$

L_{16} 和 L_{84} 分别是测量的 200 个数据按由大到小排列后，第 32 个数和第 168 个数对应的声级值。

4. 评价方法

（1）数据平均法

若要对全市的交通干线的噪声进行比较和评价，必须把全市各干线测点对应的 L_{10}、L_{50}、L_{90}、L_{eq} 的各自平均值、最大值和标准偏差列出。平均值的计算公式是：

$$\bar{L} = \frac{1}{l}\sum_{i=1}^{n}(L_i \cdot I_i)$$

式中：

l——全市干线总长度，$l=\sum l_i$，km；

L_i——所测 i 段干线的等效连续 A 声级 L_{eq}或统计百分声级 L10，dB；

l_i——所测第 i 段干线的长度，km。

（2）图示法

城市交通噪声测量结果除了可用上面的数值表示外，还可用噪声污染图表示。当用噪声污染图表示时，评价量为 L_{eq}或 L_{10}，将每个测点的 L_{eq}或 L_{10}按 5dB 一等级（划分方法同城市区域环境噪声），以不同颜色或不同阴影线画出每段马路的噪声值，即得到全市交通噪声污染分布图。

（3）工业企业外环境噪声监测

测量工业企业外环境噪声，应在工业企业边界线 1m 处进行。根据初测结果声级每涨落 3dB 布一个测点。若边界模糊，以城建部门划定的建筑红线为准；若与居民住宅毗邻时，应取该室内中心点的测量数据为准，此时标准值应比室外标准值低 10dB；若边界设有围墙、房屋等建筑物时，应避免建筑物的屏障作用对测量的影响。

（4）功能区噪声的监测

当需要了解城市环境噪声随时间的变化时，应选择具有代表性的测点，进行长期监测。测点的选择，可根据可能的条件决定，一般不少于 6 个点，这 6 个测点的位置应这样选择：0 类区、1 类区、2 类区、3 类区各一点，4 类区两点。

功能区 24h 测量以每小时取一段时间，在此时间内每隔 5s 读一瞬时声级，连续取 100 个数据。当声级涨落大于 10dB 时，应读取 200 个数据，代表该小时的噪声分布。测量时段可任意选择，但两次测量的时间间隔必须为 1h。测量时，读取的数据记入环境噪声测量数据表。读数时还应判断影响该测点的主要噪声来源（如交通噪声、生活噪声、工业噪声、施工噪声等），并记录周围的环境特征，如地形地貌、建筑布局、绿化状况等。测点若落在交通干线旁，还应同时记录车流量。

采用噪声分析仪进行测量时，取样间隔为 5s，测量时间不得少于 10min。评价参数选用各个测点每小时的 L_{10}、L_{50}、L_{90}、L_{eq}。

第五章 环境污染自动监测

第一节 空气污染自动监测技术

一、空气污染连续自动监测系统的组成及功能

空气污染连续自动监测系统是一套区域性空气质量实时监测网，在严格的质量保证程序控制下连续运行，无人值守。它由一个中心站和若干个子站（包括移动子站）及信息传输系统组成。为保证系统的正常运转，获得准确、可靠的监测数据，还设有质量保证机构，负责监控、监督、改进整个系统的运行质量，及时检修出现故障的仪器设备，保管仪器设备、备件和有关器材。

中心站配有功能齐全、存储容量大的计算机，应用软件，收发传输信息的无线电台和打印、绘图、显示仪器等输出设备，以及数据存储设备。其主要功能是：向各子站发送各种工作指令，管理子站的工作；定时收集各子站的监测数据，并进行数据处理和统计检验；打印各种报表，绘制污染物质分布图；将各种监测数据储存到磁盘或光盘上，建立数据库，以便随时检索或调用；当发现污染指数超标时，向污染源行政管理部门发出警报，以便采取相应的对策。

监测子站除作为监测环境空气质量设置的固定站外，还包括突发性环境污染事故或者特殊环境应急监测用的流动站，即将监测仪器安装在汽车、轮船上，可随时开到需要场所开展监测工作。子站的主要功能是：在计算机的控制下，连续或间歇地监测预定污染物；按一定时间间隔采集和处理监测数据，并将其打印和短期储存；通过信息传输系统接收中心站的工作指令，并按中心站的要求向其传输监测数据。

二、子站布设及监测项目

（一）子站数目和站位选址

自动监测系统中子站的设置数目取决于监测目的、监测网覆盖区域面积、地形地貌、气象条件、污染程度、人口数量及分布、国家的经济力量等因素，其数目可用经验法或统计法、模式法、综合优化法确定。经验法是常用的方法，包括人口数量法、功能区布点法、几何图形布点法等。

由于子站内的监测仪器长期连续运转，需要有良好的工作环境，如房屋应牢固，室内要配备控温、除湿、除尘设备；连续供电，且电源电压稳定；仪器维护、维修和交通方便等。

（二）监测项目

监测空气污染的子站监测项目分为两类：一类是温度、湿度、大气压、风速、风向及日照量等气象参数；另一类是二氧化硫、氮氧化物、一氧化碳、可吸入颗粒物或总悬浮颗粒物、臭氧、甲烷、非甲烷等污染参数。随子站代表的功能区和所在位置不同，选择的监测参数也有差异。我国《环境监测技术规范》规定，安装空气污染自动监测系统的子站的测点分为Ⅰ类测点和Ⅱ类测点。Ⅰ类测点的监测数据要求存入国家环境数据库，Ⅱ类测点的监测数据由各省、市管理。

三、子站内的仪器装备

子站内装备有自动采样和预处理装置、污染物自动监测仪器及其校准设备、气象参数监测仪、计算机及其外围设备、信息收发及传输设备等。

采样系统可采用集中采样和单独采样两种方式。集中采样是在每个子站设一总采样管，由引风机将空气样品吸入，各仪器均从总采样管中分别采样，但总悬浮颗粒物或可吸入颗粒物应单独采样。单独采样系指各监测仪器分别用采样泵采集空气样品。在实际工作中，多将这两种方式结合使用。

校准设备包括校正污染监测仪器零点、量程的零气源和标准气源（如标准气发生器、标准气钢瓶）、标准流量计和气象仪器校准设备等，在计算机和控制器的控制下，每隔一定时间（如 8 h 或 24 h）依次将零气和标准气输入各监测仪器进行零点和量程校准。校准完毕，计算机给出零值和跨度值报告。

第二节 污染源烟气连续监测系统

烟气连续排放监测系统是指对固定污染源排放烟气中污染物浓度及其总量和相关排气参数进行连续自动监测的仪器设备。通过该系统跟踪测定获得的数据，一是用于评价排污企业排放烟气污染物浓度和排放总量是否符合排放标准，实施实时监管；二是用于对脱硫、脱硝等污染治理设施进行监控，使其处于稳定运行状态。

一、CEMS 的组成及监测项目

CEMS 由颗粒物（烟尘）CEMS、烟气参数测量、气态污染物 CEMS 和数据采集与处理四个子系统组成。

CEMS 监测的主要污染物有：二氧化硫、氮氧化物和颗粒物。根据燃烧设备所用燃料和燃烧工艺的不同，可能还需要监测一氧化碳、氯化氢等。监测的主要烟气参数有：含氧量、含湿量（湿度）、流量（或流速）、温度和大气压。

二、烟气参数的测量

烟气温度、压力、流量（或流速）、含氧量、含湿量及大气压都是计算烟气污染物浓度及其排放总量需要的参数。

温度常用热电偶温度仪或热电阻温度仪测量。流量（或流速）常用皮托管流速测量仪或超声波测速仪、靶式流量计测量。烟气压力可由皮托管流速测量仪的压差传感器测得。含湿量常用测氧仪测定烟气除湿前、后含氧量计算得知，也可以用电容式传感器湿度测量仪测量。含氧量用氧化锆氧分析仪或磁氧分析仪、电化学传感器氧量测量仪测量。大气压用大气压计测量。

三、颗粒物（烟尘）自动监测仪

烟尘的测定方法有浊度法、光散射法、β 射线吸收法等。使用这些方法测定时，烟气中其他组分的干扰可忽略不计，但水滴有干扰，不适合在湿法净化设备后使用。

（一）浊度法

浊度法测定烟尘的原理基于烟气中颗粒物对光的吸收。

（二）光散射法

光散射法基于颗粒物对光的散射作用，通过测量偏离入射光一定角度的散射光强度，间接测定烟尘的浓度。根据散射光偏离入射光的角度不同，其监测仪器有后散射烟尘监测仪、边散射烟尘监测仪和前散射烟尘监测仪。

第三节　水污染源连续自动监测系统

一、水污染源连续自动监测系统的组成

水污染源连续自动监测系统由流量计、自动采样器、污染物及相关参数自动监测仪、数据采集及传输设备等组成，是水污染源防治设施的组成部分。这些仪器的主机安装在距离采样点不大于 50m、环境条件符合要求、具备必要的水电设施和辅助设备的专用房屋内。

数据采集、传输设备用于采集各自动监测仪测得的监测数据，经数据处理后，进行存储、记录和发送到远程监控中心，通过计算机进行集中控制，并与各级环境保护管理部门的计算机联网，实现远程监管，提高了科学监管能力。

二、废（污）水处理设施连续自动监测项目

对于不同类型的水污染源，各个国家都制定了相应的排放标准，规定了排放废（污）水中污染物的允许浓度。我国已颁布了 30 多种废（污）水排放标准，标准中要求控制的污染物项目有些是相同的，有些是行业特有的，要根据不同行业的具体情况，选择那些能综合反映污染程度，危害大，并且有成熟的连续自动监测仪的项目进行监测；对于没有成熟连续自动监测仪的项目，仍需要手工分析。目前，废（污）水主要连续自动监测的项目有：pH 值、氧化还原电位（ORP）、溶解氧（DO），化学需氧量（COD）、紫外吸收值（UVA）、总有机碳（TOC）、总氮（TN）、总磷（TP）、浊度（Tur）、污泥浓度（MLSS）、污泥界面、流量、水温、废（污）水排放总量及污染物排放总量等。其中，COD、UVA、TOC 都是反映有机物污染的综合指标，当废（污）水中污染物组分稳定时，三者之间有较好的相关性。因为 COD 监测法消耗试剂量大，监测仪器比较复杂，易造成二次污染，故应尽可能使用不用试剂、仪器结构简单的 UVA 连续自动监测仪测定，再换算成 COD。

三、监测方法和监测仪器

pH 值、溶解氧、化学需氧量、总有机碳、UVA、总氮、总磷、浊度的监测方法和自动监测仪器与地表水连续自动监测系统相同；但是，废（污）水的监测环境较地表水恶劣，水样进入监测仪器前的预处理系统往往比地表水复杂。

污染物排放总量是根据监测仪器输出的浓度信号和流量计输出的流量信号，由监测系统中的负荷运算器进行累积计算得到，可输出 TP、TN、COD 的 1h 排放量、1h 平均浓度、日排放量和日平均浓度。这些数据由显示器显示，打印机打印和送到存储器储存，并利用数据处理和传输设备进行信号处理，输送到远程监控中心。

第四节　地表水污染连续自动监测系统

一、地表水污染连续自动监测系统的组成与功能

地表水污染连续自动监测系统由若干个水质自动监测站和一个远程监控中心组成。水质自动监测站在自动控制系统控制下，有序地开展对预定污染物及水文参数连续自动监测工作，无人值守、昼夜运转，并通过有线或无线通信设备将监测数据和相关信息传输到远程监控中心，接受远程监控中心的监控。远程监控中心设有计算机及其外围设备，实施对各水质自动监测站状态信息及监测数据的收集和监控，根据需要完成各种数据的处理，报表、图件制作及输出工作，向水质自动监测站发布指令等。

建立地表水污染连续自动监测系统的目的是对江、河、湖、海、渠、库的主要水域重点断面水体的水质进行连续监测，掌握水质现状及变化趋势，预警或预报水质污染事故，提高科学监管水平。

二、水质自动监测站的布设及装备

对于水质自动监测站的布设，首先也要调查研究，收集水文、气象、地质和地貌、水体功能、污染源分布及污染现状等基础资料，根据建站条件、环境状况、水质代表性等因素进行综合分析，确定建站的位置、监测断面、监测垂线和监测点。

水质自动监测站由采水单元、配水和预处理单元、自动监测仪单元、自动控制和通信单元、站房及配套设施等组成。

采水单元包括采水泵、输水管道、排水管道及调整水槽等。采水头一般设置在水面下0.5~1.0m处，与水底有足够的距离，使用潜水泵或安装在岸上的吸水泵采集水样。设计采水方式要因地制宜，如栈桥式、利用现有桥梁式、浮筏式、悬臂式等。

配水和预处理单元包括去除水样中泥沙的过滤、沉降装置，手动和自动管道反冲洗装置及除藻装置等。

自动监测仪单元装备有各种污染物连续自动监测仪、自动取样器及水文参数（流量或流速、水位、水向）测量仪等。

自动控制和通信单元包括计算机及应用软件、数据采集及存储设备、有线和无线通信设备等。具有处理和显示监测数据，根据对不同设备的要求进行相应控制，实时记录采集到的异常信息，并将信息和数据传输至远程监控中心等功能。

监测站房配有水电供给设施、空调机、避雷针、防盗报警装置等。

四、水污染连续自动监测仪器

（一）常规指标自动监测仪

五项常规指标的测定不需要复杂的操作程序，已广泛应用的水质五参数自动监测仪将五种自动监测仪安装在同一机箱内，使用方便，便于维护。

1. 水温自动监测仪

测量水温一般用感温元件如电阻或热敏电阻作为传感器。将感温元件浸入被测水中并接入电桥的一个桥臂上；当水温变化时，感温元件的电阻随之变化，则电桥平衡状态被破坏，有电压信号输出，根据感温元件电阻变化值与电桥输出电压变化值的定量关系实现对水温的测量。

2. 电导率自动监测仪

在连续自动监测中，常用自动平衡电桥式电导仪和电流测量式电导仪测量。后者采用了运算放大器，可使读数和电导率呈线性关系。

3. 溶解氧自动监测仪

（1）隔膜电极法DO自动监测仪

隔膜电极法（氧电极法）测定水中溶解氧（见第二章）应用最广泛。有两种隔膜电极，一种是原电池型隔膜电极，另一种是极谱型隔膜电极。由于后者使用中性内充液，维护较简便，适用于自动监测系统。电极可安装在流通式发送池中，也可浸于搅动的水样（如曝气池）中。该仪器设有清洗系统，定期自动清洗黏附在电极上的污物。

（2）荧光光谱法 DO 自动监测仪

用荧光光谱法监测水中溶解氧，可以有效地消除水样 pH 值的波动和干扰物质对测定的影响，具有不需要化学试剂、维护工作量小等优点，已用于废（污）水处理连续自动监测。

（二）综合指标自动监测仪

1. 高锰酸盐指数自动监测仪

有分光光度式和电位滴定式两种高锰酸盐指数自动监测仪，它们都是基于以高锰酸钾溶液为氧化剂氧化水中的有机物等可氧化物质，通过高锰酸钾溶液消耗量计算出耗氧量（以 mg/L 为单位表示），只是测量过程和测量方式有所不同。

有两种分光光度式高锰酸盐指数自动监测仪，一种是程序式高锰酸盐指数自动监测仪，另一种是流动注射式高锰酸盐指数自动监测仪。前者是一种将高锰酸盐指数标准测定方法操作过程程序化和自动化，用分光光度法确定滴定终点，自动计算高锰酸盐指数的仪器，测定速度慢，试剂用量较大；后者是将水样和高锰酸钾溶液注入流通式毛细管反应后，进入测量池测量吸光度，并换算成高锰酸盐指数的仪器。

2. 化学需氧量（COD）自动监测仪

这类仪器有流动注射一分光光度式 COD 自动监测仪、程序式 COD 自动监测仪和库仑滴定式 COD 自动监测仪。流动注射一分光光度式 COD 自动监测仪工作原理与流动注射式高锰酸盐指数自动监测仪相同，只是所用氧化剂和测定波长不同。

程序式 COD 自动监测仪基于在酸性介质中，加入过量的重铬酸钾标准溶液氧化水样中的有机物和无机还原性物质，用分光光度法测定剩余的重铬酸钾量，计算出水样消耗重铬酸钾量和 COD。仪器利用微型计算机或程序控制器将量取水样、加液、加热氧化、测定及数据处理等操作自动进行。恒电流库仑滴定式 COD 自动监测仪也是利用微型计算机将各项操作按预定程序自动进行，只是将氧化水样后剩余的重铬酸钾用库仑滴定法测定，根据消耗电荷量与加入的重铬酸钾总量所消耗的电荷量之差，计算出水样的 COD。

（三）单项污染指标自动监测仪

1. 总氮（TN）自动监测仪

这类仪器测定原理是；将水样中的含氮化合物氧化分解成 NO_2 或 NO、NO_3^-，用化学发光分析法或紫外分光光度法测定。根据氧化分解和测定方法不同，有三种 TN 自动监测仪。

（1）密闭燃烧氧化-化学发光 TN 自动监测仪

将微量水样注入置有催化剂的高温燃烧管中进行燃烧氧化，则水样中的含氮化合物分解生成 NO，经冷却、除湿后，与 O_3发生化学发光反应，生成 NO_2，测量化学发光强度，通过与标准溶液发光强度比较，自动计算 TN 浓度，并显示和记录。

（2）流动注射-紫外分光光度 TN 自动监测仪

利用流动注射系统，在注入水样的载液（NaOH 溶液）中加入过硫酸钾溶液，输送到加热至 150～160℃的毛细管中进行消解，将含氮化合物氧化分解生成 NO_3^-，用紫外分光光度法测定 NO_3^-浓度，自动计算 TN 浓度，并显示、记录。

2. 总磷（TP）自动监测仪

测定总磷的自动监测仪有分光光度式和流动注射式，它们都是基于将水样消解，将不同价态的含磷化合物氧化分解为磷酸盐，经显色后测其对特征光（880 nm）的吸光度，通过与标准溶液的吸光度比较，计算出水样 TP 浓度。

五、水质监测船

水质监测船是一种水上流动的水质分析实验室，它用船做运载工具，装上必要的监测仪器、相关设备和实验材料，可以灵活地开到需要监测的水域进行监测工作，以弥补固定监测站的不足；可以方便地寻找追踪污染源，进行污染物扩散、迁移规律的研究；可以在大水域范围内进行物理、化学、生物、底质和水文等参数的综合观测，取得多方面的数据。在水质监测船上，一般装备有水体、底质、浮游生物等采样系统或工具，固定监测站和水质分析实验室中必备的分析仪器、化学试剂、玻璃仪器及相关材料、水文、气象参数测量仪器及其他辅助设备和设施，如标准源、烘箱、冰箱、实验台、通风及生活设施等，还备有浸入式多参数水质监测仪，可以垂直放入水体不同深度，同时测量 pH 值、水温、溶解氧、电导率、氧化还原电位和浊度等参数。

第五节　环境监测网

环境监测网是运用计算机和现代通信技术将一个地区、一个国家，乃至全球若干个业务相近的监测站及其管理层按照一定组织、程序相互联系，传递环境监测数据、信息的网络系统。通过该系统的运行，达到信息共享，提高区域性监测数据的质量，为评价大尺度范围环境质量和科学管理提供依据的目的。下面介绍我国环境监测网情况。

一、环境监测网管理与组成

我国环境监测网由环境保护部会同资源管理、工业、交通、军队及公共事业等部门的行政领导组成的国家环境监测协调委员会负责行政领导，其主要职责是商议全国环境监测规划和重大决策问题。由各部门环境监测专家组成国家环境监测技术委员会负责技术管理，主要职责是：审议全国环境监测技术决策和重要监测技术报告；制定全国统一的环境监测技术规范和标准监测分析方法，并进行监督管理。环境监测技术委员会秘书组设在中国环境监测总站。

全国环境监测网由国家环境监测网、各部门环境监测网及各行政区域环境监测网组成。国家环境监测网由各类跨部门、跨地区的生态与环境质量监测系统组成，其主要监测点是从各部门、各行政区域现行的监测点中优选出来的，由各部门分工负责，开展生态监测和环境质量监测工作。部门环境监测网为资源管理、环境保护、工业、交通、军队等部门自成体系的纵向环境监测网，它们在国家环境监测网分工的基础上，根据自身功能特点和减少重复的原则，工作各有侧重，如资源管理部门以生态环境质量监测为主，工业、交通、军队等部门以污染源监测为主。行政区域环境监测网由省、市级横向环境监测网组成，省级环境监测网以对所辖地区环境质量监测为主，市级环境监测网以污染源监测为主。

环境监测网的实体是环境质量监测网和污染源监测网。国家环境质量监测网由生态监测网、空气质量监测网、地表水质量监测网、地下水质量监测网、海洋环境质量监测网、酸沉降监测网、放射性监测网等组成。

二、国家空气质量监测网

该监测网由空气质量监测中心站和从城市、农村筛选出的若干个空气质量监测站组成。空气质量监测中心站分为空气质量背景监测站、城市空气污染趋势监测站和农村居住环境空气质量监测站三类。

空气质量背景监测站设在无工业区、远离污染源的地方，其监测结果用于评价所在区域空气质量，与城市空气质量相比较。城市空气污染趋势监测站分为一般趋势（监测）站和特殊趋势（监测）站两类。前者进行常规项目（TSP、SO_2、NO、PM10 及气象参数）例行监测，发布空气达标情况；后者是选择国家确定的空气污染重点城市开展特征有机污染物、臭氧监测。农村居住环境空气质量监测站建在无工业生产活动的村庄，开展空气污染常规项目的定期监测，评价空气质量状况。

三、国家地表水质量监测网

国家地表水质量监测网由地表水质量监测中心站和若干个地表水质量监测子站组成。地表水质量监测子站设在各水域，委托地方监测站负责日常运行和维护。监测子站的类型有背景监测站、污染趋势监测站、生产性水域监测站和污染物通量监测站。子站的监测断面布设在重要河流的省界，重要支流入河（江）口和入海口，重要湖泊及出入湖河流、国界河流及出入境河流，湖泊、河流的生产性水域及重要水利工程处等。

四、其他国家环境质量监测网

海洋环境质量监测网由国家海洋局组建，设有海洋环境质量监测网技术中心站、近岸海域污染监测站、近岸海域污染趋势监测断面、远海海域污染趋势监测断面。通过开展监测工作，掌握各海域水质状况和变化趋势。同时，从海洋环境质量监测网的监测站中选择部分监测站开展海洋生态监测，形成生态与环境相统一的监测网。海洋环境质量监测网的信息汇入中国环境监测总站。

地下水监测已形成由一个国家级地质环境监测院、31 个省级地质环境监测中心、200 多个地（市）级地质环境监测站组成的三级监测网，布设了 2 万多个监测点，并陆续建设和完善了全国地下水监测数据库，完成了大量地下水监测数据的入库管理，基本上控制了全国主要平原、盆地地区地下水质量动态状况。

在生态监测网建设方面，已利用建成的生态监测站和生态研究基地，围绕农业生态系统、林业生态系统、海洋生态系统、淡水（江、河流域和湖、库）生态系统、地质环境系统开展了大量生态监测工作，逐步形成农业、林业、海洋、水利、地质矿产、环境保护部门及中国科学院等多部门合作，空中与地面结合、骨干站与基本站结合、监测与科研结合的国家生态监测网。

五、污染源监测网

建立污染源监测网的目的是为了及时、准确、全面地掌握各类固定污染源、流动污染源排放达标情况和排污总量。污染源监测涉及部门多、单位多，适于以城市为单元组建污染源监测网。城市污染源监测网由环境保护部门监测站（中心）负责，会同有关单位监测站组成，工业、交通、铁路、公安、军队等系统也都组建了行业污染源监测网。

第六章　环境监测新技术发展

第一节　超痕量分析技术

一、超痕量分析中常用的前处理方法

（一）液-液萃取法（LLE）

液-液萃取法是一种传统经典的提取方法。它是利用相似相溶原理，选择一种极性接近于待测组分的溶剂，把待测组分从水溶液中萃取出来。常用的萃取溶剂有正己烷、苯、乙醚、乙酸乙酯、二氯甲烷等。正己烷一般用于非极性物质的萃取，苯一般用于芳香族化合物的萃取，乙醚和乙酸乙酯对极性大的含氧化合物的萃取比较合适。二氯甲烷对非极性到极性的宽范围的化合物都有较高的萃取率，而且由于其沸点低，容易浓缩，密度大，分液操作方便，所以适用于多组分同时分析。但是由于二氯甲烷和苯具有强致癌性，从发展方向上来看，属于控制使用的溶剂。液-液萃取法有许多局限性，例如需要大量的有机溶剂、有时产生乳化现象影响分层以及溶剂蒸发造成样品损失等。

（二）固相萃取法（SPE）

固相萃取是一种基于液固分离萃取的试样预处理技术，由液固萃取和柱液相色谱技术相结合发展而来。固相萃取具有有机溶剂用量少、简便快速等优点，作为一种环境友好型的分离富集技术在环境分析中得到了广泛应用。一般固相萃取包括预处理（活化）、加样或吸附、洗去干扰杂质和待测物质的洗脱收集四个步骤。预处理一方面可以除去吸附剂中可能存在的杂质，减少污染；另一方面也是一个活化的过程，增加吸附剂表面和样品溶液

的接触面积。加样或吸附就是用正压推动或负压抽吸使样品溶液以适当的流速通过固相萃取柱，待测物质就被保留在吸附剂上。洗去干扰杂质就是去除吸附在柱子上的少量基体干扰成分。洗脱收集就是用尽可能少量的溶剂把待测物质洗脱下来，再进行分析测定。

固相萃取的核心是固相吸附剂，不但能迅速定量吸附待测物质，而且还能在合适的溶剂洗脱时迅速定量释放出待测物质，整个萃取过程最好是完全可逆的。这就要求固相吸附剂具有多孔、很大的表面积、良好的界面活性和很高的化学稳定性等特点，还要有很高的纯度以降低空白值。

吸附剂能把待测物质尽量保留下来，如何用合适的溶剂定量洗脱也很重要。洗脱溶剂的强度、后续测定的衔接和检测器是否匹配是应该考虑的几个问题。溶剂强度大，待测物质的保留因子就小，可以保证吸附在固定相上的待测物质定量洗脱下来。用于洗脱的溶剂易挥发，这样方便浓缩和溶剂转换。另外，溶剂在检测器上的响应尽可能小。

（三）固相微萃取法（SPME）

固相微萃取技术是以固相萃取为基础发展而来的。最初仅利用具有很好耐热性和化学稳定性的熔融石英纤维作为吸附层进行萃取，定量定性分析茶和可乐中的咖啡因。后来又将气相色谱固定液涂渍在石英纤维表面，提高了萃取效率。

（四）吹脱捕集法（P&T）和静态顶空法（HS）

吹脱捕集和静态顶空都是气相萃取技术，它们的共同特点是用氮气或其他惰性气体将待测物质从样品中抽提出来。但吹脱捕集与静态顶空不同，它使气体连续通过样品，将其中的挥发组分萃取后在吸附剂或冷阱中捕集，是一种非平衡态的连续萃取，因此吹脱捕集法又称为动态顶空法。由于气体的连续吹扫，破坏了密闭容器中气、液两相的平衡，使挥发组分不断地从液相进入气相，也就是说在液相顶部的任何组分的分压都为零，从而使更多的挥发性组分不断逸出到气相中，所以它比静态顶空法的灵敏度更高，检测限能达到μg/L 水平以下。但是吹脱捕集法也不能将待测物质从样品中百分之百抽提出来，它与吹扫温度、待测物质在样品中的溶解度和吹扫气的流速及流量等因素有关。吹扫温度高，样品容易被吹脱，但是温度升高使水蒸气量增加，影响吸附和后续测定，一般 50℃ 比较合适。溶解度高的组分，很难被吹脱，加入盐能提高吹扫效率。吹扫气的流速太快或总流量太大，待测组分不容易被吸附或是吸附之后又被吹落，一般以 40 mL/min 的流速吹扫 10~15 min 为宜。

静态顶空法是将样品加入管形瓶等封闭体系中，在一定温度下放置达到气液平衡后，用气密性注射器抽取存在于上部顶空中的待测组分，注入气相色谱仪或气相色谱质谱仪中进行测定。该方法必须保持平衡条件恒定不变，才能保证样品测定的重复性，测定的灵敏度也没有吹脱捕集法高，但操作简便、成本低廉。

二、超痕量分析测试技术

环境样品中被测组分通常是痕量或超痕量的，除了需要采用预处理技术进行富集和净化外，还需要高灵敏度的分析方法，才能满足环境样品中痕量或超痕量组分测定的要求。常用的具有高灵敏度的分析方法概述如下：

（一）光谱分析法

光谱分析法是基于光与物质相互作用时，测量由物质内部发生量子化的能级之间的跃迁而产生的发射或吸收光谱的波长和强度变化的分析方法。它包括荧光分析法、发光分析法、原子发射光谱法和原子吸收光谱法等。

1. 荧光分析法

荧光物质分子吸收一定波长的紫外线以后被激发至高能态，经非发光辐射损失部分能量，回到第一激发态的最低振动能级，再跃迁到基态时，发出波长大于激发光波长的荧光。根据荧光的光谱和荧光强度，对物质进行定性或定量的方法称为荧光分析法。

2. 发光分析法

发光分析是基于化学发光和生物发光而建立起来的一种新的超微量分析技术。它通过发光体系光强度测定来定量某一分析物浓度。对于一个固定的发光反应体系，发光强度正比于分析物浓度，测定发光强度的大小可以计算出分析物的含量。根据建立发光分析方法的不同反应体系，可将发光分析分为化学发光分析、生物发光分析、发光免疫分析和发光传感技术等。

发光分析因具有简便、快速、灵敏度高、样品用量少等特点，被广泛应用于环境样品中污染物的痕量检测。

3. 原子发射光谱分析法

发射光谱分析是利用物质受电能或热能的作用，产生气态的原子或离子价电子的跃迁特征光谱线来研究物质的一种检测方法。用不同元素光谱线的波长可以进行定性检测，光谱线的强度则可以用来定量分析。

原子发射光谱分析常用高压火花或电弧激发，产生原子发射特征光谱。本法选择性好，样品用量少，不需化学分离便可同时测定多种元素，可用于汞、铅、砷、铬、镉、镍等几十种元素的测定。近年来已用电感耦合等离子体作为原子化装置和激发源。电感耦合等离子体发射光谱法（ICP-AES）是利用高频等离子为能源使试样裂解为激发态原子，通过测定激发态原子回到基态时所发出谱线而实现定性定量的方法，可分析环境样品中几十种元素。

（二）电化学分析法

电化学分析是应用电化学原理和实验技术建立的分析方法。通常是将待测组分以适当的形式置于化学电池中，然后测量电池的某些参数或这些参数的变化进行定性和定量分析。

1. 电位滴定法

电位滴定是用标准溶液滴定待测离子的过程中，用指示电极的电位变化来代替指示剂颜色变化显示终点的一种方法。进行电位滴定时，在被测溶液中插入一个指示电极和一个参比电极，组成一个工作电池。随着滴定剂的加入，由于发生化学变化使被测离子浓度不断发生变化，因此指示电极的电位也相应发生变化。滴定达到终点附近离子浓度发生突变，这时指示电极电位也发生突变，由此来确定反应终点。

2. 极谱分析法

极谱分析法是以测定电解过程中所得电压-电流曲线为基础的电化学分析方法。极谱分析法有经典极谱法、单扫描极谱法、脉冲极谱法等，其中经典极谱法的灵敏度较低。目前我国常用单扫描极谱法、脉冲极谱法来测定大气中的氮氧化物，水中亚硝酸盐及铅、镉等金属离子含量。

（三）色谱分析法

色谱分析法是利用不同物质在两相中吸附力、分配系数、亲和力等的不同，当两相做相对运动时，这些物质在两相中反复多次分配，从而使各物质得到完全的分离并能由检测器检测。按流动相所处的物理状态不同，色谱分析法又分为气相色谱法和液相色谱法。

1. 气相色谱法

气相色谱法是以气体为流动相对混合物组分进行分离分析的色谱分析法。根据固定相不同，气相色谱法可分为气-固色谱和气-液色谱。气-固色谱的固定相是固体吸附剂颗粒。气-液色谱的固定相是表面涂有固定液的担体。固体吸附剂品种少、重现性较差，用得较少，主要用于分离分析永久性气体和 $C_1 \sim C_4$，低分子碳氢化合物。气-液色谱的固定液纯度高，色谱性能重现性好，品种多，可供选择范围广，因此目前大多数气相色谱分析是气-液色谱法。气相色谱法具有高效、灵敏、快速、能同时分离分析多种组分、样品用量少等特点，在环境有机污染物的分析中得到广泛的应用，如苯、二甲苯、多环芳烃、酚类、农药等。

2. 高效液相色谱法

高效液相色谱法是在经典液相色谱法的基础上，采用气相色谱法的理论和技术发展起来的一类分离分析的方法。高效液相色谱法具有高效、高速、高灵敏度等特点，它已成为环境中有机污染物分析不可缺少的重要分析方法之一。按分离机制不同，高效液相色谱法分为液-固色谱、液-液色谱、离子交换色谱（离子色谱）、空间排斥色谱。

3. 色谱-质谱联用技术

气相色谱是强有力的分离手段，特别适合于分离复杂的环境有机污染物样品。同时，质谱和气相色谱在工作状态上均为气相动态分析，除了工作气压之外，色谱的每一特征都能和质谱相匹配，且都具有灵敏度高、样品用量少的共同特点。因此，GC-MS 联用既发挥了气相色谱的高分离能力，又发挥了质谱法的高鉴别力，已成为鉴定未知物结构的最有效工具之一，广泛应用于环境样品检测中。在 GC-MS 联用技术中，气相色谱仪相当于质谱仪的进样、分离装置，而质谱仪相当于气相色谱仪的检测器。

第二节 遥感环境监测技术

遥感，即遥远地感知，亦即远距离不接触物体而获得其信息。“Remote Sensing”（遥感）一词首先是由美国海军科学研究部的布鲁依特（E. L. Pruitt）提出来的。广义的遥感泛指各种非接触、远距离探测物体的技术；狭义的遥感指通过遥感器“遥远”地采集目标对象的数据，并通过对数据的分析来获取有关地物目标、地区或现象信息的一门科学和技术。

通常遥感是指空对地的遥感，即从远离地面的不同工作平台上（如高塔、气球、飞机、火箭、人造地球卫星、宇宙飞船、航天飞机等）通过传感器，对地球表面的电磁波（辐射）信息进行探测，并经信息的传输、处理和判读分析，对地球的资源与环境进行探测和监测的综合性技术。

电磁波遥感是从远距离、高空至外层空间的平台上，利用可见光、红外、微波等探测仪器，通过摄影扫描、信息感应、传输和处理等技术过程，识别地面物体的性质和运动状态的现代化技术系统。

卫星遥感能够在一定程度上弥补传统的环境监测方法所遇到的时空间隔大、费时费力、难以具备整体、普遍意义和成本高的缺陷和困难，随着环境问题日益突出，宏观、综合、快速的遥感技术已成为大范围环境监测的一种主要技术手段。现在已可测出水体的叶绿素含量、泥沙含量、水温、TP 和 TN 等水质参数；可测定大气气温、湿度以及 CO、NO_2、CO_2，O_3，ClO_2、CH_4等污染气体的浓度分布；可应用于测定大范围的土地利用情况、区域生态调查以及大型环境污染事故调查（如海洋石油泄漏、沙尘暴和海洋赤潮等环境污染）等。

一、遥感的基本过程

遥感过程是指遥感信息的获取、传输、处理，以及分析判读和应用的全过程。遥感过程实施的技术保证依赖于遥感技术系统。遥感技术系统是一个从信息收集、存储、传输处理到分析判读、应用的完整技术体系。

遥感信息通过装载于遥感平台上的传感器获取。遥感平台是搭载传感器的工具。根据运载工具的类型划分为航天平台（如卫星，150 km 以上）、航空平台（如飞机，100m 至 10 余公里）和地面平台（如雷达，0～50m）。其中航天遥感平台目前发展最快，应用最广。常用的遥感器包括航空摄影机（航摄仪）、全景摄影机、多光谱摄影机、多光谱扫描仪（MSS）、专题制图仪（TM）、高分辨率可见光相机（HRV）、合成孔径侧视雷达（SLAR）等。

遥感信息传输是指遥感平台上的传感器所获取的目标物信息传向地面的过程，一般有直接回收和无线电传输两种方式。

遥感信息处理是指通过各种技术手段对遥感探测所获得的信息进行的各种处理。例如，为了消除探测中的各种干扰和影响，使其信息更准确可靠而进行的各种校正（辐射校正、几何校正等）处理，为了使所获遥感图像更清晰，以便于识别和判读、提取信息而进行的各种增强处理等。

遥感信息应用是遥感的最终目的。遥感信息应用则应根据专业目标的需要，选择适宜的遥感信息及其工作方法进行，以取得较好的社会效益和经济效益。

二、电磁波谱遥感的基本理论

（一）电磁波谱的划分

无线电波、红外线、可见光、紫外线、X 射线、γ 射线都是电磁波，不过它们的产生方式不尽相同，波长也不同，把它们按波长（或频率）顺序排列就构成了电磁波谱。依照波长的长短以及波源的不同，电磁波谱可大致分为以下几种。

1. 无线电波

波长为 0.3m～几千米，一般的电视和无线电广播的波段就是用这种波。无线电波是人工制造的，是振荡电路中自由电子的周期性运动产生的。依波长不同分为长波、中波、短波、超短波和微波。微波波长为 1mm～1m，多用在雷达或其他通信系统。

2. 红外线

波长为 7.8×10^{-7}～10^{-3}m，是原子的外层电子受激发后产生的。其又可划分为近红外（0.78～3μm）、中红外（3～6μm）、远红外（6～15μm）和超远红外（15～1000μm）。

3. 可见光

可见光是电磁波谱中人眼可以感知的部分，一般人的眼睛可以感知的电磁波的波长在（78～3.8）$\times10^{-6}$cm 之间。正常视力的人眼对波长约为 555 nm 的电磁波最为敏感，这种电磁波处于光学频谱的绿光区域。

4. 紫外线

波长为 6×10^{-10}～3×10^{-7}m。这些波产生的原因和光波类似，常常在放电时发出。由于它的能量和一般化学反应所牵涉的能量大小相当，因此紫外线的化学效应最强。

5. X 射线（伦琴射线）

这部分电磁波谱，波长为 6×10^{-12}～2×10^{-9}m。X 射线是原子的内层电子由一个能态跃迁至另一个能态时或电子在原子核电场内减速时所发出的。

6. γ 射线是波长为 10^{-14}～10^{-10}m 的电磁波

这种不可见的电磁波是从原子核内发出来的，放射性物质或原子核反应中常有这种辐射伴随着发出。γ 射线的穿透力很强，对生物的破坏力很大。

（二）遥感所使用的电磁波段及其应用范围

遥感技术所使用的电磁波集中在紫外线、可见光、红外线、微波光波段。

紫外线具较高能量，在大气中散射严重。太阳辐射的紫外线通过大气层时，波长小于 0.3 的紫外线几乎都被吸收，只有 0.3～0.38 的紫外线部分能穿过大气层到达地面，目前主要用于探测碳酸盐分布。碳酸盐在 0.4 以下的短波区域对紫外线的反射比其他类型的岩石强。此外，水面漂浮的油膜比周围水面反射的紫外线要强。因此，紫外线也可用于油污染的监测。

可见光是遥感中最常用的波段。在遥感技术中，可以直接光学摄影方式记录地物对可见光的反射特征。也可将可见光分成若干波段，在同一时间对同一地物获得不同波段的影像，还可以采用扫描方式接收和记录地物对可见光的反射特征。

近红外波段也是遥感技术的常用波段。近红外在性质上与可见光近似，由于它主要是地表面反射太阳的红外辐射，因此又称为反射红外。其可以用摄影和扫描方式接收和记录地物对太阳辐射的红外反射。中红外、远红外和超远红外是产生热感的原因，所以又称为热红外。自然界中的任何物体，当其温度高于绝对 0 度（−273.15℃）时，均能向外辐射红外线。红外遥感是采用热感应方式探测地物本身的辐射，可用于森林火灾、热污染等的全天候遥感监测。

微波又可分为毫米波、厘米波和分米波。微波辐射也具有热辐射性质，由于微波的波长比可见光、红外线长，能穿透云、雾而不受天气影响，且能透过植被、冰雪、土壤等表层覆盖物，因此能进行多种气象条件下的全天候遥感探测。

三、遥感的分类和特点

（一）遥感的分类

遥感技术依其遥感仪器所选用的波谱性质可分为电磁波遥感技术、声呐遥感技术、物理场（如重力和磁力场）遥感技术。通常所讲的遥感往往是指电磁波遥感。电磁波遥感技术是利用各种物体/物质反射或发射出不同特性的电磁波进行遥感的，其可分为可见光、红外、微波等遥感技术。

按照传感器工作方式的不同可分为主动式遥感技术和被动式遥感技术。所谓主动式是指传感器带有能发射信号（电磁波）的辐射源，工作时向目标物发射，同时接收目标物反射或散射回来的电磁波，以此所进行的探测。被动式遥感则是利用传感器直接接收来自地物反射自然辐射源（如太阳）的电磁辐射或自身发出的电磁辐射而进行的探测。

按照记录信息的表现形式可分为图像方式和非图像方式。图像方式就是将所探测到的强弱不同的地物电磁波辐射转换成深浅不同的（黑白）色调构成直观图像的遥感资料形式，如航空相片、卫星图像等。非图像方式则是将探测到的电磁辐射转换成相应的模拟信号（如电压或电流信号）或数字化输出，或记录在磁带上而构成非成像方式的遥感资料，如陆地卫星 CCT 数字磁带等。

按照遥感器使用的平台可分为航天遥感技术、航空遥感技术、地面遥感技术。

按照遥感的应用领域可分为地球资源遥感技术、环境遥感技术、气象遥感技术、海洋遥感技术等。

（二）遥感的特点

①感测范围大，具有综合、宏观的特点。遥感从飞机上或人造地球卫星上，居高临下获取航空相片或卫星图像，比在地面上观察的视域范围大得多。②信息量大，具有手段多、技术先进的特点。它不仅能获得地物可见光波段的信息，而且可以获得紫外、红外、微波等波段的信息。其不但能用摄影方式获得信息，而且还可以用扫描方式获得信息。遥感所获得的信息量远远超过了用常规传统方法所获得的信息量。③获取信息快，更新周期短，具有动态监测特点。遥感通常为瞬时成像，可获得同一瞬间大面积区域的景观实况，现实性好；而且可通过不同时段取得的资料及相片进行对比、分析和研究地物动态变化的情况，为环境监测以及研究分析地物发展演化规律提供了基础。

四、环境遥感监测

（一）大气遥感原理

大气不仅本身能够发射各种频率的流体力学波和电磁波，而且当这些波在大气中传播时，会发生折射、散射、吸收、频散等经典物理或量子物理效应。由于这些作用，当大气成分的浓度、气温、气压、气流、云雾和降水等大气状态改变时，波信号的频谱、相位、振幅和偏振度等物理特征就发生各种特定的变化，从而储存了丰富的大气信息，向远处传送，这样的波称为大气信号。应用红外、微波、激光、声学和电子计算机等一系列的技术手段，揭示大气信号在大气中形成和传播的物理机制和规律，区别不同大气状态下的大气信号特征，确立描述大气信号物理特征与大气成分浓度、运动状态和气象要素等空间分布之间定量关系的大气遥感方程，从而最终建立从大气信号物理特征中提取大气信息的理论和方法。

（二）水环境遥感监测

利用遥感技术进行水质监测的主要机理是被污染水体具有独特的有别于清洁水体的光谱特征，这些光谱特征体现在其对特定波长的光的吸收或反射，而且这些光谱特征能够为遥感器所捕获并在遥感图像中体现出来。对所监测水体的遥感图像进行几何校正、大气校正和解译，得出所需的光谱信息，利用经验、半经验或者其他数据分析方法，可筛选出合适的遥感波段或波段组合，将该波段组合光谱信息与水质参数的实测数据结合，可以建立相关的水质参数遥感估测模型，达到一定的精度后可用来反演水体中水质参数的相关数据，从而达到利用遥感技术对水体进行环境水质定量监测的目的。

内陆水体中影响光谱反射率的物质主要有四类：①纯水；②浮游植物，主要是各种藻类；③由浮游植物死亡而产生的有机碎屑以及陆生或湖体底泥经再悬浮而产生的无机悬浮颗粒，总称为非色素悬浮物；④由黄腐酸、腐殖酸等组成的溶解性有机物，通常称为黄色物质。

第三节　环境快速检测技术

随着经济社会的快速发展以及对环境监测工作高效率的迫切需要，研究高效、快速的环境污染物检测技术已成为国际环境问题的研究热点之一，尤其是水质和气体的快速检测技术发展迅速，对我国环境监测技术的发展起到了重要的推动作用。

一、便携水质多参数检测技术

便携式仪器法是利用根据污染物的热学、光学、电化学、电磁波学、气相色谱学、生物学等特点设计的仪器进行污染物现场检测的方法。便携式仪器具有防尘、防水、质轻和耐腐蚀等特性，一些仪器还配有手提箱，所有附件一应俱全，十分便于野外操作。下面介绍几种典型或新型的水质便携式多参数检测仪。

（一）手持电子比色计

手持电子比色计是由同济大学设计的半定量颜色快速鉴定装置，结构简单，小巧轻便（154mm×91mm×30mm，约 360g），手持使用。该装置与传统的目视比色卡片不同，不受外部环境条件（光线、温度等）影响，晚上亦可正常使用。该比色计存储多种物质标准色列，用于多种环境污染物和化学物质的识别与半定量分析，配合 GEE 显色检测剂或其他水质检测包（盒）等，可对数十种化学物质或离子进行快速半定量分析，非专业人员亦可自主操作，适合于环境监测、排污监督、水质分析、食品质量检验、应急监测等。

（二）水质检验手提箱

水质检验手提箱由微型液体比色计、衡量系统、现场快速检测剂、显色剂、过滤工具等组成。

据使用目的不同配置有氮磷硫氯检测手提箱、重金属手提箱、广谱检测手提箱等多种规格，手提箱工具齐备、小巧轻便。采用高亮度手（笔）触 LED 屏，界面清晰、直观，适合于户外使用。在水质分析、环境监测、食品检验及其他分析检验领域，尤其对矿山、企事业单位、农村、山区、高原、事故现场等水质快速或应急检测具有重要价值。

手提箱提供快速检测粉剂为胶囊包装，性能稳定，携带方便，可对氨（铵）、亚硝酸盐、硝酸盐、磷酸盐、硫酸盐、硫化物、氯化物、余氯、溶解氧、铬、铁、铜、锌、铅、铋、锡、总硬度、甲醛、挥发酚、苯胺、磷等数十种物质（离子）进行快速定量检测，灵敏度高，重现性好。

（三）现场固相萃取仪

常规固相萃取装置（SPE）只能在实验室内使用，水样流速慢，萃取时间长，不适于水样现场快速采集。同济大学研制的微型固相萃取仪为水环境样品的现场浓缩分离提供了新的方法和技术。

与常规 SPET 原理不同，微型固相萃取仪是将 1～2g 吸附材料直接分散到 500～2000 mL 水样中，对目标物进行选择性吸附后，通过蠕动泵导流到萃取柱，使液固得到分离，再使用 5～10 mL 洗脱剂洗脱出吸附剂上的目标物，即可用 AAS、1CP、GC、HPLC 等分析方法对目标物进行测定。

二、大气快速监测技术

大气快速监测技术是采用便携、简易、快速的仪器或装置，在尽可能短的时间内对目标污染物的种类、浓度、污染范围及危险性做出准确科学判断的重要依据。下面对常见的几种大气污染和空气质量现场快速分析技术进行简单介绍。

（一）气体检测管

气体检测管是一种简便、快速、直读式的气体定量检测仪，可在已知有害气体或蒸气种类的条件下进行现场快速检测。其测试原理为：先用特定的试剂浸渍少量多孔性材料（如硅胶、凝胶、沸石和浮石等），然后将浸渍过试剂的多孔性材料放入玻璃管内，使空气通过玻璃管。如果空气中含有被测成分，则浸渍材料的颜色就有变化，根据其色柱长度，计算出污染物的浓度。气体检测管既可用于室内空气监测、公共场所的空气质量监测、作业现场的空气及特定气体的测试、大气环境监测等许多方面，也可用于需要控制气体成分的生产工艺中。

气体检测管根据其构造和用途可分为普通型、试剂型、短期测量管、长期测量管和扩散式测量管等。普通型是玻璃管内仅放置指示剂，能直接与待测物质起颜色反应而定性定量。试剂型是在玻璃管内不但装有指示剂，而且装有试剂溶液小瓶，在采样检测前或后，打破试剂溶液小瓶，待测物质与试剂反应产生颜色变化。扩散式测量管的特别之处是不需要抽气动力，而是利用待测物质的分子扩散作用达到采样检测的目的。气体检测管法具有体积小、质量轻、携带方便、操作简单快速、灵敏度较高和费用低等优点，且对使用人的技术要求不高，经过短时间培训就能够进行监测工作。目前，市售气体检测管种类较多，能够检测的污染物超过 500 种，可以检测的环境介质包括空气、水及土壤、有毒气体、蒸气、气雾及烟雾等，可参照《气体检测管装置》选用合适的检测管。然而，气体检测管不能精确给出大气污染物的浓度，易受温度等因素的干扰。

（二）便携式烟气二氧化硫分析仪

便携式烟气二氧化硫分析仪采用定电位电解法进行测定。仪器主要由两部分组成，即气路系统和电路系统。气路系统完成烟气的采样、处理、传送等功能；电路系统则完成气电转换、信号放大、数据处理、数据的显示打印和仪器的工作状态控制等功能。仪器预热后，烟气通过烟尘过滤器去除粗烟尘。过滤后的烟气经过采样枪进入气水分离器，在气水分离器内水分和细烟尘与烟气分离，从而使基本洁净的干烟气经过薄膜泵进入传感器气室，在气室内扩散后，采集的烟气再从气室出口排出仪器。在气室里扩散的烟气与传感器发生氧化还原反应，使传感器输出微安级的电流信号。该信号进入前置放大器后，经过电流/电压的变换和信号放大，模拟量信号经数模转换器转换成计算机可识别的数字信号，经数据处理后可将测试结果显示出来。

（三）手持式多气体检测仪

PortaSens Ⅱ型仪器可用于检测现场环境空气中的各种气体，通过更换即插即用型传感器模块可以检测氯气、过氧化氢、甲醛、CO、NO、NO_2、H_2S、HF、HCN、SO_2、ASH_3等 30 余种不同气体。传感器不须校准，精度一般为测量值的 5%，灵敏度为量程的 1%，可根据监测需要切换、设定量程，RS232 输出接口、专用接口电缆和专用软件用于存储气体浓度值，存储量达 12 000 个数据点；采用碱性 D 型电池，质量为 1.4kg。

第四节　生态监测

随着人们对环境问题及其规律认识的不断深化，环境问题不再局限于排放污染物引起的健康问题，还包括自然环境的保护、生态平衡和可持续发展的资源问题。因此，环境监测正从一般意义上的环境污染因子监测开始向生态环境监测过渡和拓宽。除了常见的各类污染因子外，由于人为因素影响，灾害性天气增加，森林植被锐减，水土流失严重，土壤沙化加剧，洪水泛滥，沙尘暴、泥石流频发，酸沉降等，使得本已十分脆弱的生态环境更加恶化。这促使人们重新审视环境问题的复杂性，用新的思路和方法了解和解决环境问题。人们开始认识到，为了保护生态环境，必须对环境生态的演化趋势、特点及存在的问题建立一套行之有效的动态监测与控制体系，这就是生态监测。因此，生态监测是环境监测发展的必然趋势。

一、生态监测的定义

所谓生态监测，是以生态学原理为理论基础，运用可比的和较成熟的方法，在时间和空间上对特定区域范围内生态系统和生态系统组合体的类型、结构和功能及其组合要素进行系统的测定，为评价和预测人类活动对生态系统的影响，为合理利用资源、改善生态环境提供决策依据。

二、生态监测的原理

生态监测是环境监测工作的深入与发展，由于生态系统本身的复杂性，要完全将生态系统的组成、结构、功能进行全方位的监测十分困难。随着生态学理论与实践的不断发展与深入，特别是景观生态学的发展，为生态监测指标的确立、生态质量评价及生态系统的管理与调控提供了基础框架。景观生态学中的一些基础理论即等级（层次）理论、空间异质性原理等成为生态监测的基本指导思想。研究生态系统的组成要素、结构与功能、发展与演替，以及人为影响与调控机制的生态系统生态学理论也为生态监测提供理论支持。生态系统生态学的研究领域主要涵盖了自然生态系统的保护和利用，生态系统的调控机制，生态系统退化的机理、恢复模型及修复技术，生态系统可持续发展问题以及全球生态问题等。

三、生态监测、环境监测和生物监测之间的关系

在环境科学、生态学及其分支学科中，生态监测、生物监测及环境监测都有各自的特点和要求。环境监测是伴随着环境科学的形成和发展而出现的，以环境为对象，运用物理、化学和生物技术方法对其中的污染物及其有关的组成成分进行定性、定量和系统的综合分析，运用环境质量数据、资料来表征环境质量的变化趋势及污染的来龙去脉。因此，

环境监测属于环境科学范畴。

长期以来，生物监测属于环境监测的重要组成部分，是利用生物在各种污染环境中所发出的各种信息来判断环境污染的状况，即通过观察生物的分布状况，生长、发育、繁殖状况，生化指标及生态系统工程的变化规律来研究环境污染的情况、污染物的毒性，并与物理、化学监测和医药卫生学的调查结合起来，对环境污染做出正确评价。

对生态监测一直有争议的，主要表现在生态监测与生物监测的相互关系上。一种观点认为生态监测包括生物监测，是生态系统层次的生物监测，是对生态系统的自然变化及人为变化所做反应的观测和评价，包括生物监测和地球物理化学监测等方面内容；也有的将生态监测与生物监测统一起来，统称为生态监测，认为生态监测是环境监测的组成部分，是利用各种技术测定和分析生命系统各层次对自然或人为的反应或反馈效应的综合表征来判断这些干扰对环境产生的影响、危害及其变化规律，为环境质量的评估、调控和环境管理提供科学依据。这种观点表明，生态监测是一种监测方法，是对环境监测技术的一种补充，是利用“生态”做“仪器”进行环境质量监测。

而另一种观点认为，随着环境科学的发展以及社会生产、科学研究等领域的监测工作实践，生态监测远远超出了现有的定义范畴，生态监测的内容、指标体系和监测方法都表现出了全面性、系统性，既包括对环境本质、环境污染、环境破坏的监测，也包括对生命系统（系统结构、生物污染、生态系统功能、生态系统物质循环等）的监测，还包括对人为干扰和自然干扰造成生物与环境之间相互关系的变化的监测。

因此，生态监测是指通过物理、化学、生物化学、生态学等各种手段，对生态环境中的各个要素、生物与环境之间的相互关系、生态系统结构和功能进行监控和测试，为评价生态环境质量、保护生态环境、恢复重建生态、合理利用自然资源提供依据，它包括了环境监测和生物监测。

四、生态监测的类别

生态监测从时空角度可概括地分为两大类，即宏观监测或微观监测。

（一）宏观监测

宏观监测至少应在一定区域范围之内，对一个或若干个生态系统进行监测，最大范围可扩展至一个国家、一个地区甚至全球，主要监测区域范围内具有特殊意义的生态系统的分布、面积及生态功能的动态变化。

（二）微观监测

微观监测指对一个或几个生态系统内各生态要素指标进行物理、化学、生态学方面的监测。根据监测的目的一般可分为干扰性监测、污染性监测、治理性监测、环境质量现状评价监测等。

①干扰性监测是指对人类固有生产活动所造成的生态破坏的监测，例如：滩涂围垦所造成的滩涂生态系统的结构和功能、水文过程和物质交换规律的改变监测；草场过牧引起的草场退化、沙化、生产力降低监测；湿地开发环境功能下降，对周边生态系统及鸟类迁徙影响的监测等。②污染性监测主要是对农药、一些重金属及各种有毒有害物质在生态系统中所造成的破坏及食物链传递富集的监测，如六六六、DDT、SO_2、Cl_2、H_2S等有害物质对农田、果树污染监测；工厂污水对河流、湖泊、海洋生态系统污染的监测等。

总之，宏观监测必须以微观监测为基础，微观监测必须以宏观监测为指导，二者相互补充，不能相互替代。

五、生态监测的任务与特点

（一）生态监测的基本任务

生态监测的基本任务是对生态系统现状以及因人类活动所引起的重要生态问题进行动态监测；对破坏的生态系统在人类的治理过程中生态平衡恢复过程的监测；通过监测数据的集积，研究上述各种生态问题的变化规律及发展趋势，建立数学模型，为预测预报和影响评价打下基础；支持国际上一些重要的生态研究及监测计划，如GEMS（全球环境监测系统）、MAB（人与生物圈）等，加入国际生态监测网络。

（二）生态监测的特点

1. 综合性

生态监测涉及多个学科，涉及农、林、牧、副、渔、工等各个生产行业。

2. 长期性

自然界中生态过程的变化十分缓慢，而且生态系统具有自我调控功能，短期监测往往不能说明问题。长期监测可能有一些重要的和意想不到的发现，如北美酸雨的发现就是典型的例子。

3. 复杂性

生态系统本身是一个庞大的复杂的动态系统，生态监测中要区分自然因素和人为干扰这两种因素的作用有时十分困难，加之人类目前对生态过程的认识是逐步积累和深入的，这就使得生态监测不可能是一项简单的工作。

4. 分散性

生态监测站点的选取往往相隔较远，监测网的分散性很大。同时由于生态过程的缓慢性，生态监测的时间跨度也很大，所以通常采取周期性的间断监测。

（三）生态监测指标体系

根据生态监测的定义和监测内容，传统的生态监测指标体系无法适应于现今对生态环境质量监测的要求。从我国正在开展的生态监测工作来看，生态监测构成了一个复杂的网络，各地纷纷建立生态监测网站与网络，生态监测的指标体系丰富而庞杂。

1. 非生命系统的监测指标

气象条件：包括太阳辐射强度和辐射收支、日照时数、气温、气压、风速、风向、地温、降水量及其分布、蒸发量、空气湿度、大气干湿沉降等以及城市热岛强度。

水文条件：包括地下水位、土壤水分、径流系数、地表径流量、流速、泥沙流失量及其化学组成、水温、水深、透明度等。

地质条件：主要监测地质构造、地层、地震带、矿物岩石、滑坡、泥石流、崩塌、地面沉降量、地面塌陷量等。

土壤条件：包括土壤养分及有效态含量（N、P、K、S）、土壤结构、土壤颗粒组成、土壤温度、土壤 pH 值、土壤有机质、土壤微生物量、土壤酶活性、土壤盐度、土壤肥力、交换性酸、交换性盐基、阳离子交换量、土壤容重、孔隙度、透水率、饱和含水量、凋萎水量等。

化学指标：包括大气污染物、水体污染物、土壤污染物、固体废物等方面的监测内容。

大气污染物：有颗粒物、SO_2、NO_2、CO、烃类化合物、H_2S、HF、PAN、O_3等。

水体污染物：包括水温、pH 值、溶解氧、电导率、透明度、水的颜色、气味、流速、悬浮物、浑浊度、总硬度、矿化度、侵蚀性二氧化碳、游离二氧化碳、总碱度、碳酸盐、重碳酸盐、氨氮、硝酸盐氮、亚硝酸盐氮、挥发酚、氟化物、硫酸盐、硫化物、氯化物、总磷、钾、钠、六价铬、总汞、总砷、镉、铅、铜、溶解铁、总锌、硒、铁、锌、银、大肠菌群、细菌总数、COD、BODS、石油类、阴离子表面活性剂、有机氯农药等。

土壤污染物：包括镉、汞、砷、铜、铅、铬、锌、六六六、DDT、pH 值、阳离子交换量。

固体废物监测：包括氨、硫化氢、甲硫醇、臭气浓度、悬浮物（SS）、COD、BOD_5、大肠菌群，以及苯酚类、苯胺类、多环芳烃类等。

其他指标，如噪声、热污染、放射性物质等。

2. 生命系统的监测内容

生物个体的监测，主要对生物个体大小、生活史、遗传变异、跟踪遗传标记等监测。

物种的监测，包括优势种、外来种、指示种、重点保护种、受威胁种、濒危种、对人类有特殊价值的物种、典型的或有代表性的物种。

种群的监测，包括种群数量、种群密度、盖度、频度、多度、凋落物量、年龄结构、性别比例、出生率、死亡率、迁入率、迁出率、种群动态、空间格局。

群落的监测，包括物种组成、群落结构、群落中的优势种统计、群落外貌、季相、层片、群落空间格局、食物链统计、食物网统计等。

第七章　水资源与环境

第一节　水资源的含义、分类及特点

一、水资源的含义

水资源是人类赖以生存、社会经济得以发展的重要物质资源。广义的水资源，指自然界所有的以气态、固态和液态等各种形式存在的天然水。自然界中的天然水体包括海洋、河流、湖泊、沼泽、土壤水、地下水以及冰川水、大气水等。这些水形成了包围着地球的水圈。在太阳辐射能的作用下，地球大气圈中的气态水、地球表面的地表水以及岩土中的地下水之间不断地以降水、蒸发、下渗、径流形式运动和转化，以至于形成了自然界的水循环过程。

水作为资源，应具有经济价值和使用价值，同时，满足社会需水包括“质”和“量”两个方面的要求。因此，水资源是指地球上目前和近期可供人类直接或间接取用的水。目前所讲的水资源多半是一种狭义的概念，是指水循环周期内可以恢复再生的、能为一般生态和人类直接利用的动态淡水资源。这部分资源是由大气降水补给，由江河湖泊、地表径流和逐年可恢复的浅层地下水所组成，并受水循环过程所支配。

随着科学技术的不断发展，水的可利用部分不断增加。例如南极的冰块、深层地下水、高山上的冰川积雪甚至部分海水淡化等逐渐被开发利用。可将暂时难以利用的水体作为后备（或称储备）水源。

对一个特定区域，大气降水是地表水、土壤水和地下水的总补给来源。因此，大气降水反映了特定区域总水资源条件的好坏。降水除去植物截留等部分形成地表径流、壤中流和地下径流并构成河川径流，通过水平方向的流动排泄到区外；另一部分以蒸散发的形式通过垂直方向回归大气。地表水资源就是地表水体的动态淡水量，即地表径流量，包括河流水、湖泊水、渠道水、冰川水和沼泽水。依靠降水补给、埋藏于饱和带中的浅层动态淡水水量称为地下水资源。

二、水资源的分类

为了适应各用水部门以及社会经济各方面的需要，常常将水资源进行分类。水资源的分类有以下几种。

①地表水资源和地下水资源在水资源总量的计算中往往按形成条件分为地表水资源和地下水资源，它们共同接受大气降水的补给并相互转化和影响。②天然水资源和调节水资源在水资源的供需分析中往往按工程措施分为天然水资源和调节水资源，后者是指天然水资源中通过工程措施被控制利用的部分。③消耗性水资源和非消耗性水资源按用水部门的用水情况，将水资源分为消耗性水资源和非消耗性水资源两类。如航运、发电用水，并不消耗水资源，是非消耗性水资源；灌溉、给水都消耗水量，是消耗性水资源。

三、水资源的特点

水资源本身的水文和气象本质，既有一定的因果性、周期性，又带有一定的随机性；水资源本身的二重性，既能给人类带来灾难，又可为人类所利用以有益于人类。具体特点如下。

（一）循环性

水资源与其他固体资源的本质区别在于其所具有的流动性，它是在循环中形成的一种动态资源。水资源在开采利用以后，能够得到大气降水的补给，处在不断开采、补给和消耗、恢复的循环之中，如果合理利用，可以不断地供给人类利用和满足生态平衡的需要。

（二）有限性

在一定时间、空间范围内，大气降水对水资源的补给量是有限的，这就决定了区域水资源的有限性。从水量动态平衡的观点来看，某一期间的水量消耗量应接近于该期间的水量补给量，否则破坏水平衡，造成一系列不良的环境问题。可见，水循环过程是无限的，水资源量是有限的，并非取之不尽、用之不竭。

（三）分布的不均匀性

水资源时间分配的不均匀性，主要表现在水资源年际、年内变化幅度大。在年际之间，丰、枯水年水资源量相差悬殊。水资源的年内变化也很不均匀，汛期水量集中，有多余水量；枯期水量锐减，又满足不了需水要求。水资源空间变化的不均匀性，表现为水资源地区分布的不均匀性。这是由于水资源的主要补给源——大气降水和融雪水的地带性而引起的。例如，我国水资源总的来说，东南多，西北少；沿海多，内陆少；山区多，平原少。

（四）因果性和随机性

水资源主要来源于大气降水和融雪水，所以说水资源的循环运移是有因果关系的。由于大气降水和融雪水在时空上存在着随机性，有着因果关系的水资源在循环运移过程中也具有随机性。

（五）用途的广泛性

水资源是被人类在生产和生活中广泛利用的资源，不仅广泛应用于农业、工业和生活，还用于发电、水运、水产、旅游和环境改造等。

（六）不可替代性

水是一切生命的命脉。例如，成人体内含水量占体重的66%，哺乳动物含水量为60%~68%，植物含水量为75%~90%。由此可见，水资源在维持人类生存和生态环境方面是任何其他资源不可替代的。

（七）利害的两重性

水量过多容易造成洪水泛滥，内涝渍水；水量过少容易形成干旱等自然灾害。正是水资源的这种双重性质，在水资源的开发利用过程中尤其应强调合理利用、有序开发，以达到兴利除害的目的。

（八）水量的相互转化特性

水量转化包括液态、固态水的汽化，水汽凝结降水的反复的过程；地表水、土壤水、地下水的相互转化；各种自成体系但边界为非封闭的水体在重力、分子力的作用下，发生的渗流、越流，使这些水体之间相互转化。

第二节 水资源概况

一、水资源量

（一）地表水资源

我国位于北半球欧亚大陆的东南部，气候特点是季风显著、大陆性强、复杂多变。受气候控制的降水分布很不均匀。据统计，全国多年平均年河川径流量为 27 115 亿 m^3，折合年径流深为 284mm。降水对径流的直接补给约占全部径流量的 71%，降水渗入到地下含水层后又由地下水渗出补给占 27%，高山冰川和积雪融水补给约占 2%。多年平均年河川径流深与降水及下垫面等因素有关，其分布由东南向西北逐步递减，由东南高值区的 1000mm 以上减至西北低值的 10mm 以下，在内陆河区甚至还有大面积的无流区，地区间的差异十分显著。

年河川径流深的地区变化大致分为五个地带：

1. 干旱-干涸带

年降水量在 200mm 以下、年径流深在 10mm 以下的地区，其范围大致包括内蒙古、宁夏、甘肃的荒漠和沙漠，青海的柴达木盆地，新疆的塔里木盆地和准噶尔盆地，以及藏北高原的大部分地区。

2. 半干旱-少水带

年降水量 200~400mm，年径流深 10~50mm 的地区，包括东北西部，内蒙古、宁夏、甘肃的大部，青海、新疆部分山地和西藏部分地区。

3. 半湿润-过渡带

年降水量 400~800mm、年径流深 50~300mm 的地区，即由干旱向湿润的过渡带。这一地带包括华北平原，东北、山西、陕西的大部，甘肃、青海东南部，新疆西北部山区，四川西北部和西藏东部。

4. 湿润-多水带

年降水量 800~1600mm、年径流深 300~1000mm 的地区，大致包括淮河两岸至秦岭以南，长江中下游，云南、贵州、广西和四川的大部分地区

5. 多雨-丰水带

该地带年降水量大于1600mm，年径流深大于1000mm，包括浙江、福建、广东等省的大部和广西东部、云南西南部、西藏东南隅以及江西、湖南、四川西部的山地。

我国河川径流的年际变化很大。长江以南各河的年径流极值比一般在5以下，而北方河流的年径流极值比可高达10以上。河川年径流量的变差系数CV值的变化及其地区分布大体与极值比的分布规律一致，极值比大的地区其CV值也大西北干旱地区的CV值均在0.20~0.50；云南中部和四川盆地、淮河流域大部、东北大部、西北盆地的CV值为0.50~1.00；华北平原、内蒙古高原西部一般河流的年径流CV值均大于1.00，个别河流可高达1.20~1.30。

河川径流的年内分配比较集中。长江以南、云贵高原以东大部分地区，连续4个月最大径流量占全年径流量的60%左右，一般出现在每年的4—7月；长江以北河流径流的年内集中程度明显增高，如华北平原和辽宁沿海地区，以及羌塘高原诸河的最大连续4个月径流量可占全年径流量的80%以上，出现时间大部分地区为6—9月：西南地区河流最大4个月径流量占全年的60%~70%，出现时间为6—9月或7—10月。

地表径流量的地区分布不均，北方五片地表径流量不足全国的20%，而其以南地区则占全国的80%以上。

（二）地下水资源

由降水形成的径流，除大部分汇入河川径流外，还有一部分潜入地下，形成地下水。地下水的形成，除受气候、水文、地形等自然地理条件影响外，还受地质构造、地层、岩性等条件的影响，使不同地区地下水的补给、径流、储存和排泄有较大差别。人类活动也可在一定程度上改变地下水的补排关系。

地下水资源量通常用地下水的补给量来表示。据《中国水资源评价》统计，全国多年平均地下水资源量约为8288亿m^3。其中山丘区地下水资源量为6762亿m^3，平原区约为1874亿m^3，山丘区与平原区地下水的重复计算量为348亿m^3。地下水资源和地表水资源分布情况一样，南方多、北方少。南方4个流域片的地下水资源量占全国的67.5%，北方5个流域片的地下水资源量占全国的32.5%。平原区地下水资源量主要分布在北方，山丘区地下水资源量主要分布在南方。

（三）水资源总量

区域水资源总量，为当地降水形成的地表和地下的产水总量。由于地表水和地下水相互联系又相互转化，河川径流量中的基流部分是由地下水补给的，而地下水补给量中又有

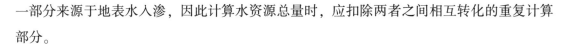

一部分来源于地表水入渗，因此计算水资源总量时，应扣除两者之间相互转化的重复计算部分。

二、我国水资源特点

我国水资源的特点如下：

（一）水资源时空分布变幅大，水土差异突出，时间上分布不均

我国大部分地区冬春少雨，多春旱；夏秋多雨，多洪涝。东南部各省雨季早，雨季长，6—9月降水量占全年降水量的60%~70%。北方黄、淮、海、松辽流域6—9月的降水量一般占全年降水总量的85%，有的年份一天暴雨量可超过多年平均年降水量。降水量的年内分配不均，势必径流变化也大。

（二）地区分布不均，水土之间矛盾突出，降水不均匀

地区分布不均，水土之间矛盾突出，降水不均匀造成全国水土资源严重不平衡的现象。如长江及其以南耕地面积占全国耕地的36%，而水资源却占全国总量的80%；黄、淮、海流域水资源仅占全国的8%，而耕地却占全国的40%。水土资源相差悬殊，造成我国水资源配置的难度和天然水环境的不利状况。我国西北地区中有3.09万km^2储有冰川约3万亿m^3，平均年融水量250亿m^3，是西北内陆河流的主要径流补给源。由于全球生态环境恶化，近年来西北地区气温升高，冰川融水速度加快，冰川储量以每年1.25%的速度衰减，更加剧了西北地区地表水资源的紧缺。

（三）河流天然水质差异明显，含沙量大

由于地质条件不同，我国河川径流矿化度分布与降水分布相反，由东南向西北递增。西北大部分河流矿化度在300mg/L左右，东南湿润带最小，在50mg/L以下。我国水流的总硬度分布与矿化度分布相同，淮河、秦岭以南硬度普遍小于3，以北大部分地区总硬度为3~6，高原盆地超过3。我国河流年总离子径流量为4.19亿t，相当于每平方公里面积上流失盐类43.6t。

河流泥沙是反映一个流域或地区的植被和水土流失状况的重要环境指标。我国每年被河流输送的泥沙约34亿t，其中外流直接入海的泥沙约18.3亿t，外流出境泥沙2.5亿t，内陆诸河输沙量1.8亿t，全国外流区平均每年有1/3左右的泥沙淤积在下游河道、湖泊、水库、灌区和分洪区内。黄河陕县平均每年输沙量16.0亿t，年平均含沙量36.9kg/m^3，

是世界之最。

第三节　面向可持续发展水资源开发利用中的问题及对策

一、面向可持续发展水资源开发利用中的问题

（一）水环境污染严重，水资源有效利用量减弱

在水资源供需矛盾日趋尖锐的情况下，江河湖泊水环境又遭污染，犹如雪上加霜，供水形式更为严峻。目前七大江河、湖泊、水库均遭到不同程度的污染，并呈加重趋势，工业较发达城镇和经济较发达地区附近水域污染程度尤为突出。

（三）水资源浪费巨大，加重供水矛盾

我国目前水资源的紧缺，除与水资源本身特性、水污染严重有关外，还与水资源的浪费有关。

（四）洪涝灾害威胁着持续发展进程

洪涝灾害的发生一般需要具备灾害源、灾害载体和受灾体三个条件，包括自然和人为两方面因素。我国的洪水灾害，除受自然条件决定外，不合理的人为活动的影响也很重要。目前我国的防洪标准低，洪灾隐患依然存在；河湖行洪蓄洪区泥沙淤积和人为设障严重，防洪能力普遍下降；工程老化失修，经费不足，活力减弱；防洪抗洪的管理不够协调。不尽快解决这些问题，我们已经取得的经济社会发展成果和继续发展下去的前景就没有可靠的安全保证。

二、增强水资源支撑持续发展能力的对策

（一）节约用水，建立节水型社会

从我国水资源的特点来看，不实行保护性和持续性的开源节流措施，是无论如何也解决和满足不了水资源的供需矛盾和日益增长的用水需求的。节约用水不是权宜之计，而是根本对策，节约用水并不等同于限制用水，而是当用则用，高效节流，杜绝浪费。节约用

水要个人、集体、各行各业和全民都节约用水，从而形成一个节水型的社会，这是解决水资源供需矛盾和持续利用水资源最根本最重要的途径之一。

（二）开发水资源，增强供水能力

由于我国水资源的时空分布和利用情况极不均衡，需要大力增加供水能力的北方缺水地区，当地水资源开发利用已经较高，其地表水的利用率已达43%~68%，地下水的开发程度达40%~81%，再增加当地供水量是相当困难的。例如，目前华北地区人均水资源量小于500m^3，按水资源开发控制现状已属于水资源超载区，再加大供水量，必将造成严重的社会与生态问题。

现在的水资源开发必须与保护水资源、防治水环境污染、改善生态环境和地区经济发展同步规划，有计划地实施，以维持地区人口、资源、环境与发展的协调关系。因此，必须做好综合规划，以最小的代价取得水资源对持续发展的最大支持和效益

（三）保护水环境，防治水污染，改善生态环境

我国当前的水环境污染是相当严重的，必须予以正视，要采取各种技术措施保护水环境质量，彻底解决已经污染了的水资源，使污水资源化。

工业是我国水环境的最大污染源，对工业污染源的治理应作为水污染防治的重点。防治水污染的最好途径：一是加速建立用于防治环境污染、改善生态环境、保护自然资源等方面的产业部门；二是大力推行将污染尽量消灭于生产过程之中的生产方式与技术。

除了积极预防水污染外，对已经污染了的水资源的治理也是不可缺少的。治理的目的是使污水的水质改善，保护水体环境不受污染，或使污水资源化而被重新利用。

要管好保护好水环境，应明确水资源产权，理顺管理机构，由目前条块分割的管理方式逐步过渡到集开发、利用和保护于一体的企业化管理体制。

（四）综合治理洪涝灾害，保障生产与社会安全

为了提高现有防洪能力，尽量减少洪灾损失，需要采取工程和非工程相结合的防洪措施。用工程手段控制一定防洪标准的洪水，用非工程措施减缓工程措施不能防御的洪水带来的洪灾损失：洪水是自然系统的一个组成部分，过分控制或万保一失、经济上和技术上未必可行，而且可能影响自然生态平衡和物质循环。因此，需要制定有关防洪政策、防洪法、洪水保险和防洪基金等制度，把工程的和非工程的措施结合起来，共同对付洪水灾害和保障社会发展与安全。

（五）加强水资源管理，保证水资源持续利用

目前，我国水资源管理，随着国家经济体制和经济增长方式的转变，正在进行管理体制的改革。但总的来说，还跟不上经济社会发展形势的步伐，显得有些滞后。譬如，水资源管理部门要求节约用水、保护水质、减少污染，而有些行业的生产部门为追求产值不惜浪费水和污染水体。因此，加强水资源管理不但现在要强调、要行动，就是将来随着情况变化、科技进步，管理制度的安排等也总是需要的。

当前水资源的开发利用必须严格执行取水许可制度、缴纳水资源费制度和污水排放许可及限制排水总量的制度。要认真贯彻《中华人民共和国水法》《中华人民共和国水污染防治法》等各项规定，依法管水、用水和治水。

（六）建立水资源核算体系，提高水资源综合效益

建立水资源核算体系，明确水资源所有者与使用者的权利和义务，并逐步将水资源核算体系纳入国民经济核算体系，使水资源的储蓄控制和消耗减少。在国民经济核算中得到具体表现，使水资源的投入产出关系得到反映。这样就可明晰水资源的盈亏、供水与用水的轻重缓急、节水与浪费的效益差异，并可指导协调水资源开发利用保护与经济发展之间的关系。

依靠市场机制和科学技术优化配置水资源，提高水的利用率，取得高的社会效益和经济效益优化水资源配置利用，达到经济、社会和环境效益的三统一，是水资源持续利用的基本目的和要求。

第八章 水资源管理

第一节 水资源管理概述

一、水资源管理的概念

水资源管理是一门新兴的应用科学，是水科学发展的一个新动向。它是自然科学和社会科学的交叉科学，它不仅涉及研究地表水的各个分支科学和领域，如水文学、水力学、气候学及冰川学等，而且也和水文地质学各领域、与各种水体有关的自然、社会和生态甚至和经济技术环境等各方面密不可分。因此，研究并进行水资源管理，除了应用上述有关水科学的研究理论和方法外，还需要运用系统理论和分析方法，采用数学方法和先进的最优化技术，建立适合所研究区域的水资源开发利用和保护的管理模型，以达到管理目标的实现。

关于水资源管理的概念，尽管使用范围比较广泛，但目前学术界尚无统一的规范解释。《中国大百科全书·水利卷》对水资源管理的解释为：水资源开发利用的组织、协调、监督和调度，运用行政、法律、经济、技术和教育等手段，组织各种社会力量开发水利和防治水害，协调社会经济发展与水资源开发利用之间的关系，处理各地区、各部门之间的用水矛盾，监督、限制不合理的开发水资源和危害水源的行为，制订供水系统和水库工程的优化调度方案，科学分配水量。《中国大百科全书·环境科学卷》的解释为：为防止水资源危机，保证人类生活和经济发展的需要，运用行政、技术、立法等手段对淡水资源进行管理的措施，水资源管理工作的内容包括调查水量、分析水质、进行合理规划、开发和利用保护水源、防止水资源衰竭和污染等。同时，也涉及与水资源密切相关的工作，如保护森林、草原、水生生物，植树造林，涵养水源，防止水土流失，防止土地盐渍化、沼泽化、沙化等。

二、水资源管理的内容

随着人口的增长、经济社会的发展，需水量增加，开发利用水资源的规模和程度越来越大，水资源供需矛盾日趋尖锐，水资源及其环境受到人类的干扰和破坏越来越剧烈，需要解决的水资源问题愈加众多和复杂，并随着社会发展和科技进步，人们对水资源问题的认识也在发展深化，水资源管理研究的内容也更加丰富，具体内容概括如下。

（一）水资源政策

水资源政策管理是指为实现可持续发展战略下的水资源持续利用任务而制定和实施的方针政策方面的管理。加强水资源的统一管理，提高水的利用效率，建设节水型社会，这是我国管理水资源的基本政策。

（二）水资源综合评价与规划

水资源综合评价与规划既是水资源管理的基础工作，也是实施水资源各项管理的科学依据。对全国流域或行政区域内水资源按照客观、科学、系统、实用的要求，查明水资源状况。在此基础上，根据社会经济可持续发展的需要，针对流域或行政区域特点和治理开发现状及存在问题，提出治理开发的方针、任务和规划目标，选定治理开发的总体方案及主要工程布局与实施程序。

（三）水量分配和调度

在一个流域或区域的供水系统内，要按照上下游、左右岸、各地区、各部门兼顾和综合利用的原则，制订水量分配计划和调度运用方案，作为正常用水的依据。遇到水源不足的干旱年份，还应采取应急措施，限制一部分用水，保证重要用水户的用水，或采取分区供水、定时供水等措施。对地表水和地下水实行统一管理，联合调度，提高水资源的利用效率。

（四）水质控制与保护

水质控制与保护管理，通常指为了防治水污染，改善水源，保护水的利用价值，采取工程与非工程措施对水质及水环境进行的控制与保护的管理。它是水行政主管部门的主要职责，是水资源管理工作的重要内容。

（五）防洪问题

我国是个多暴雨洪水的国家，历史上洪水灾害频繁。洪水灾害给人民生命财产造成巨大损失，对整个社会稳定和国民经济发展构成重大威胁。因此，制定防洪对策，防患于未然，并开展好暴雨洪水滞纳的利用，也是水资源管理的重要组成部分。

（六）水情预报

水资源规划、调度、配置及水量、水质的管理等工作，都离不开准确、及时、系统的自然与社会的水情信息。因此，加强水文观测、水质监测、水情预报以及水利工程建设与运营期间的水情监测预报，是水资源开发利用与保护管理的基础性工作，是水资源管理的重要内容。

（七）水资源管理组织和队伍建设

水资源管理组织和队伍建设是管理的基础和保证，协调调动管理组织和人员的积极性是保障实现水资源管理目标的动力。由于水资源的动态性特征，采取流域与区域相结合、区域与区域之间相协调的管理，能够发挥水资源管理的整体效应。

三、水资源管理的方式

根据区域不同发展阶段，对水资源管理的侧重点不同，可概括出以下几种水资源管理的方式。

（一）供水管理

供水管理是指通过工程与非工程措施将适时适量的水输送到用户的供水过程的管理，核心是尽量采取各种措施以减少水量在运输过程中的无效损耗。

（二）用水管理

用水管理是指运用法律、经济、行政手段，进行各地区、各部门、各单位和个人的供水数量、质量、次序和时间的管理过程，核心是尽量减少在用水过程中不必要的水量浪费，并不断改进工艺、设备及操作方法以节约用水。

（三）需水管理

需水管理是指运用行政、法律、经济、技术、宣传、教育等手段和措施，抑制需水过快增长的行为，核心是调节产业结构，促进节水，提出最合理的各类用水对象的需水指标。

（四）水质管理

水质管理是指采取行政、法律、经济和技术等措施，保护和改善水质的行为，核心是经过污染源调查、水质监测，进行水资源评价和水质规划，保证区域水质安全。

供水管理侧重的是对供水过程的管理，用水管理侧重的是对供用水过程的管理，需水管理是在用水管理基础上发展起来的，建立节约型社会，提高水资源的利用率。水质管理是在水资源利用的过程中排放的废污水对地表或地下水体造成污染甚至失去使用价值的背景下提出的，对水资源利用进行量和质的同步控制与管理，也是实现水资源可持续利用的重要途径。

（五）综合管理、集成管理或一体化管理

水资源综合管理是指以人与自然和谐共处为原则，通过政府宏观调控、用户民主协商、水市场调节三者有机结合，依据法律法规，采用行政、法律、经济、技术和宣传教育等手段，统筹考虑、综合治理人类社会所面临的水多、水少、水浑和水污染等问题。

现代经济学研究表明，可再生资源的再生水平取决于自然环境系统，自然环境系统又与人类的活动行为密切相关。从自然环境与环境经济学的理论出发，自然环境系统为人类提供两种基本的服务：一种是原料和能源的供给，另一种是吸收、转化人类社会废弃物功能。但是自然环境系统向人类提供的这种服务是有限度的，如果人类活动或向自然环境系统的索取超过一定的限度，原有的系统平衡将被打破，而新的平衡的建立总是以自然环境系统向人类服务的减少为代价。因此，在研究水资源管理问题中，不是把水资源当作一个孤立的对象给予研究处理，而是必须从包括水资源在内的自然环境系统去统一考虑。

第二节 水资源管理模型的目标

一、水资源管理模型的基本概念

管理的本质是为了最有效地达到某个目标，并对系统的活动施加控制。对水资源管理来说，也就是用水动力学的观点来把握水资源系统，在一定的约束条件下，通过某些决策变量的操作，使其按既定目标要求达到最优，这个目标可以是水流量、经济效益、社会效益以及环境效益。水资源管理模型就是为达到某既定管理目标，应用运筹学求解最优化的技术方法，所建立的一组数学模型。

在我国出现了一大批针对我国不同地区和不同管理问题的水资源管理研究成果。仅就水资源管理模型的类型而论，有集中参数和分布参数模型、水量模型、水质模型、经济管理模型和上述几种模型的联合模型，有单目标规划模型和多目标规划模型，有在多孔介质含水层地区建立的模型和在裂隙、岩溶含水层地区建立的模型，有单一地下水管理或地表水资源管理模型，也有地表水和地下水联合管理模型等。

从管理内容上看，多年来，水资源管理模型已从过去一般性的水政策、水均衡管理发展到地下水动态和水资源（包括水量和水质两个方面）管理，地表水和地下水联合运转管理，地下水一年或多年周期形成机制和区域水文地质动力条件的控制和管理，以及为控制地质灾害的土地利用和地下水动态控制管理等。其管理途径，除了常用的控制地下水开采量和地下水位下降，防止劣质水入侵淡水含水层，进行地下水人工回渗外，还有意识地把探索解决水资源不足的途径列入生态环境与社会经济的大系统中，以便在水资源管理中综合考虑防止、控制和改善因水资源开发利用而产生的生态环境副作用和经济技术限制条件的多层次、多目标管理。

从研究方法方面看，从简单的某一地下水盆地单元的物理模拟研究发展到建立平面二维、垂直二维和准三维的数学模型的模拟研究。总之，目前我国水资源管理已形成了一门在理论和实践上独具特色的学科。

二、水资源管理模型的目标

在水资源管理中的目标，常见的有两类：

第一类是在一定水文地质条件下，寻找控水或排水工程的最优方案，如：①规定的水位与实际水位之差的绝对值的总和最小。②在规定降深条件下，总出水量最大。

第二类是在满足供水或排水工程的要求下，寻找工程的经济效益最大或成本费用最低的方案，如：①获得的单位体积水的成本最低。②在规定期限内所得的净收益最多。

第三节　水资源管理模型的建立

一、建立模型考虑的因素

①水力学因素，即控制地下水系统的水动力条件的因素。②经济因素，包括分析管理方案实施时产生的经济效益及所需费用，如价格、成本、利润等。③自然环境因素，评价如何通过建立管理模型维持环境的生态平衡，防止污染，有利于水土保持等。④技术因素，在制订管理方案时要考虑所选用设备能力、设施规模、运营方案以及建立合理的管理制度。⑤政治因素，包括各种法律的要求、管理体制的约束、合理政策的制定等。

二、管理模型的约束条件

（一）约束条件

决策变量的实施，总要受到社会、经济、环境和技术等方面的约束，在管理模型中，称这些约束为约束条件。通常可将约束条件分为如下几类：

1. 水均衡约束

它表明地下水水位与流量关系受地下水运动方程的控制，因而用以求解地下水运动方程的模拟模型是建立管理模型的基础。

2. 限量和需求约束

它包括了社会、经济、环境和技术等方面的约束因素，例如：①需要考虑抽水（或排水）所需的能量（效率或费用）。②由于抽水（或排水）设备能力限制，地下水水位降深不能低于某一规定值。③由于基坑开挖需要，地下水水位降深不能低于某一规定值。④人工补给条件下，要求地下水水位不能高于某一高程，以保证地基基础的安全、避免沼泽化或盐渍化。⑤为控制水质污染，要求沿井排布置的某些地点保持一定的水力梯度。

（二）非负约束

这是用单纯形法求解线性规划问题的必要条件。

三、建立模型的一般步骤

水资源管理问题是一个复杂的研究课题，它是建立在水资源系统基础上进行研究的。水资源管理是由许多要素构成的整体，相互之间存在着有机联系，而且有特定功能且能适应环境变化而有既定目标的系统。需要应用系统的思想来认识系统，运用系统工程的方法论来指导管理。

（一）确定系统的目标

根据课题的任务和目的，在认识问题性质、特点和范围的基础上，确定系统的目标，提出对时间上和空间上定性和定量的要求。考虑目标结构的层次性，决定是否要分层次，即在总目标下是否还要分低层次的目标，是不是单一目标问题，拟定达到目标的措施和方案，以探求解决问题的途径。

（二）收集与系统及其目标有关的资料

水资源管理问题涉及的影响因素很多，有自然的、社会的，有属于静态的，也有动态的因素。因此，对水文、水文地质条件、水资源开发利用现状及规划需求的远景、开发的技术经济条件、社会的需求、与有关水的法规等，不仅要全面、系统地进行收集，而且要对资料进行分析、整理，以提取有用的信息。

（三）模型化

水资源管理问题的研究对象涉及许多领域（社会、经济、环境、技术等），具有多层次、多因素的特点，它们之间既相互联系又相互影响。运用系统思想来分析系统时，将系统分解后要进行模型化，其目的在于认识地下水系统，并定量刻画该系统。具体地说，就是建立水文地质概念模型和模拟模型。通常，在建立模型时要遵循下列准则：①现实性：模型要足够精确，即在一定程度上能够确切反映和符合系统的客观实际情况。②简洁性：在现实性的基础上尽量使模型简单明了，以节约建立模型和计算的时间。③适应性，随着模型建立时的具体条件的变化，要求模型具有一定的适应能力。

（四）最优化

最优化是通过数学方法科学地协调各系统及其各子系统之间相互依赖和制约关系，提供研究课题的最优解答。水资源管理问题的研究，就是在水资源系统模拟模型基础上，通过优化综合考虑社会、经济、技术等因素来求解水资源系统的最优决策，这样建立起来的数学模型称为管理模型。在建立地下水管理模型中，所用到的优化方法很多，常见的数学规划方法有线性规划法、非线性规划法、动态规划法、多目标规划法。

四、水资源管理模型的分类

水资源管理模型的分类方法很多，现将目前常用的几种地下水模型分类介绍如下：

1. 根据地下水系统的参数分布形式划分

（1）集中参数系统管理模型

主要用于地下水系统的宏观规划和控制。

（2）分布参数系统管理模型

用于水文地质研究程度较高的地区资源调配和管理。

2. 根据系统的状态和时间的关系划分

（1）稳态管理模型

模型的状态变量不随时间而变化。

（2）非稳态管理模型

模型的状态变量是时间的函数。

3. 根据系统的管理目的划分

（1）水力管理模型

以地下水和地表水的水力要素为主要的状态变量和决策变量而建立的管理模型，主要用于解决水量分配和水位控制问题。

（2）水质管理模型

主要用来解决水质管理和污染控制问题而建立的管理模型。通常，水力模型是其重要组成部分。

（3）经济管理模型

更多地考虑了有关的经济因素（如成井及修建地表、地下水库的费用，设备及设施的折旧费等），而水力模型和水质模型常是该模型中的一个组成部分或子模型。

4. 根据系统管理问题的目标个数划分

（1）单目标管理模型

当水资源优化决策过程中所追求的目标为单一目标时所建立的管理模型。

（2）多目标管理模型

当水资源优化决策过程中所追求的目标为多个目标时所建立。

第四节 水资源管理模型的求解

一、水资源管理模型传统优化方法

当水资源管理模型可以概括为单一目标或多目标的线性规划、非线性规划和动态规划等问题时，求解该管理模型则可用传统的优化方法来解决，即结合运筹学的基本原理和系统分析方法，参照本书第五章介绍的优化方法原理和步骤进行求解。

二、水资源管理模型智能优化算法

在通常情况下，无论是水资源系统的状态方程，还是管理模型的目标函数或约束条件，常具有非线性、多峰性、不连续等特征，这给求解管理模型带来了困难。近年来，求解非线性系统最优化技术有了很大进展，一些基于试探式具有全局寻优特点的求解方法被应用于地下水优化管理之中，如遗传算法、模拟退火算法、人工神经网络算法、禁忌搜索算法以及一些混合智能算法等。

（一）遗传算法（Genetic Algorithm，GA）

20 世纪 80 年代中期以来，遗传算法在机器学习、模式识别、组合最优化、信息处理、地球物理反演等领域的应用已相当广泛。该算法利用最优化与自然选择之间的类比来搜索复杂问题的解，是一种在思路和方法上都很新颖的优化方法。它将对问题的求解转化为对一群“染色体”的一系列操作，通过种群的进化，使群体一代一代地向越来越好的空间转移，在搜索过程中能自动获取和积累有关搜索空间的信息，并自适应地控制搜索过程，收敛到一个最适应环境的点，从而得到问题的最优解。

首先在解空间随机生成一定数量的点组成初始种群，作为遗传开始的第一代，种群的数量称为种群大小 N。再对种群中的个体进行编码，即用一定码长 L 的二进制串来表示，它是把参数（f 变量）转换成由 0、1 组成的基因码链，编码长度 L 取决于参数取值范围和模型的分辨率。根据目标函数的特点构造适应度函数，用于衡量解的优劣。适应度函数大，则个体（解）好，有较多的机会在遗传中生存下去。通过选种，让好的个体以高概率复制，差的个体以小概率复制或被淘汰，被选中的个体再通过基因交换和基因突变，就产生了新的一代种群。按这种方法进行数次迭代后，就可得到全局最优解或近似最优解。

与传统非线性规划技术相比，遗传算法是一种直接的随机寻优方法，对优化问题没有连续性和可导性的限制。遗传算法用于求解分布参数水资源管理模型时，它不要求水资源系统必须是线性的，因而更适合求解复杂水资源系统的管理问题，具有广阔的应用前景。

需要指出的是，遗传算法的收敛速度和解的精度受控于该算法的某些参数选取，对于大规模、多变量的地下水管理问题，其收敛速度较慢，计算时间较长，这是遗传算法在求解复杂地下水管理模型的不足之处。

（二）模拟退火算法（Simulated annealing algorithm，SA）

模拟退火算法是一种全局优化算法，它通过模拟金属物质退火过程与优化问题求解过程的相似性，另辟了求解优化问题的新途径，模拟退火算法已经被广泛应用到地下水资源管理领域中。在搜索最优解的过程中，模拟退火法除了可以接受优化解外，还用一个随机接受准则（Metropolis 准则）有限度地接受恶化解，并且接受恶化解的概率慢慢趋向于 0，这使得算法有可能从局部极值区域中跳出，尽可能找到全局最优解，并保证了算法的收敛性。

模拟退火算法最主要的特征是具有跳出局部极点区域的能力，故能寻找到全局最优或近似全局最优而与初始点的选择无关。模拟退火算法也存在一些缺陷，主要表现在：①由于模拟退火算法为了避免落入局部最优，采用 Metropolis 接受准则，然而在每一冷却步骤，为使状态达到平衡分布将是一个非常耗时的过程；②模拟退火对于已试探的空间区域所知不多，不能利用已试探过的区域引导搜索，且很难判断空间中的哪些区域有更多的机会得到最优解。在这种意义下，模拟退火被称为“随机漫步”。为了克服模拟退火算法的这些缺陷，我们将进化算法中群体思想与竞争机制引入到退火算法之中，构造出进化-模拟退火（ESA）算法，以提高算法的收敛速度和精度。

第五节　水资源系统模型化与最优化耦合技术

一、地表水与地下水耦合模型

陆面蒸散发、河道水流等地表水文过程和地下水在一定地形、地质、气候条件下是相互作用、具有内在联系的有机整体。然而长期以来，利用水文模型模拟复杂的水文循环系统时，由于观测资料的缺失或所关注问题的侧重点不同，模型构建侧重于水文过程的某些方面，对其他过程过于简化甚至忽略，导致了水文系统不完整，可能引起系统偏差。如从陆地水文学角度建立的地表水模型主要侧重于近地表水文过程，对地下水过程一般简化为线性水库演算方法，只考虑进入含水层的水量而未考虑地下水对土壤水传输及对地表水的作用；从水文地质学角度建立的地下水模型，一般只考虑饱和带水流和赋存作用，对降雨入渗过程采取简化处理，未考虑非饱和带土壤水与地下水之间的动态联系，也缺乏对降雨、径流重要水文过程的模拟。近年来，随着对变化环境下（气候及下垫面变化）水文响应及水资源演变规律研究的重视，大气降水、土壤水、地表水、地下水之间转化与反馈作用研究显得尤为重要。随着遥感、地理信息系统等现代信息技术、计算机模拟技术及水文四维化观测手段的发展，建立更复杂的水文全过程模拟系统，客观描述水文循环过程成为可能。因此，为更精确模拟水文循环过程，反映水循环过程各要素之间的动态联系，把地表水文过程与地下水动力过程相耦合，建立了一系列地表水与地下水耦合模型，对于水资源精确评价、区域水资源开发利用和综合管理以及生态环境保护具有重要的意义。

（一）地表水与地下水耦合模型及耦合方法

降水落于地表后的侧向及垂向运动受陆面地形、地貌、植被、土壤质地等影响，入渗、蒸散发、径流等水文过程受控于土壤非饱和带、饱和带及地表水体。由于水分在非饱和带、饱和带及地表水体中运动及转化特征的差异，通常先对这三个部分单独定量描述，再耦合形成水文模型系统。

从目前水文模型对水文动力过程描述的发展趋势来看，地表水与地下水耦合模型的发展可归纳为以下三种途径：①在地表水文模型基础上，扩展地下水动力模拟功能，代表性的有雨洪径流模型 HSPF，扩展到与地下水数值模型 MODFLOW 相耦合的水文全过程模拟模型 IHM。②在地下水数值模型基础上，扩展地表水及土壤水模拟及其相互作用功能，如在 MODFLOW 基础上扩展的非饱和入渗计算模型 MODFLOW-UZF1。③建立地表、地下水物理过程全耦合模型，如 MODEMS、HYDRO、GEOSPHERE 等模型。前两种途径主要是通过连接一些已开发、成熟的地表水文模型和地下水数值模型，或在已有地表水、地下水模型基础上完善其余水循环要素，建立能描述水文全要素的流域/区域水文模型系统，该类模型还有 SWATMOD、GSFLOW 等模型。

从地表地下水文过程相互作用来看，地表水与地下水耦合模型可分为：

1. 外部耦合

各子系统按一定顺序单独进行求解，系统之间只进行单向传输，如子系统 A 为子系统 B 提供边界条件和输入，但是子系统 B 对子系统 A 无反馈作用，反之亦然。在一个计算时段内，一般先求解地表水模型，其结果作为地下水模型的输入和边界条件，然后对地下水模型进行求解，求解结果作为下一个计算时段求解地表水模型的输入和边界条件。该类模型具有较高的计算效率，但是在地表水与地下水频繁作用、相互影响的地区计算结果会有较大误差，代表性模型有 IHM、SWATMOD、GSFLOW 等。

2. 迭代耦合

在 1 个计算时段内，各子系统按一定顺序单独求解，但系统之间进行双向传输，也就是子系统之间相互提供边界条件和输入，直到各子系统同时满足某个收敛标准后才结束求解，代表性模型有 MODHMS、WASH123D 等。

3. 完全耦合

从水文循环物理过程出发，在 1 个系统内同时求解各水文过程控制方程，形成水文过程模拟矩阵的数值解，通过水文状态（如土壤含水量、入渗率）识别饱和、非饱和水流及地表水流（坡面流、河流）水分交换及动态变化过程。该类模型能更客观地描述水循环动力过程及水分转化关系，但受流域空间异质性导致的水文过程尺度效应影响，模型求解及参数确定较为困难，应用在大流域尺度上存在不确定性，MODHMS、HYDRO GEOSPHERE JNHM、PIHM 等模型都属于此类模型。

不同水文过程耦合存在时空尺度匹配问题。在时间尺度方面，地表水文过程利用明渠圣维南原理的连续性和动力波方程进行描述，一般采用的时间步长较短（日、小时或小时以内）；由于地下水流动缓慢，地下水过程模拟一般采用较长计算时间步长（日、周或月）。在模型计算空间尺度方面，地表与地下水文过程存在空间离散不相容的问题，如概念性水文模型通常采用子流域划分方法，而地下水模拟一般采用网格型数值计算方法。

（二）地表水文模型扩展地下水动力过程

概念性地表水文模型（如新安江模型、HSPF 模型等）主要应用于描述降雨产生的流域出口断面洪水过程，广泛应用于流域产汇流计算及洪水预报。这类模型在土壤水分层蒸散发、地表径流、河道汇流计算等方面取得了丰富的实践经验，也广泛应用于河川径流模拟及水资源评价中。但由于这类水文模型对饱和含水层水动力过程的简化以及缺少对河流、湖泊、湿地等地表水体与地下水相互作用物理过程的定量描述，模型不适用于地下水动力过程模拟，也不能用于分析地下水开采等对地表水的影响，因此在一些以地下水为主的流域应用存在较大限制。为此，近年来国内外一些学者通过扩展这些流域水文模型的地下水模拟功能，发展以 IHM、SWATMOD、GSFLOW、ECOFLOW 等为代表的流域地表-地下水文过程耦合模型。

IHM 模型是在 FHM 模型、JGSW 模型、JGSW 基础上改进形成的，动态连接了 HSPF 模型与 MODFLOW 模型。地下水位为 HSPF 模型与 MODFLOW 模型的动态分界线，也是两者动态耦合的边界条件。通过中间耦合程序包实现 HSPF 模型与 MODFLOW 模型空间与时间上的耦合联系。在空间上，以 HSPF 模型结构进行子流域及土地利用单元划分。

地下水数值模型 MODFIDW 模型则离散为中心有限差分规则网格，因此当两者耦合时，HSPF 模型子流域的模拟结果分配到子流域内的每一个 MODFLOW 模型网格上，而 MODFLOW 模型网格计算结果根据子流域内的土地利用单元进行重新组织，为 HSPF 模型所用。在时间尺度上，由于 HSPF 模型短时段（小时、日）与 MODFLOW 模型长时段（多日、月）的时间尺度不同，IHM 模型采用滞后演算法进行耦合，在一个耦合时段内（MODF-LOW 模型一个应力期长度），IHM 模型中间程序包在每个耦合时段内，HSPF 模型计算结果累加作为当前 MODFLOW 模型的输入（如地下水补给量），而 MODFLOW 模型运算结果则分割成适当时段，作为下一耦合时段 HSPF 模型的输入和边界。IHM 模型既可模拟单一水文过程，又可模拟地表、地下相耦合的水文过程。

SWATMOD 模型是在连接 SWAT 与 MODFLOW 模型的基础上形成的。SWAT 模型模拟覆被层、土壤层、池塘、水库的水分运动，MODFLOW 模型模拟饱和带水流运动、河流与含水层的相互作用。SWAT 模型采用的时间步长为 1 天，MCDFLCW 模型采用的时间步长为 1 个月，两者基于 MODFLOW 模型计算时间步长进行耦合，采用时间滞后方法在 SWAT 模型与 MODFLOW 模型之间进行数据尺度转换。SWATMOD 模型运行时，依次运行 SWAT 模型和 MODFLOW 模型，可用于模拟长期地表水、地下水相互作用及地下水开采对水文循环影响。但该模型未考虑植物根系层以下的非饱和带水分运动过程，所以计算的降水入渗补给量不通过渗漏作用而是直接进入饱和地下水。

ECOFLOW 模型动态连接了分布式的 ECOMAG 和 MODFLOW 模型，包含地表坡面流、分层土壤水计算及融雪过程等，ECOMAG 模型计算土壤非饱和带与地表水流过程，MODF-LOW 模型计算饱和带水流运动及河流与含水层作用，耦合方法采用与 IHM 模型一样的滞后算法。模型在空间上离散为规则单元网格，每个单元网格在垂向上分为数层：寒冷时期的积雪层、地表层、2 个土层（上层 A，下层 B——MODFLOW 层）。

（三）地下水模型扩展地表水文过程

以含水层水动力方程数值求解建立的地下水模型，主要用于分析地下水的动态时空变化及受降雨、河流入渗补给、地下水开采、潜水蒸散发等外应力的影响。在地下水数值模型中，这些外应力作为源汇项进行简化处理，不能描述土壤水、地表水等动态变化及地下水变化对这些水文循环要素的影响。近年来，在地下水数值模型基础上扩展地表水模拟功能，以研究地表水与地下水相互作用及降雨入渗补给、潜水蒸发等水文过程。代表性模型有 MODFLOW 基础上发展起来的 MODFLOW-UZF1 模型和 MODBRANCH 模型等。

（四）地表水与地下水耦合模型的特征

从国内外已开发的一些通用性较强、耦合方法比较完整的模型来看，地表水与地下水耦合模型应具有以下特征：①具有模拟所有重要水文过程及其相互作用的功能，可进行短期和长期模拟。②模型参数和输入、输出灵活且时空可变。③合理的模型求解算法。运行耦合模型时需要花费大量的时间，使用并行计算处理是减少运行时间的有效方法之一，如 WASH123D 模型的并行运算程序。④具有良好的前处理、后处理及与 GIS 集成功能。GIS 是进行模型设计、模拟结果分析的强有力工具，模型应具有基于 GIS 的数据输入、管理和操作等功能。⑤灵活、模块化程序设计，具有一定的可扩展性，如 MODFLOW 模型已被 IHM、SWATMOD 等多个模型耦合集成。

与单一的地下水或地表水模型相比，地表水与地下水耦合模型结构更为复杂，且由于引入了更多参数，模型参数率定将更为困难，应加强地表水与地下水耦合模拟中参数的确定和模型的验证工作。除常规水文观测资料外，需要增加地表水与地下水动态观测资料，并结合水文试验等手段，才能实现模型可靠的运行与分析计算。计算机和并行技术的快速发展大幅度减少了模型运行时间，高速发展的信息技术（3S 技术）提供更多能描述水文过程时空变化的数据，使模型参数化分析和增强模型应用的可靠性成为可能。随着经济和社会的发展，人类对有限的水资源的需求日益增加，建立具有基于物理机制、地表地下水文过程完全耦合、可以模拟水循环中各水文过程及其相互作用的水文模型是今后的研究发展方向，将为水资源综合管理提供强有力的支撑。

二、水资源、水质、水量联合调度

水量和水质密切相关，增加生活和生产供水量，可提高社会经济效益，而相应会产生大量污水排放，造成水环境损失。而由我国近年的水资源调度研究可以得出，单方面的水量调度或是水质调度都难以满足我国水资源供需的实际情况。因此，水资源优化配置应该将水质、水量统一起来，实现水量和水质管理的统一和协调。

在对水质水量统一调度模型建立的研究中，大多数模型都是根据具体问题，结合实际情况分析得出的水质水量模型，几种较为常用的水质水量统一模型如下：

（一）基于地理信息系统的水质水量联合配置模型

基于地理信息系统的水质水量联合配置模型，在对传统的流域水质评估方法的改进中，可采用地理信息系统（GIS）进行野外数据采集和水质水量模拟。技术包含两个方面：①基于 GIS 的数据采集，基于 GIS 的数据采集是指通过便携式电脑、无线通信和互联网技术实现采集数据。②模型拟合，模型拟合是指采用基于 GIS 的分布式模拟预测流域的水质和水量。这种模型的建立主要着眼于解决水质水量测量问题，通过选择合适的野外站点，可以将各站点采集到的水质参数图形化，并将这些数据与当地的土地土壤类型和河流水文特征结合起来。这些成果形成的数据体系在各方面都较为全面可信，为水质水量的联合调度提供有利的条件。

（二）基于数值模拟的水质水量联合调度模型

该模型针对水质水量模型优化的复杂性，对水质水量数值模拟的格式算法优化调度的目标函数及约束条件模拟与优化模型的协调衔接等关键环节，提出了合理可行的处理方法。该模型的目标函数为：

$$MinZ = \sum_{i=1}^{n} \theta_i \left[\varphi(G_{it}) - C_{it}\right]^2$$

式中：

n ——分区数；

θ_i ——第 i 分区水质改善的权重系数；

C_{it} ——第 t 时段第 i 分区的水质控制指标；

G_{it} ——第 i 分区第 t 时段的分水量；

$\varphi(G_{it})$ Q——为第 t 时段第 i 分区引入 G_{it} 技水量时水质指标的状态响应函数。

模型的约束包括水量平衡约束、水质控制约束和工程控制方面的约束。在模型求解方面，可采用动态规划进行求解。这一模型适用于水资源空间分配上实现宏观调度与微观模拟的结合。

（三）基于生态经济学的水质水量联合配置模型

该模型根据生态经济系统结构优化限制因素原理，由配置方案生成模型和配置方案效果评价模型组成，考虑生态经济系统的生态经济阈和水质水量联合配置可行方案拟订。该模型侧重于在生态经济学的指导下协调生态环境效益、经济效益和社会效益，因此是一个复杂的多目标模型。为保证其可行性，须借助多个模型组成的模型体系来实现。该模型体系分为形成水质水量配置方案的核心模型和辅助模型两类。而在每个模型的建立中，由于水资源生态经济系统的社会效益和生态环境效益构成复杂，很多效益方面无法进行量化，也即定量的评价无法满足要求，需要有不确定性评价来做补充和完善，保证生态经济学的水质水量联合配置模型的优越性。

第九章 水资源可持续利用与保护

第一节 水资源可持续利用概述

水资源可持续利用（Sustainable Water Resources Utilization），即一定空间范围水资源既能满足当代人的需要，对后代人满足其需求能力又不构成危害的资源利用方式。

水资源可持续利用为保证人类社会、经济和生存环境可持续发展对水资源实行永续利用的原则。可持续发展的观点是20世纪80年代在寻求解决环境与发展矛盾的出路中提出的，并在可再生的自然资源领域相应提出可持续利用问题，其基本思路是在自然资源的开发中，注意因开发所致的不利于环境的副作用和预期取得的社会效益相平衡。在水资源的开发与利用中，为保持这种平衡就应遵守供饮用的水源和土地生产力得到保护的原则，保护生物多样性不受干扰或生态系统平衡发展的原则，对可更新的淡水资源不可过量开发使用和污染的原则。因此，在水资源的开发利用活动中，绝对不能损害地球上的生命支持系统和生态系统，必须保证为社会和经济可持续发展合理供应所需的水资源，满足各行各业用水要求并持续供水。此外，水在自然界循环过程中会受到干扰，应注意研究对策，使这种干扰不致影响水资源可持续利用。

为适应水资源可持续利用的原则，在进行水资源规划和水工程设计时应使建立的工程系统体现如下特点：天然水源不因其被开发利用而造成水源逐渐枯竭；水工程系统能较持久地保持其设计功能，因自然老化导致的功能减退能有后续的补救措施；对某范围内水供需问题能随工程供水能力的增加及合理用水、需水管理、节水措施的配合，使其能较长期保持相互协调的状态；因供水及相应水量的增加而致废污水排放量的增加，而须相应增加处理废污水能力的工程措施，以维持水源的可持续利用效能。

第二节　水资源可持续利用评价

水资源可持续利用指标体系及评价方法是目前水资源可持续利用研究的核心，是进行区域水资源宏观调控的主要依据。目前，还尚未形成水资源可持续利用指标体系及评价方法的统一观点。因此，本节针对现行国内外水资源可持续利用指标体系建立评价中存在的主要问题，对区域水资源可持续利用指标体系及评价方法做简单的介绍。

一、水资源可持续利用指标体系

（一）水资源可持续利用指标体系研究的基本思路

水资源可持续利用是一个反映区域水资源状况（包括水质、水量、时空变化等），开发利用程度，水资源工程状况，区域社会、经济、环境与水资源协调发展，近期与远期不同水平年对水资源分配竞争；地区之间、城市与农村之间水资源的受益差异等多目标的决策问题。根据可持续发展与水资源可持续利用的思想，水资源可持续利用指标体系的研究思路应包括以下方面：

1. 基本原则

区域水资源可持续利用指标体系的建立，应该根据区域水资源特点，考虑到区域社会经济发展的不平衡、水资源开发利用程度及当地科技文化水平的差异等，在借鉴国际上对资源可持续利用的基础上，以科学、实用、简明的选取原则，具体考虑以下五个方面：

（1）全面性和概括性相结合

区域水资源可持续利用系统是一个复杂的复合系统，它具有深刻而丰富的内涵，要求建立的指标体系具有足够的涵盖面，全面反映区域水资源可持续利用内涵，但同时又要求指标简洁、精练，因为要实现指标体系的全面性就极容易造成指标体系之间的信息重叠，从而影响评价结果的精度。为此，应尽可能地选择综合性强、覆盖面广的指标，而避免选择过于具体详细的指标。同时，应考虑地区特点，抓住主要的、关键性指标。

（2）系统性和层次性相结合

区域以水为主导因素的水资源-社会-经济-环境这一复合系统的内部结构非常复杂，各个系统之间相互影响，相互制约。因此，要求建立的指标体系层次分明，具有系统化和条理化，将复杂的问题用简洁明朗的、层次感较强的指标体系表达出来，充分展示区域水

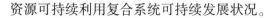

资源可持续利用复合系统可持续发展状况。

（3）可行性与可操作性相结合

建立的指标体系往往在理论上反映较好，但实践性却不强。因此，在选择指标时，不能脱离指标相关资料信息条件的实际，要考虑指标的数据资料来源，也即选择的每一项指标不但要有代表性，而且应尽可能选用目前统计制度中所包含或通过努力可能达到、对于那些未纳入现行统计制度、数据获得不是很直接的指标，只要它是进行可持续利用评价所必需的，也可将其选择作为建议指标，或者可以选择与其代表意义相近的指标作为代替。

（4）可比性与灵活性相结合

为了便于区域在纵向上或者区域与其他区域在横向上比较，要求指标的选取和计算采用国内外通行口径。同时，指标的选取应具备灵活性，水资源、社会、经济、环境具有明显的时空属性，不同的自然条件、不同的社会经济发展水平、不同的种族和文化背景，导致各个区域对水资源的开发利用和管理都具有不同的侧重点和出发点。指标因地区不同而存在差异，因此，指标体系应具有灵活性，可根据各地区的具体情况进行相应调整。

（5）问题的导向性

指标体系的设置和评价的实施，目的在于引导被评估对象走向可持续发展的目标，因而水资源可持续利用指标应能够体现人、水、自然环境相互作用的各种重要原因和后果，从而为决策者有针对性地适时调整水资源管理政策提供支持。

2. 理论与方法

借助系统理论、系统协调原理，以水资源、社会、经济、生态、环境、非线性理论、系统分析与评价、现代管理理论与技术等领域的知识为基础，以计算机仿真模拟为工具，采用定性与定量相结合的综合集成方法，研究水资源可持续利用指标体系。

3. 评价与标准

水资源可持续利用指标的评价标准可采用 Bossel 分级制与标准进行评价，将指标分为 4 个级别，并按相对值 0~4 划分。其中，0~1 为不可接受级，即指标中任何一个指标值小于 1 时，表示该指标所代表的水资源状况十分不利于可持续利用；1~2 为危险级，即指标中任何一个值在 1~2 时，表示它对可持续利用构成威胁；2~3 为良好级，表示有利于可持续利用；3~4 为优秀级，表示十分有利于可持续利用。

（1）水资源可持续利用的现状指标体系

现状指标体系分为两大类：基本定向指标和可测指标。

基本定向指标是一组用于确定可持续利用方向的指标，是反映可持续性最基本而又不能直接获得的指标。基本定向指标可选择生存、能效、自由、安全、适应和共存六个指标。

生存表示系统与正常环境状况相协调并能在其中生存与发展。能效表示系统能在长期平衡基础上通过有效的努力使稀缺的水资源供给安全可靠，并能消除其对环境的不利影响。自由表示系统具有能力在一定范围内灵活地应付环境变化引起的各种挑战，以保障社会经济的可持续发展。安全表示系统必须能够使自己免受环境易变性的影响，使其可持续发展。适应表示系统应能通过自适应和自组织更好地适应环境改变的挑战，使系统在改变了的环境中持续发展。共存是指系统必须有能力调整其自身行为，考虑其他子系统和周围环境的行为、利益，并与之和谐发展。

可测指标即可持续利用的量化指标，按社会、经济、环境三个子系统划分，各子系统中的可测指标由系统本身有关指标及其可持续利用涉及的主要水资源指标构成，这些指标又进一步分为驱动力指标、状态指标和响应指标。

（2）水资源可持续利用指标趋势的动态模型

应用预测技术分析水资源可持续利用指标的动态变化特点，建立适宜的水资源可持续利用指标动态模拟模型和动态指标体系，通过计算机仿真进行预测。根据动态数据的特点，模型主要包括统计模型、时间序列（随机）模型、人工神经网络模型（主要是模糊人工神经网络模型）和混沌模型。

（3）水资源可持续利用指标的稳定性分析

由于水资源可持续利用系统是一个复杂的非线性系统，在不同区域内，应用非线性理论研究水资源可持续利用系统的作用、机理和外界扰动对系统的敏感性。

（4）水资源可持续的综合评价

根据上述水资源可持续利用的现状指标体系评价、水资源可持续利用指标趋势的动态模型和水资源可持续利用指标的稳定性分析，应用不确定性分析理论，进行水资源可持续的综合评价。

（二）水资源可持续利用指标体系研究进展

1. 水资源可持续利用指标体系的建立方法

现有指标体系建立的方法基本上是基于可持续利用的研究思路，归纳起来包括几点：①系统发展协调度模型指标体系由系统指标和协调度指标构成。系统可概括为社会、经济、资源、环境组成的复合系统。协调度指标则是建立区域人-地相互作用和潜力三维指标体系，通过这一潜力空间来综合测度可持续发展水平和水资源可持续利用评价。②资源价值论应用经济学价值观点，选用资源实物变化率、资源价值（或人均资源价值）变化率和资源价值消耗率变化等指标进行评价。③系统层次法基于系统分析法，指标体系由目标层和准则层构成。目标层即水资源可持续利用的目标，目标层下可建立 1 个或数个较为具体的分目标，即准则层。准则层则由更为具体的指标组成，应用系统综合评判方法进行评价。④压力-状态-反应（PSR）结构模型由压力、状态和反应指标组成。压力指标用以表征造成发展不可持续的人类活动和消费模式或经济系统的一些因素，状态指标用以表征可持续发展过程中的系统状态，响应指标用以表征人类为促进可持续发展进程所采取的对策。⑤生态足迹分析法是一组基于土地面积的量化指标对可持续发展的度量方法，它采用生态生产性土地为各类自然资本统一度量基础。⑥归纳法首先把众多指标进行归类，再从不同类别中抽取若干指标构建指标体系。⑦不确定性指标模型认为水资源可持续利用概念具有模糊、灰色特性。应用模糊、灰色识别理论、模型和方法进行系统评价。⑧区间可拓评价方法将待评指标的量值、评价标准均以区间表示，应用区间与区间之间概念和方法进行评价。⑨状态空间度量方法以水资源系统中人类活动、资源、环境为三维向量表示承载状态点，状态空间中不同资源、环境、人类活动组合则可形成区域承载力，构成区域承载力曲面。⑩系统预警方法中的预警是水资源可持续利用过程中偏离状态的警告，它既是一种分析评价方法，又是一种对水资源可持续利用过程进行监测的手段。预警模型由社会经济子系统和水资源环境子系统组成。⑪属性细分理论系统就是将系统首先进行分解，并进行系统的属性划分，根据系统的细分化指导寻找指标来反映系统的基本属性，最后确定各子系统属性对系统属性的贡献。

2. 水资源可持续利用评价的基本程序

基本程序包括：①建立水资源可持续利用的评价指标体系；②确定指标的评价标准；③确定性评价；④收集资料；⑤指标值计算与规格化处理；⑥评价计算；⑦根据评价结果，提出评价分析意见。

因此，为了准确评定水资源配置方案的科学性，必须建立能评价和衡量各种配置方案的统一尺度，即评价指标体系。评价指标体系是综合评价的基础，指标确定是否合理，对于后续的评价工作起决定性的影响。可见，建立科学、客观、合理的评价指标体系，是水资源配置方案评价的关键。

3. 水资源可持续利用指标体系的分类

（1）国外水资源可持续利用指标体系主要包括国家、地区、流域三种尺度

水资源可持续利用指标体系分为质量指标、受损指标、交互作用指标、水文地质化学指标和动态指标。可持续类别根据生态状况分为可持续、弱不可持续、中等不可持续、不可持续、高度不可持续和灾难性不可持续。

国家水资源可持续利用指标体系，其特点是具有高度的宏观性，指标数目少。主要指标包括：地表水、地下水年提取量，人均用水量，地下水储存量，淡水中肠菌排泄量，水体中生物需氧量，废水处理，水文网络密度等。

地区水资源可持续利用指标体系，其特点是指标种类数目相对较多，强调生态状况。主要指标包括：地表水利用量、地下水利用量，水资源总利用量，家庭用水水质，清洁水、废水价格，水源携带营养量，水流中有害物质数量，人口、濒临物种，居民区和人口稀疏地区废水处理效率，污水利用量，水系统调节、用水分配，防洪、经济和娱乐等。

流域水资源可持续利用指标体系，流域管理强调环境、经济、社会综合管理，其目的在于考虑下一代利益，保护自然资源，特别是水资源，使其对社会、经济、环境负面影响结果最小。指标体系大多为驱动力-压力-状态-反应（The Driving-Forces-Pressure-State-Impact-Response，DPSIR）指标。驱动力为流域中自然条件以及经济活动，压力包括自然、人工供水、用水量和水污染，状态则是反映上述的质量、数量指标，反映包括直接对生态的影响和对流域资源的影响。

（2）国内水资源可持续利用指标体系

按复合系统子系统划分：

①自然生态指标

水资源总量、水资源质量指标、水文特征值的稳定性指标、水利特征值指标、水源涵养指标、污水排放总量、污水净化能力、海水利用量。

②经济指标

工业产值耗水指标、农业产值耗水指标、第三产业耗水指标、水价格。

③社会指标

城市居民生活用水动态指标，农村人畜用水动态指标，环境用水动态指标，技术因素、政策因素对水资源利用的影响。

按水资源系统特性划分：

①水资源可供给性

产水系数、产水模数、人均水量、地均水量、水质状况。

②水资源利用程度及管理水平

工业用水利用率、农业用水利用率、灌溉率、重复用水率、水资源供水率。

③水资源综合效益

单位水资源量的工业产值、单位水资源量的农业产值。

按指标的结构划分：

①综合性指标体系

由反映社会、经济、资源、环境的多项指标综合而成。

②层次结构指标体系

由一系列指标组成指标群，在结构上表现为一定的层次结构。

③矩阵结构指标体系

这是近年来可持续发展指标体系建立的新思路，其特点是在结构上表现为交叉的二维结构。

按指标体系建立的途径划分：

①统计指标

指以统计途径获得的指标。

②理论解析模型指标

指通过模型求解获得的指标。

按指标体系的量纲划分：

①有量纲指标

指具有度量单位的指标，如用水量，其度量单位可用亿 m^3 或万 m^3 表示。

②无量纲指标

指没有度量单位的指标，如以百分率或比值表示的指标。

按可持续观点划分：

①外延指标和内在指标

外延指标分为自然资源存量、固定资产存量；内在指标是由外延指标派生出来的指标，分为时间函数（即速率）、状态函数两种。

②描述性指标和评估性指标

描述性指标是以各因素基础数据为主的指标；评估性指标是经过计算加工后的指标，实际中多用相对值表示。

按评价指标货币属性划分：

①货币评价指标

指能够按货币估值的指标。

②非货币评价指标

指不能够按货币估值的指标，如用水公平性。

按认识论和方法论分析划分：

①经济学方法指标

按自然资源、环境核算建立的指标。

②生态学方法指标

以生态状态为主要指标，主要包括能值分析和最低安全标准指标。

③统计学指标

把水资源可持续利用看作是一个多层次、多领域的决策问题，指标结构为多维、多层次。

按评价指标考虑因素的范围划分：

①单一性指标

它侧重于描述一系列因素的基本情况，以指标大型列表或菜单表示。

②专题性指标

选择有代表性专题领域，制定出相应的指标。

③系统化指标

它是在一个确定的研究框架内，为了综合和集成大量的相关信息，制定出具有明确含义的指标。

二、水资源可持续利用评价方法

水资源开发利用保护是一项十分复杂的活动，至今未有一套相对完整、简单而又为大多数人所接受的评价指标体系和评价方法。一般认为，指标体系要能体现所评价对象在时间尺度的可持续性、空间尺度上的相对平衡性、对社会分配方面的公平性、对水资源的控制能力、对与水有关的生态环境质量的特异性、具有预测和综合能力，并相对易于采集数据并相对易于应用。

水资源可持续利用评价包括水资源基础评价、水资源开发利用评价、与水相关的生态环境质量评价、水资源合理配置评价、水资源承载能力评价以及水资源管理评价六个方面。水资源基础评价突出资源本身的状况及其对开发利用保护而言所具有的特点；开发利用评价则侧重于开发利用程度、供水水源结构、用水结构、开发利用工程状况和缺水状况等方面；与水有关的生态环境质量评价要能反映天然生态与人工生态的相对变化、河湖水体的变化趋势、土地沙化与水土流失状况、用水不当导致的耕地盐渍化状况以及水体污染状况等；水资源合理配置评价不是侧重于开发利用活动本身，而是侧重于开发利用对可持续发展目标的影响，主要包括水资源配置方案的经济合理性、生态环境合理性、社会分配合理性以及三方面的协调程度，同时还要反映开发利用活动对水文循环的影响程度、开发利用本身的经济代价及生态代价，以及所开发利用水资源的总体使用效率；水资源承载能力评价要反映极限性、被承载发展模式的多样性和动态性，以及从现状到极限的潜力等；水资源管理评价包括需水、供水、水质、法规、机构等五方面的管理状态。

水资源可持续利用评价指标体系是区域与国家可持续发展指标体系的重要组成部分，也是综合国力中资源部分的重要环节，“走可持续发展之路，是中国在未来发展的自身需要和必然选择”。为此，对水资源可持续利用进行评价具有重要意义。

（一）水资源可持续利用评价的含义

水资源可持续利用评价是按照现行的水资源利用方式、水平、管理与政策对其能否满足社会经济持续发展所要求的水资源可持续利用做出的评估。

进行水资源可持续利用评价的目的在于认清水资源利用现状和存在的问题，调整其利用方式与水平，实施有利于可持续利用的水资源管理政策，有助于国家和地区社会经济可持续发展战略目标的实现。

（二）水资源可持续利用指标体系的评价方法

综合许多文献，目前，水资源可持续利用指标体系的评价方法主要有以下几种：①综合评分法，其基本方法是通过建立若干层次的指标体系，采用聚类分析、判别分析和主观权重确定的方法，最后给出评判结果。它的特点是方法直观，计算简单。②不确定性评判法，主要包括模糊与灰色评判。模糊评判采用模糊联系合成原理进行综合评价，多以多级模糊综合评价方法为主。该方法的特点是能够将定性、定量指标进行量化。③多元统计法，主要包括主成分分析和因子分析法。该方法的优点是把涉及经济、社会、资源和环境等方面的众多因素组合为量纲统一的指标，解决了不同量纲的指标之间可综合性问题，把难以用货币术语描述的现象引入到了环境和社会的总体结构中，信息丰富，资料易懂，针对性强。④协调度法，利用系统协调理论，以发展度、资源环境承载力和环境容量为综合指标来反映社会、经济、资源（包括水资源）与环境的协调关系，能够从深层次上反映水资源可持续利用所涉及的因果关系。

（三）水资源可持续利用评价指标

1. 水资源可持续利用的影响因素

水资源可持续利用的影响因素主要有：区域水资源数量、质量及其可利用量；区域社会人口经济发展水平及需水量；水资源开发利用的水平；水资源管理水平；区域外水资源调用的可能性等。

2. 选择水资源可持续利用评价指标

选择水资源可持续利用评价指标主要考虑：对水资源可持续利用有较大影响；指标值便于计算；资料便于收集，便于进行纵向和横向的比较。

指标体系：

（1）水资源供需平衡值 B

水资源供需平衡值 B 为供水量 S 与需供水量 N 的比值，即：

$$B = S_u/N$$

式中，供水量 S_u 为水资源经蓄、引、提、调所提供的河外用水量，不包括水域生态用水、冲淤用水、航运用水等河内用水；需供水量 N 亦是指需要提供的河外用水量。

供需平衡值 B 不仅与区域水资源总量、需水量有关，还与供水设施水平有关，是反映地区水资源可持续利用状况最主要的指标。

在 B 值计算时，若供水量是以供水设施在某一概率的水资源总量在某一代表年份分配状况下的最大供水量计算的，该供水量代表的是地区的供水能力，称可供水量，由此计算的 B 值我们称为 B_1，用实际供水量即用水量计算的称为 B_2，关系如下：

$$B_2 < 1，B_1 \geqslant B_2$$

评价水资源利用的可持续性，倾向于用 B_1，但 B_2 是实际发生的，可信度较高，以 $B = B_1 \cdot B_2$ 应该更好一些。

当 $B \ll 1$，即地区缺水较多时，还不能断言地区水资源利用可持续性较差，尚须进一步考虑地区水资源总量及其可利用程度。

（2）水资源对需求量的潜在满足度 S

需求量的潜在满足度 S 为可利用水资源总量 W 与需水量 N 的比值，即：

$$S = W/N$$

式中，可利用水资源总量 W 为区域降水产生的地表径流量和地下水中可利用部分与区域外来水量中可利用的部分之和。地表径流扣除河道内用水量作为可以利用的数量，地下水以允许开采量作为可利用的数量。

水资源对需求量的潜在满足度 S 反映区域水资源可持续利用的潜在能力。

①地下水利用度 S_g

把地下水允许开采量 P 与地下水实际开采量 E 的比值 S_g 定义为地下水利用度，即：

$$S_g = P/E$$

若 $S_g < 1$，地下水实际开采量大于允许开采量，地下水平衡失调，地下水持续利用受到阻碍。S_g 对区域水资源持续利用的影响可用 I_g 表示：

$$I_k = 1 + (S_g - 1) E/S_v$$

式中字母意义同前。若 $S_g < 1$，则 $I_g < 1$。

②循环用水比例 R_c

循环用水往往是指工业用水中的循环用水。设工业用水量为 I，其循环用水量为 C，则：

$$R_c = C/I$$

其对区域水资源可持续利用影响为 I_c，则：

$$I_c = 1 + R_c \cdot I/S_u$$

循环用水比例是反映区域水资源管理、节水措施状况的一个指标。

③水资源水质达标率 R

水资源水质标准可选用水源水质标准或地面水水质标准。水质达标率是反映区域水资源受污染程度和水质管理水平的一个指标。

④区域供水量的替补率 R_n

区域外水资源经水利设施调入的水资源数量 W_n 与区域供水量 S_u 的比值 R 定义为区域供水量的替补率，即：

$$R_n = W_n/S_u$$

在区域水资源贫乏的情况下，从区域外调水往往是区域水资源可持续利用的重要因素。设 R 对区域水资源可持续利用的影响值为则：

$$I_n = 1 + R_n$$

第三节 水资源承载能力

一、水资源承载能力的概念及内涵

（一）水资源承载能力的概念

目前，关于水资源承载能力的定义并无统一明确的界定，国内有两种不大相同的说法：一种是水资源开发规模论，另一种是水资源支持持续发展能力论。

前者认为，“在一定社会技术经济阶段，在水资源总量的基础上，通过合理分配和有效利用所获得的最合理的社会、经济与环境协调发展的水资源开发利用的最大规模”或

“在一定技术经济水平和社会生产条件下，水资源可供给工农业生产、人民生活和生态环境保护等用水的最大能力，即水资源开发容量”。后者认为，水资源的最大开发规模或容量比起水资源作为一种社会发展的“支撑能力”而言，范围要小得多，含义也不尽相同。因此，将水资源承载能力定义为“经济和环境的支撑能力”。前者的观点适于缺水地区，而后者的观点更有普遍的意义。

考虑到水资源承载能力研究的现实与长远意义，对它的理解和界定，要遵循下列原则：第一，必须把它置于可持续发展战略构架下进行讨论，离开或偏离社会持续发展模式是没有意义的；第二，要把它作为生态经济系统的一员，综合考虑水资源对地区人口、资源、环境和经济协调发展的支撑力；第三，要识别水资源与其他资源不同的特点，它既是生命、环境系统不可缺少的要素，又是经济、社会发展的物质基础，既是可再生、流动的、不可浓缩的资源，又是可耗竭、可污染、利害并存和不确定性的资源。水资源承载能力除受自然因素影响外，还受许多社会因素影响和制约，如受社会经济状况、国家方针政策（包括水政策）、管理水平和社会协调发展机制等影响。因此，水资源承载能力的大小是随空间、时间和条件变化而变化的，且具有一定的动态性、可调性和伸缩性。

根据上述认识，水资源承载能力的定义为：某一流域或地区的水资源在某一具体历史发展阶段下，以可预见的技术、经济和社会发展水平为依据，以可持续发展为原则，以维护生态环境良性循环发展为条件，经过合理优化配置，对该流域或地区社会经济发展的最大支撑能力。

可以看出，有关水资源承载能力研究面对的是包括社会、经济、环境、生态、资源在内的错综复杂的大系统。在这个系统内，既有自然因素的影响，又有社会、经济、文化等因素的影响。为此，开展有关水资源承载能力研究工作的学术指导思想，应是建立在社会经济、生态环境、水资源系统的基础上，在资源-资源生态-资源经济科学原理指导下，立足于资源可能性，以系统工程方法为依据进行的综合动态平衡研究。着重从资源可能性出发，回答以下问题：一个地区的水资源数量多少，质量如何；在不同时期的可利用水量、可供水量是多少；用这些可利用的水量能够生产出多少工农业产品；人均占有工农业产品的数量是多少；生活水平可以达到什么程度；合理的人口承载量是多少。

（二）水资源承载能力的内涵

从水资源承载能力的含义来分析，至少具有如下几点内涵。

在水资源承载能力的概念中，主体是水资源，客体是人类及其生存的社会经济系统和环境系统，或更广泛的生物群体及其生存需求。水资源承载能力就是要满足客体对主体的需求或压力，也就是水资源对社会经济发展的支撑规模。

水资源承载能力具有空间属性。它是针对某一区域来说的，因为不同区域的水资源量、水资源可利用量、需水量以及社会发展水平、经济结构与条件、生态环境问题等方面可能不同，水资源承载能力也可能不同。因此，在定义或计算水资源承载能力时，首先要圈定研究区范围。

水资源承载能力具有时间属性。在众多定义中均强调“在某一阶段”，这是因为在不同时段内，社会发展水平、科技水平、水资源利用率、污水处理率、用水定额以及人均对水资源的需求量等均有可能不同。因此，在水资源承载能力定义或计算时，也要指明研究时段，并注意不同阶段的水资源承载能力可能有变化。

水资源承载能力对社会经济发展的支撑标准应该以“可承载”为准则。在水资源承载能力概念和计算中，必须回答：水资源对社会经济发展支撑到什么标准时才算是最大限度的支撑。也只有在定义了这个标准后，才能进一步计算水资源承载能力。一般把“维系生态系统良性循环”作为水资源、承载能力的基本准则。

必须承认水资源系统与社会经济系统、生态环境系统之间是相互依赖、相互影响的复杂关系。不能孤立地计算水资源系统对某一方面的支撑作用，而是要把水资源系统与社会经济系统、生态环境系统联合起来进行研究，在水资源—社会经济—生态环境复合大系统中，寻求满足水资源可承载条件的最大发展规模，这才是水资源承载能力。

“满足水资源承载能力”仅仅是可持续发展量化研究可承载准则（可承载准则包括资源可承载、环境可承载。资源可承载又包括水资源可承载、土地资源可承载等）的一部分，它还必须配合其他准则（有效益、可持续），才能保证区域可持续发展。因此，在研究水资源合理配置时，要以水资源承载能力为基础，以可持续发展为准则（包括可承载、有效益、可持续），建立水资源优化配置模型。

（三）水资源承载能力衡量指标

根据水资源承载能力的概念及内涵的认识，对水资源承载能力可以用三个指标来衡量：

1. 可供水量的数量

地区（或流域）水资源的天然生产力有最大、最小界限，一般以多年平均产出量（水量）表示，其量基本上是个常数，也是区域水资源承载能力的理论极限值，可用总水量、单位水量表示。可供水量是指地区天然的和人工可控的地表与地下径流的一次性可利用的水量，其中包括人民生活用水、工农业生产用水、保护生态环境用水和其他用水等。

可供水量的最大值将是供水增长率为零时的相应水量。一些专家认为，经济合理的水资源可利用量为水资源量的60%~70%。

2. 区域人口数量限度

在一定生活水平和生态环境质量下，合理分配给人口生活用水、环卫用水所能供养的人口数量的限度；或计划生育政策下，人口增长率为零时的水资源供给能力，也就是水资源能够养活人口数量的限度。

3. 经济增长的限度

在合理分配给国民经济的生产用水增长率为零时，或经济增长率因受水资源供应限制为“零增长”时，国民经济增长将达到最大限度或规模，这就是单项水资源对社会经济发展的最大支持能力。

应该说明，一个地区的人口数量限度和国民经济增长限度，并不完全取决于水资源供应能力。但是，在一定的空间和时间，由于水资源紧缺和匮乏，它很可能是该地区持续发展的“瓶颈”资源，我们不得不早做研究，寻求对策。

二、水资源承载能力研究的主要内容、特性及影响因素

（一）水资源承载能力的主要研究内容

水资源承载能力研究是属于评价、规划与预测一体化性质的综合研究，它以水资源评价为基础，以水资源合理配置为前提，以水资源潜力和开发前景为核心，以系统分析和动态分析为手段，以人口、资源、经济和环境协调发展为目标，由于受水资源总量、社会经济发展水平和技术条件以及水环境质量的影响，在研究过程中，必须充分考虑水资源系统、宏观经济系统、社会系统以及水环境系统之间的相互协调与制约关系。水资源承载能力的主要研究内容包括：①水资源与其他资源之间的平衡关系：在国民经济发展过程中，水资源与国土资源、矿藏资源、森林资源、人口资源、生物资源、能源等之间的平衡匹配关系。②水资源的组成结构与开发利用方式：包括水资源的数量与质量、来源与组成，水资源的开发利用方式及开发利用潜力，水利工程可控制的面积、水量，水利工程的可供水量、供水保证率。③国民经济发展规模及内部结构：国民经济内部结构包括工农业发展比例、农林牧副渔发展比例、轻工重工发展比例、基础产业与服务业的发展比例等。④水资源的开发利用与国民经济发展之间的平衡关系：使有限的水资源在国民经济各部门中达到合理配置，充分发挥水资源的配置效率，使国民经济发展趋于和谐。⑤人口发展与社会经济发展的平衡关系：通过分析人口增长变化趋势、消费水平变化趋势，研究预期人口对工

农业产品的需求与未来工农业生产能力之间的平衡关系。

（二）水资源承载能力的特性

随着科学技术的不断发展，人类适应自然、改造自然的能力逐渐增强，人类生存的环境正在发生重大变化。尤其是近年来，变化的速度渐趋迅速，变化本身也更为复杂。与此同时，人类对于物资生活的各种需求不断增长，因此水资源承载能力在概念上具有动态性、跳跃性、相对极限性、不确定性、模糊性和被承载模式的多样性。

1. 动态性

动态性是指水资源承载能力的主体（水资源系统）和客体（社会经济系统）都随着具体历史的不同发展阶段呈动态变化。水资源系统本身量和质的不断变化，导致其支持能力也相应发生变化，而社会体系的运动使得社会对水资源的需求也是不断变化的。这使得水资源承载能力与具体的历史发展阶段有直接的联系，不同的发展阶段有不同的承载能力，体现在两个方面：一是不同的发展阶段人类开发水资源的能力不同，二是不同的发展阶段人类利用水资源的水平也不同。

2. 跳跃性

跳跃性是指承载能力的变化不仅仅是缓慢的和渐进的，而且在一定的条件下会发生突变。突变可能是由于科学技术的提高、社会结构的改变或者其他外界资源的引入，使系统突破原来的限制，形成新格局。另一种是出于系统环境破坏的日积月累或在外界的极大干扰下引起的系统突然崩溃。跳跃性其实属于动态性的一种表现，但由于其引起的系统状态的变化是巨大的，甚至是突变的，因此有必要专门指出。

3. 相对极限性

相对极限性是指在某一具体的历史发展阶段，水资源承载能力具有最大的特性，即可能的最大承载指标。如果历史阶段改变了，那么水资源的承载能力也会发生一定的变化。因此，水资源承载能力的研究必须指明相应的时间断面。相对极限性还体现在水资源开发利用程度是绝对有限的，水资源利用效率是相对有限的，不可能无限制地提高和增加。当社会经济和技术条件发展到较高阶段时，人类采取最合理的配置方式，使区域水资源对经济发展和生态保护达到最大支撑能力，此时的水资源承载能力达到极限理论值。

4. 不确定性

不确定性的原因既可能来自承载能力的主体也可能来自承载能力客体。水资源系统本身受天文、气象、下垫面以及人类活动的影响，造成水文系列的变异，使人们对它的预测目前无法达到确定的范围。区域社会和经济发展及环境变化，是一个更为复杂的系统，决定着需水系统的复杂性及不确定性。两方面的因素加上人类对客观世界和自然规律认识的局限性，决定了水资源承载能力的不确定性，同时决定了它在具体的承载指标上存在着一定的模糊性。

5. 模糊性

模糊性是指由于系统的复杂性和不确定因素的客观存在以及人类认识的局限性，决定了水资源承载能力在具体的承载指标上存在着一定的模糊性。

6. 被承载模式的多样性

被承载模式的多样性也就是社会发展模式的多样性。人类消费结构不是固定不变的，而是随着生产力的发展而变化的，尤其是在现代社会中，国与国、地区与地区之间的经贸关系弥补了一个地区生产能力的不足，使得一个地区可以不必完全靠自己的生产能力生产自己的消费产品，因此社会发展模式不是唯一的。如何利用有限的水资源支持适合自己条件的社会发展模式则是水资源承载能力研究不可回避的决策问题。

（三）水资源承载能力的影响因素

通过水资源承载能力的概念和内涵分析看出，水资源承载能力研究涉及社会、经济、环境、生态、资源等在内的纷繁复杂的大系统，在这个大系统中的每个子系统既有各自独特的运作规律，又相互联系、相互依赖，因此涉及的问题和因素比较多，但影响水资源承载能力的主要因素可以总结为七个方面：

1. 水资源的数量、质量及开发利用程度

由于自然地理条件的不同，水资源在数量上都有其独特的时空分布规律，在质量上也有差异，如地下水的矿化度、埋深条件，水资源的开发利用程度及方式也会影响可以用来进行社会生产的可利用水资源的数量。

2. 生产力水平

在不同的生产力水平下利用单方水可生产不同数量和不同质量的工农业产品，因此在研究某一地区的水资源承载能力时必须估测现状与未来的生产力水平。

3. 消费水平与结构

在社会生产能力确定的条件下，消费水平及结构将决定水资源承载能力的大小。

4. 科学技术

科学技术是生产力，高新技术将对提高工农业生产水平具有不可低估的作用，进而对提高水资源承载能力产生重要影响。

5. 人口数量

社会生产的主体是人，水资源承载能力的对象也是人，因此人口与水资源承载能力具有互相影响的关系。

6. 其他资源潜力

社会生产不仅需要水资源，还需要其他诸如矿藏、森林、土地等资源的支持。

7. 政策、法规、市场、宗教、传统、心理等因素

一方面，政府的政策法规、商品市场的运作规律及人文关系等因素会影响水资源承载能力的大小；另一方面，水资源承载能力的研究成果又会对它们产生反作用。

三、水资源承载能力与相关研究领域之间的关系

（一）与土地资源承载能力的关系

水资源承载能力主要用于研究缺水地区特别是干旱、半干旱地区的工农业生产乃至整个社会经济发展时，对水资源供需平衡与环境的分析评价。到目前为止，国际上很少有专门以水资源承载能力为专题的研究报道，大都将其纳入可持续发展的范畴，进行水资源可持续利用与管理的研究。我国面临巨大的人口和水资源短缺压力，因此专门提出“水资源承载能力”的问题，并正成为水资源领域的一个新的研究热点。

土地资源承载能力研究的核心是土地生产能力，水资源承载能力研究的核心是水资源生产能力，土地资源生产能力与水资源生产能力也有所不同。可以这样认为，土地资源生产能力研究的重点是农产品的生产量，因而土地资源承载能力是在温饱水平上的承载能力；由于水资源不仅涉及农业生产，而且还涉及工业生产、环境保护等方面，因此，水资源承载能力对承载人口的生活水平有更全面的把握。

应该说，研究一个地区的水土资源承载能力才是比较客观、比较全面的，对于制定社会经济发展策略具有更加现实的意义。但是，不同地区具有不同的自然地理条件，制约社会经济发展的因素也有不同的体现。我国江南地区水资源丰富，但人口密集，缺乏耕地，相对来说土地资源承载能力研究具有更重要的意义。当然，水资源承载能力与土地资源承载能力也是相辅相成的，二者不能完全割裂开来，即研究土地资源承载能力时不能忽略水的供需平衡问题，研究水资源承载能力时也不能不考虑耕地的发展问题。

（二）与水资源合理配置和生态环境保护的关系

水资源是人类生产与生活活动的重要物质基础。随着社会的不断进步和生产的不断发

展，人们对水的质量和数量的需求也会越来越高。另外，自然界所能提供的可用水资源量是有一定限度的，需求与供给间的矛盾将日趋尖锐，国民经济内部有用水矛盾，国民经济发展与生态环境保护之间也有用水矛盾。如何充分开发利用有限的水资源，最大限度地为国民经济发展和生态环境保护服务则成为各级政府部门所关心的问题，也是水资源合理配置研究的主题。

对于我国，特别是华北地区和西北地区，实施水资源合理配置具有更大的紧迫性。其主要原因：一是水资源的天然时空分布与生产力布局严重不相适应；二是在地区间和各用水部门间存在着很大的用水竞争性；三是近年来的水资源开发利用方式已经导致产生许多生态环境问题。上述原因不仅是实施水资源合理配置的必要条件，更是保证合理配置收到较好经济、生态、环境与社会效益的客观基础。

水资源合理配置研究和水资源承载能力研究互为前提。水资源配置方案的合理性应体现在三个方面，即国民经济发展的合理性、生态环境保护目标的合理性以及水资源开发利用方式的合理性。在得出合理的水资源配置方案之后，方可进行水资源承载能力研究，继而按照承载能力研究的结论修正水资源的配置方案，这样周而复始、多次反馈迭代之后，才能得出真正意义上的水资源合理配置方案和承载能力。

（三）与可持续发展的关系

可持续发展观念于 1992 年在全世界范围内提出，我国于 1994 年普遍接受；水资源合理配置概念是在 20 世纪 90 年代初提出的，并开始逐步应用于水资源规划与管理之中；水资源承载能力概念是在 20 世纪 80 年代末提出的，虽然在我国北方部分地区进行了探索性研究，但水资源承载能力概念与理论还只是处于萌芽阶段。严格地说，承载能力概念提出略早，合理配置略迟，可持续发展最后。这几个概念几乎同时被提出来不是历史的偶然，而是历史的必然，是人类通过近一个世纪以来的社会实践总结出来的，这说明人类已经认识到环境资源是有价值的，而且是有限的。

这几个概念本质上是相辅相成的，都是针对当代人类所面临的人口、资源、环境方面的现实问题，都强调发展与人口、资源、环境之间的关系，但是侧重点有所不同，可持续观念强调了发展的公平性、可持续性以及环境资源的价值观，合理配置强调了环境资源的有效利用，承载能力强调了发展的极限性。

可持续发展是一种哲学观，关于自然界和人类社会发展的哲学观。可持续发展是水资源合理配置与承载能力理论研究的指导思想。水资源合理配置与承载能力理论研究是可持续发展理论在水资源领域中的具体体现和具体应用，其中合理配置是可持续发展理论的技术手段，承载能力是可持续发展理论的结论。也就是说，水资源开发利用只有在进行了合理配置和承载能力研究之后才是可持续的；反之，要想使水资源开发利用达到可持续，必须进行合理配置和承载能力研究。

第四节 水资源利用工程

一、地表水资源利用工程

（一）地表水取水构筑物的分类

地表水取水构筑物的形式应适应特定的河流水文、地形及地质条件，同时应考虑到取水构筑物的施工条件和技术要求。由于水源自然条件和用户对取水的要求各不相同，因此地表水取水构筑物有多种不同的形式。

地表水取水构筑物按构造形式可分为固定式取水构筑物、活动式取水构筑物和山区浅水河流取水构筑物三大类，每一类又有多种形式，各自具有不同的特点和适用条件。

1. 固定式取水构筑物

固定式取水构筑物按照取水点的位置，可分为岸边式、河床式和斗槽式；按照结构类型，可分为合建式和分建式；河床式取水构筑物按照进水管的形式，可分为自流管式、虹吸管式、水泵直接吸水式、桥墩式；按照取水泵型及泵房的结构特点，可分为干式、湿式泵房和淹没式、非淹没式泵房；按照斗槽的类型，可分为顺流式、逆流式、侧坝进水逆流式和双向式。

2. 活动式取水构筑物

活动式取水构筑物可分为缆车式和浮船式。缆车式按坡道种类可分为斜坡式和斜桥式。浮船式按水泵安装位置可分为上承式和下承式；按接头连接方式可分为阶梯式连接和摇臂式连接。

3. 山区浅水河流取水构筑物

山区浅水河流取水构筑物包括底栏栅式和低坝式。低坝式可分为固定低坝式和活动低坝式（橡胶坝、浮体闸等）。

（二）取水构筑物形式的选择

取水构筑物形式的选择，应根据取水量和水质要求，结合河床地形及地质、河床冲淤、水深及水位变幅、泥沙及漂浮物、冰情和航运等因素，并充分考虑施工条件和施工方法，在保证安全可靠的前提下，通过技术经济比较确定。

取水构筑物在河床上的布置及其形状的选择，应考虑取水工程建成后不致因水流情况的改变而影响河床的稳定性。

在确定取水构筑物形式时，应根据所在地区的河流水文特征及其他一些因素，选用不同特点的取水形式。西北地区常采用斗槽式取水构筑物，以减少泥沙和防止冰凌；对于水位变幅特大的重庆地区常采用土建费用省、施工方便的湿式深井泵房；广西地区对能节省土建工程量的淹没式取水泵房有丰富的实践经验；中南、西南地区很多工程采用了能适应水位涨落、基金投资省的活动式取水构筑物；山区浅水河床上常建造低坝式和底栏栅式取水构筑物。

随着我国供水事业的发展，在各类河流、湖泊和水库兴建了许多不同规模、不同类型的地面水取水工程，如合建和分建岸边式、合建和分建河床式、低坝取水式、深井取水式、双向斗槽取水式、浮船或缆车移动取水式等。

（三）地表水取水构筑物位置的选择

在开发利用河水资源时，取水地点（即取水构筑物位置）的选择是否恰当，直接影响取水的水质、水量、安全可靠性及工程的投资、施工、管理等。因此应根据取水河段的水文、地形、地质及卫生防护、河流规划和综合利用等条件全面分析，综合考虑。地表水取水构筑物位置的选择，应根据下列基本要求，通过技术经济比较确定。

1. 取水点应设在具有稳定河床、靠近主流和有足够水深的地段

取水河段的形态特征和岸形条件是选择取水口位置的重要因素，取水口位置应选在比较稳定、含沙量不太高的河段，并能适应河床的演变。不同类型河段适宜的取水位置如下。

（1）顺直河段

取水点应选在主流靠近岸边、河床稳定、水深较大、流速较快的地段，通常也就是河流较窄处，在取水口处的水深一般要求不小于 2.5 m。

（2）弯曲河段

如前所述，弯曲河道的凹岸在横向环流的作用下，岸陡水深，泥沙不易淤积，水质较好，且主流靠近河岸，因此凹岸是较好的取水地段。但取水点应避开凹岸主流的顶冲点（即主流最初靠近凹岸的部位），一般可设在顶冲点下游 15~20 m，同时也是冰水分层的河段。因为凹岸容易受冲刷，所以需要一定的护岸工程。为了减少护岸工程量，也可以将取

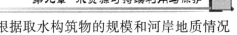

水口设在凹岸顶冲点的上游处。具体如何选择，应根据取水构筑物的规模和河岸地质情况确定。

（3）游荡性河段

在游荡性河段设置取水构筑物，特别是固定式取水构筑物比较困难，应结合河床、地形、地质特点，将取水口布置在主流线密集的河段上，必要时须改变取水构筑物的形式或进行河道整治以保证取水河段的稳定性。

（4）有边滩、沙洲的河段

在这样的河段上取水，应注意了解边滩和沙洲形成的原因、移动的趋势和速度，不宜将取水点设在可移动的边滩、沙洲的下游附近，以免被泥沙堵塞，一般应将取水点设在上游距沙洲 500 m 以远处。

（5）有支流汇入的顺直河段

在有支流汇入的河段上，由于干流、支流涨水的幅度和先后次序不同，容易在汇入口附近形成“堆积锥”，因此取水口应离开支流入口处上下游有足够的距离，一般取水口多设在汇入口干流的上游河段上。

2. 取水点应尽量设在水质较好的地段

为了取得较好的水质，取水点的选择应注意以下几点：①生活污水和生产废水的排放常常是河流污染的主要原因，因此供生活用水的取水构筑物应设在城市和工业企业的上游，距离污水排放口上游 100 m 以远，并应建立卫生防护地带。如岸边有污水排放，水质不好，则应伸入江心水质较好处取水。②取水点应避开河流中的回流区和死水区，以减少水中泥沙、漂浮物进入和堵塞取水口。③在沿海地区受潮汐影响的河流上设置取水构筑物时，应考虑到海水对河水水质的影响。

3. 取水点应设在具有稳定的河床及岸边，有良好的工程地质条件的地段

取水构筑物应尽量设在地质构造稳定、承载力高的地基上，这是构筑物安全稳定的基础。断层、流沙层滑坡、风化严重的岩层、岩溶发育地段及有地震影响地区的陡坡或山脚下，不宜建取水构筑物。此外，取水口应考虑选在对施工有利的地段，不仅要交通运输方便，有足够的施工场地，而且要有较少的土石方量和水下工程量。因为水下施工不仅困难，而且费用甚高，所以应充分利用地形，尽量减少水下施工量以节省投资、缩短工期。

第五节　水资源保护

水为人类社会进步、经济发展提供必要的基本物质保证的同时，施加于人类诸如洪涝、疾病等各种无情的自然灾害，对人类的生存构成极大威胁，人的生命财产遭受到难以估量的损失。长期以来，由于人类对水认识上存在的误区，认为水是取之不尽、用之不竭的最廉价资源，无序的掠夺性开采与不合理利用现象十分普遍，由此产生了一系列水及与水资源有关的环境、生态和地质灾害问题，严重制约了工业生产发展和城市化进程，威胁着人类的健康和安全。目前，在水资源开发利用中表现出水资源短缺、生态环境恶化、地质环境不良、水资源污染严重、“水质型”缺水显著、水资源浪费巨大。显然，水资源的有效保护，水污染的有效控制已成为人类社会持续发展的一项重要的课题。

一、水资源保护的概念

水资源保护，从广义上应该涉及地表水和地下水水量与水质的保护与管理两个方面。也就是通过行政的、法律的、经济的手段，合理开发、管理和利用水资源，保护水资源的质、量供应，防止水污染、水源枯竭、水流阻塞和水土流失，以满足社会实现经济可持续发展对淡水资源的需求。在水量方面，尤其要全面规划、统筹兼顾、综合利用、讲求效益、发挥水资源的多种功能，同时也要顾及环境保护要求和改善生态环境的需要；在水质方面，必须减少和消除有害物质进入水环境，防治污染和其他公害，加强对水污染防治的监督和管理，维持水质良好状态，实现水资源的合理利用与科学管理。

二、水资源保护的任务和内容

城市人口的增长和工业生产的发展，给许多城市水资源和水环境保护带来很大压力。农业生产的发展要求灌溉水量增加，对农业节水和农业污染控制与治理提出更高的要求。实现水资源的有序开发利用、保持水环境的良好状态是水资源保护管理的重要内容和首要任务。具体为：①改革水资源管理体制并加强其能力建设，切实落实与实施水资源的统一管理，有效合理分配。②提高水污染控制和污水资源化的水平，保护与水资源有关的生态系统。实现水资源的可持续利用，消除次生的环境问题，保障生活、工业和农业生产的安全供水，建立安全供水的保障体系。③强化气候变化对水资源的影响及其相关的战略性研究。④研究与开发与水资源污染控制与修复有关的现代理论、技术体系。⑤强化水环境监

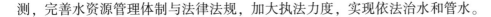

测，完善水资源管理体制与法律法规，加大执法力度，实现依法治水和管水。

三、水资源保护措施

（一）加强水资源保护立法，实现水资源的统一管理

1. 行政管理

建立高效有力的水资源统一管理行政体系，充分体现和行使国家对水资源的统一管理权，破除行业、部门、地区分割，形成跨行业、跨地区、跨部门的地表水与地下水统一管理的行政体系。

同时进一步明确统一管理与分级管理的关系，流域管理与区域管理的关系，兴利与除害的关系等，建立一个以水资源国家所有权为中心，分级管理、监督到位、关系协调、运行有效，对水资源开发、利用、保护实施全过程动态调控的水资源统一管理体制。

2. 立法管理

依靠法治实现水资源的统一管理，是一种新的水资源管理模式，它的基本要求就是必须具备与实现统一管理相适应的法律体系与执法体系。

（二）节约用水，提高水的重复利用率

节约用水，提高水的重复利用率是克服水资源短缺的重要措施。工业、农业和城市生活用水具有巨大的节水潜力。农业是水的最大用户，占总用水量的80%左右。世界各国的灌溉效率如能提高10%，就能节省出足以供应全球居民的生活用水量。据国际灌溉排水委员会的统计，灌溉水量的渗漏损失在通过未加衬砌的渠道时可达60%，一般也在30%左右。采用传统的漫灌和浸灌方式，水的渗漏损失率高达50%左右，而现代化的滴灌和喷灌系统，水的利用效率可分别达到90%和70%以上。

（三）综合开发地下水和地表水资源

地下水和地表水都参加水文循环，在自然条件下，可相互转化。但是，过去在评价一个地区的水资源时，往往分别计算地表径流量和地下径流量，以二者之和作为该地区水资源的总量，造成了水量计算上的重复。据前苏联 H. H. 宾杰曼的资料，由于这种转化关系，在一个地区开采地下水，可以使该地区的河流径流量减少20%~30%，所以只有综合开发地下水和地表水，实现联合调度，才能合理而充分地利用水资源。

（四）强化地下水资源的人工补给

地下水人工补给，又称为地下水人工回灌、人工引渗或地下水回注，是借助某些工程设施将地表水自流或用压力注入地下含水层，以便增加地下水的补给量，达到调节控制和改造地下水体的目的。地下水人工回灌能有效地防止地下水位下降，控制地面下降；在含水层中建立淡水帷幕，防止海水或污水入侵；改变地下水的温度，保持地热水、天然气含气层或石油层的压力；处理地面径流，排泄洪水；利用地层的天然自净能力，处理工业污水，使废水更新。

（五）建立有效的水资源保护带

为了从根本上解决我国水资源质量的保护问题，应当建立有效的不同规模、不同类型的水资源质量保护区（或带），采取切实可行的法律与技术的保护措施，防止水资源质量的恶化和水源的污染，实现水资源的合理开发与利用。

第十章　水灾害及其防护

第一节　水灾害属性

灾害是能够给人类和人类赖以生存的环境造成破坏性影响的事物的总称。

自然灾害是指由于某种不可控制或未能预料的破坏性因素的作用，对人类生存发展及其所依存的环境造成严重危害的非常事件和现象。

水灾害定义是，世界上普遍和经常发生的一种自然灾害。广义地说水灾害应该指由于水的变化引起的灾害，包括水多——洪灾、水少——旱灾、水脏——水污染。

洪水灾害，当洪水威胁到人类安全和影响社会经济活动并造成损失时才能成为洪水灾害。

内涝灾害是指地面积水不能及时排除而形成的灾害，简称涝灾。地下水位过高或耕作层含水过多而影响农作物生长，称渍害。

干旱是指大气运动异常造成长时期、大范围无降水或降水偏少的自然现象。旱灾是指土壤水分不足，不能满足农作物和牧草生长的需要，造成较大的减产或绝产的灾害。水灾害是我国影响最广泛的自然灾害，也是我国经济建设、社会稳定敏感度最大的自然灾害。

灾害是一种自然与社会综合体，是自然系统与人类物质文化系统相互作用的产物，具有自然和社会的双重属性。

一、自然属性

地球表层由各种固体、液体和气体组成，形成了岩石圈（土壤圈）、水圈、气圈和生物圈，在地球和天体的作用和影响下，时时刻刻都在不停地运动变化，发生物理、化学、生物变化，并且相互作用和影响，大部分灾害都在这些圈层的物理、化学、生物作用下形成的。水灾害是以气圈、水圈、土壤圈为主发生的灾害，如洪灾、涝灾、旱灾、泥石流等。

水灾害产生的自然因素及其作用机制很复杂，不同的灾害有不同的因素，是多种因素综合作用的产物。

水灾害是相对人类而言的，在人类生存的地区，均有可能发生水灾害，这就是灾害的普遍性。

致灾原因：自然因素占主导地位，从宇宙系统看，太阳、月亮、地球的活动与水灾害都有关，与地球相关的因素包括地形、地势、地质、地理位置、大气运动、植被分布等。

西北太平洋是全球热带气旋发生次数最多的海域，我国不仅地处西北太平洋的西北方，而且地势向海洋倾斜，没有屏障，成为世界上台风袭击次数最多的国家之一。

我国国土辽阔，降水量时空分布极不均匀，在一个地区形成洪涝灾害的同时，在另一地区可能受旱灾的影响。

二、社会属性

人类是生物圈中的主宰，不仅要靠自身，而且还利用整个自然界壮大自身的能量，改变自然界，创造人为世界。人类可以改变自然界的面貌，却无法改变自然界的运行规律。如果人类改造和干预自然界的行为存在盲目性，违反了自然规律，激发了自然界内部的矛盾和自然界同人类的矛盾，将会对人类自身产生危害。

盲目砍伐森林、不合理地筑坝拦水、跨流域调水、引水灌溉、开采地下水等都可能造成负面影响，如造成水土流失、生态环境恶化、河道淤积、地面沉降、海水入侵、河口生态环境恶化。

把国民经济增长、城市发展、人口控制与水土资源的利用协调起来，制定有利于区域水土资源可持续发展的最佳开发模式，无疑是防治水灾害的一项紧迫的任务。

第二节　水灾害类型及其成因

一、水灾害类型

水灾害危害最大、范围最广、持续时间较长。根据不同成因水灾害可以分为洪水、涝渍、风暴潮、灾害性海浪、泥石流、干旱、水生态环境灾害。

（一）洪水

洪水是指暴雨、冰雪急剧融化等自然因素或水库垮坝等人为因素引起的江河湖库水量迅速增加或水位急剧上涨，对人民生命财产造成危害的现象。山洪也是洪水的一类，特指发生在山区溪沟中的快速、强大的地表径流现象，特点是流速快、历时短、暴涨暴落、冲刷力与破坏力强，往往携带大量泥沙。

（二）涝

涝是指过多雨水受地形、地貌、土壤阻滞，造成大量积水和径流，淹没低洼地造成的水灾害。城市内涝是指由于强降水或连续性降水超过城市排水能力致使城市内产生积水灾害的现象。造成内涝的客观原因是降雨强度大，范围集中。降雨特别急的地方可能形成积水，降雨强度比较大、时间比较长也有可能形成积水。

（三）渍

渍是指因地下水水位过高或连续阴雨致使土壤过湿而危害作物生长的灾害。涝渍是我国东部、南部湿润地带最常见的水灾害。涝渍分类：按涝渍灾害发生的季节可以分为春涝、夏涝、秋涝和连季涝。按地形地貌可划分为平原坡地涝、平原洼地涝、水网圩区涝、山区谷地涝、沼泽地涝、城市化地区涝。按我国的实际情况划分为涝渍型、潜渍型、盐渍型、水渍型四种渍害类型。

（四）风暴潮

风暴潮是由台风和温带气旋在近海岸造成的严重海洋灾害。巨浪是指海上波浪高达6m以上引起灾害的海浪。对海洋工程、海岸工程、航海、渔业等造成危害。

（五）泥石流

泥石流是山区特有的一种自然地质现象。它是由于降水（暴雨、冰雪融化水）产生在沟谷或山坡上的一种携带大量泥沙、石块巨砾等固体物质的特殊洪流，是高浓度的固体和液体的混合颗粒流，泥石流经常瞬间爆发，突发性强、来势凶猛、具有强大的能量、破坏性极大，是山区最严重的自然灾害。

按物质成分分类：由大量黏性土和粒径不等的砂粒、石块组成的叫泥石流；以黏性土为主，含少量砂粒、石块、黏度大、呈稠泥状的叫泥流；由水和大小不等的砂粒、石块组成的称为水石流。泥石流按流域形态分类：标准型泥石流，为典型的泥石流，流域呈扇形，面积较大，能明显地划分出形成区、流通区和堆积区；河谷型泥石流，流域呈狭长条形，其形成区多为河流上游的沟谷，固体物质来源较分散，沟谷中常年有水，故水源较丰富，流通区与堆积区往往不能明显分出；山坡型泥石流，流域呈斗状，其面积一般小于 $1000m^2$，无明显流通区，形成区与堆积区直接相连。

泥石流按物质状态分成黏性泥石流和稀性泥石流。黏性泥石流含大量黏性土的泥石流或泥流，其特征是黏性大，固体物质占 40%～60%，最高达 80%，其中的水不是搬运介质，而是组成物质，稠度大，石块呈悬浮状态，暴发突然，持续时间亦短，破坏力大。稀性泥石流以水为主要成分，黏性土含量少，固体物质占 10%～40%，有很大分散性，水为搬运介质，石块以滚动或跃移方式前进，具有强烈的下切作用。

（六）干旱

大气运动异常造成长时期、大范围无水或降水偏少的自然现象。造成天气干旱、土壤缺水、江河断流、禾苗干枯、供水短缺等。干旱可以分为：气象干旱、水文干旱、农业干旱、社会经济干旱。

气象干旱是指由降水与蒸散发收支不平衡造成的异常水分短缺现象。由于降水是主要的收入项，且降水资料最易获得，因此，气象干旱通常主要以降水的短缺程度作为指标。

水文干旱是指由降水与地表水、地下水收支不平衡造成的异常水分短缺现象。因此，水文干旱主要指的是由地表径流和地下水位造成的异常水分短缺现象。

农业干旱是指由于外界环境因素造成作物体内水分失去平衡，发生水分亏缺，影响作物正常生长发育，进而导致减产或失收的一种农业气象灾害。

造成作物缺水的原因很多，按成因不同可将农业干旱分为土壤干旱、生理干旱、大气干旱、社会经济干旱。土壤干旱是指土壤中缺乏植物可吸收利用的水分，根系吸水不能满足植物正常蒸腾和生长发育的需要，严重时，土壤含水量降低至凋萎系数以下，造成植物永久凋萎而死亡；生理干旱是由于植物生理原因造成植物不能吸收土壤中水分而出现的干旱；大气干旱是指当气温高、相对湿度小、有时伴有干热风时，植物蒸腾急剧增加，吸水速度大大低于耗水速度，造成蒸腾失水和根系吸水的极不平衡而呈现植物枯萎，严重影响植物的生长发育。社会经济干旱应当是水分总供给量少于总需求量的现象，应从自然界与人类社会系统的水分循环原理出发，用水分供需平衡模式来进行评价。

（七）水生态环境

水生态环境主要是指影响人类社会生存发展并以水为核心的各种天然的和经过人工改

造的自然因素所形成的有机统一体。当水生态环境体系受到破坏，水生态和水资源的社会、经济功能就会受到影响，从而造成灾害。

二、水灾害成因

（一）洪灾的成因

洪水现象是自然系统活动的结果，洪水灾害则是自然系统和社会经济系统共同作用形成的，是自然界的洪水作用于人类社会的产物，是自然与人之间关系的表现。产生洪水的自然因素是形成洪水灾害的主要根源，但洪水灾害不断加重却是社会经济发展的结果。因此应从自然因素和社会经济因素两个方面对我国洪水灾害的成因加以分析。

1. 影响洪灾的自然因素

我国各地洪水情况千差万别，比如有些地区洪水发生频繁、有些地区洪水很少，有些季节洪水严重、有些季节不发生洪水。主要从气候和地貌两个方面分析我国洪水形成的自然地理背景。

（1）气候

我国气候的基本格局：东部广大地区属于季风气候；西北部深居内陆，属于干旱气候；青藏高原则属高寒气候。

影响洪水形成及洪水特性的气候要素中，最重要、最直接的是降水；对于冰凌洪水、融雪洪水、冰川洪水及冻土区洪水来说，气温也是重要因素。其他气候要素，如蒸发、风等也有一定影响。降水和气温情况，都深受季风的进退活动的影响。

①季风气候的特点

我国处于中纬度和大陆东岸，受到青藏高原的影响，季风气候异常发达。季风气候的特征主要表现为冬夏盛行风向有显著变化，随着季风的进退，降雨有明显季节变化。在我国冬季盛行来自大陆的偏北气流，气候干冷，降水很少，形成旱季；夏季与冬季相反，盛行来自海洋的偏南气流，气候湿润多雨，形成雨季。

随着季风进退，雨带出现和雨量的大小有明显季节变化。受季风控制的我国广大地区，当夏季风前缘到达某地时，这里的雨季也就开始，往往形成大的雨带，当夏季风南退，这一地区雨季也随之结束。

我国夏季风主要有东南季风和西南季风两类。大致以东经105°~110°为界，其东主要受东南季风影响，以西主要受西南季风影响。

随着季风的进退，盛行的气团在不同季节中产生了各种天气现象，其中与洪水关系最密切的是梅雨和台风。

梅雨是指长江中下游地区和淮河流域每年 6 月上中旬至 7 月上中旬的大范围降水天气。一般是间有暴雨的连续性降水，形成持久的阴雨天气。梅雨开始与结束的早晚、降水多少，直接影响当年洪水的大小。有的年份，江淮流域在 6—7 月间基本没有出现雨季，或者雨期过短，成为“空梅”，将造成严重干旱。

台风是热带气旋的一个类别。在气象学上，按世界气象组织定义，热带气旋中心持续风速达到 12 级的称为飓风，飓风的名称使用在北大西洋及东太平洋；而北太平洋西部称之为台风。台风每年 6—10 月，由我国东南低纬度海洋形成的热带气旋北移，携带大量水汽途经太湖地区，造成台风型暴雨。

②降水

降水是影响洪水的重要气候要素，尤其是暴雨和连续性降水。我国是一个暴雨洪水问题严重的国家。暴雨对于灾害性洪水的形成具有特殊重要的意义。

第一，年降水量地区分布。形成大气降水的水汽主要来自海洋水面蒸发。我国境内降水的水汽主要来自印度洋和太平洋，夏季风（东南季风和西南季风）的强弱对我国降水量的地区分布和季节变化有着重要影响。

我国多年降水量地区分布的总趋势是从东南沿海向西北内陆递减。400mm 等雨量线由大兴安岭西侧向西南延伸至我国和尼泊尔的边境。以此线为界，东部明显受季风影响降水量多，属于湿润地区；西部不受或受季风影响较小，降水稀少，属于干旱地区在东部。降水量又有随纬度的增高而递减的趋势。如东北和华北平原年降水量在 600mm 左右，长江中下游干流以南年降水量在 1000mm 以上。

我国是一个多山的国家，各地降水量多少受地形的影响也很显著，这主要是因为山地对气流的抬升和阻障作用，使山地降水多于邻近平原、盆地，山岭多于谷底，迎风坡降水多于背风坡。如青藏高原的屏障作用尤为明显，它阻挡了西南季风从印度洋带来的湿润气流，造成高原北侧地区干旱少雨的气候。

第二，降水的年内分配。各地降水年内各季节分配不均，绝大部分地区降水主要集中在夏季风盛行的雨季。各地雨季长短，因夏季风活动持续时间长短而异。

我国降水年内分配高度集中，是造成防洪任务紧张的一个重要原因。

降水强度对洪水的形成和特性具有重要意义。我国各地大的降水一般发生在雨季，往往一个月的降水量可占全年降水量的 1/3，甚至超过一半，而一个月的降水量又往往由几次或一次大的降水过程所决定。西北、华北等地这种情况尤为显著。东南沿海一带，最大强度的降水一般与台风影响有关。江淮梅雨期间，也常常出现暴雨和大暴雨。

第三，气温。气温对洪水的最明显的影响主要表现在融雪洪水、冰凌洪水和冰川洪水的形成、分布和特性方面。另外，气温对蒸发影响很大，间接影响着暴雨洪水的产流量。我国气温分布总的特点是：在东半部，自南向北气温逐渐降低；在西半部，地形影响超过了纬度影响，地势愈高气温愈低。气温的季节变化则深受季风进退活动的影响。

一般说，1 月我国各地气温下降到最低值，可以代表我国冬季气温。1 月平均 0℃等温线大致东起淮河下游，经秦岭沿四川盆地西缘向南至金沙江，折向西至西藏东南隅。此线以北以西气温基本在 0℃以下。

1 月份以后气温开始逐渐上升，4 月平均气温除大兴安岭、阿尔泰山、天山和青藏高原部分地区外，由南到北都已先后上升到 0℃以上，融冰、融雪相继发生。

（2）地貌

我国地貌十分复杂，地势多起伏，高原和山地面积比重很大，平原辽阔，对我国的气候特点、河流发育和江河洪水形成过程有着深刻的影响。

我国的地势总轮廓是西高东低，东西相差悬殊。高山、高原和大型内陆盆地主要位于西部，丘陵、平原以及较低的山地多见于东部。因而向东流入太平洋的河流多，流路长且流量大。

自西向东逐层下降的趋势，表现为地形上的三个台阶，称作“三个阶梯”，最高一级是青藏高原；青藏高原的边缘至大兴安岭、太行山、巫山和雪峰山之间，为第二阶梯，主要是由内蒙古高原、黄土高原、云贵高原、四川盆地和以北的塔里木盆地、准噶尔盆地等广阔的大高原和大盆地组成；最低的第三阶梯是我国东部宽广的平原和丘陵地区，由东北平原、华北平原、长江中下游平原、山东低山丘陵等组成，是我国洪水泛滥危害最大的地区。三个地形阶梯之间的隆起地带，是我国外流河的三个主要发源地带和著名的暴雨中心地带。

我国是一个多山的国家，山地面积约占全国面积的 33%，高原占 26%，丘陵占 10%，山间盆地占 19%，平原占 12%，平原是全国防洪的重点所在。

除了上述宏观的地貌格局，影响我国洪水地区分布和形成过程的重要地貌特点还有黄土、岩溶、沙漠和冰川等。

黄土多而集中的地带，土层疏松、透水性强、抗蚀力差，植被缺乏，水流侵蚀严重，水土流失突出，洪水含沙量很高，甚至有些支流及沟道往往出现浓度很高的泥流，这是我国部分河流洪水的特点之一。

冰川是由积雪变质成冰并能缓慢运动的冰体。我国是世界上中纬度山岳冰川最发达的国家之一。冰川径流是我国西部干旱地区的一种宝贵水资源，但有时也会形成洪水灾害。

2. 影响洪灾的社会经济因素

洪水灾害的形成，自然条件是一个很重的因素，但形成严重灾害则与社会经济条件密切相关。由于人口的急剧增长，水土资源过度地不合理开发，人类经济活动与洪水争夺空间的矛盾进一步突出，而管理工作相对薄弱，引起了许多新的问题，加剧了洪水灾害。

（1）水土流失加剧，江河湖库淤积严重

森林植被具有截留降水、涵养水源、保持水土等功能，森林盲目砍伐，一方面导致暴雨之后不能蓄水于山上，使洪水峰高量大，增加了水灾的频率；另一方面增加了水土流失，使水库淤积，库容减少，也使下游河道淤积抬升，降低了调洪和排洪的能力。

（2）围垦江湖滩地，湖泊天然蓄洪作用衰减

我国东部平原人口密集，人多地少矛盾突出，河湖滩地的围垦在所难免，虽然江湖滩地的围垦增加了耕地面积，但是任意扩大围垦使湖泊面积和数量急剧减少，降低了湖泊的天然调蓄作用。

（3）人为设障阻碍河道行洪

随着人口增长和城乡经济发展，沿河城市、集镇、工矿企业不断增加和扩大，滥占行洪滩地，在行洪河道中修建码头、桥梁等各种阻水建筑物，一些工矿企业任意在河道内排灰排渣，严重阻碍河道正常行洪。目前，与河争地、人为设障等现象仍在继续。

（4）城市集镇发展带来的问题

城市范围不断扩大，不透水地面持续增加，降雨后地表径流汇流速度加快，径流系数增大，峰现时间提前，洪峰流量成倍增长。与此同时，城市的“热岛效应”使城区的暴雨频率与强度提高，加大了洪水成灾的可能。此外，城市集镇的发展使洪水环境发生变化。城镇周边原有的湖泊、洼地、池塘、河流不断被填平，对洪水的调蓄功能随之消失；城市集镇的发展，不断侵占泄洪河道、滩地，给河道设置层层卡口，行洪能力大为减弱，加剧了城市洪水灾害。城市人口密集，经济发达，洪水灾害的损失十分显著。

（二）山洪的成因

山洪按其成因可以分为暴雨山洪、冰雪山洪、溃水山洪。

1. 暴雨山洪

在强烈暴雨作用下，雨水迅速由坡面向沟谷汇集，形成强大的暴雨山洪冲出山谷。

2. 冰雪山洪

由于迅速融雪或冰川迅速融化而成的雪水直接形成洪水向下游倾斜形成的山洪。

3. 溃水山洪

拦洪、蓄水设施或天然坝体突然溃决，所蓄水体破坝而出形成的山洪。

以上山洪的成因可能单独作用，也可能几种成因联合作用。在这三类山洪中，以暴雨山洪在我国分布最广，暴发频率最高，危害也最严重。主要阐述分析暴雨山洪。

三、山洪

（一）山洪的形成条件

山洪是一种地表径流水文现象，它同水文学相邻的地质学、地貌学、气象学、土壤学及植物学等均有密切的关系。但是山洪形成中最主要和最活跃的因素是水文因素。

山洪的形成条件可以分为自然因素和人为因素。

1. 自然因素

（1）水源条件

山洪的形成必须有快速、强烈的水源供给。暴雨山洪的水源是由暴雨降水直接供给的。

暴雨是指降雨急骤而且量大的降雨。定义“暴雨”时，不仅要考虑降水强度，还要考虑降水历时，一般以 24h 雨量来定。我国暴雨天气系统不同，暴雨强度的地理分布不均，暴雨出现的气候特征以及各地抗御暴雨山洪的自然条件不同。因此，暴雨的定义亦因地区不同而有所不同。

（2）下垫面条件

①地形

我国地形复杂，山区广大，山地占 33%，高原 26%，丘陵 10%。因此，丘陵和高原构成的山区面积超过全国面积的 2/3。在广大的山区，每年均有不同程度的山洪发生。

陡峭的山坡坡度和沟道纵坡为山洪发生提供了充分的流动条件。地形的起伏对降雨的影响也极大，如降雨多发生在迎风坡；地形有抬升气流，有加快气流上升速度的作用，因而山区的暴雨大于平原，也为山洪提供了更加充分的水源。

②地质

影响主要表现在两个方面：一是为山洪提供固体物质；二是影响流域的产流与汇流。

山洪多发生在地质构造复杂，滑坡、崩塌、错落发育地区，这些不良的地质现象为山洪提供了丰富的固体物质来源。此外，物理、化学、生物作用形成的松散碎屑物以及雨滴对表层土壤的侵蚀及地表水流对坡面和沟道的侵蚀，也极大地增加了山洪中的固体物质含量。

岩石的透水性影响了流域的产流与汇流速度。透水性好，渗透好，地表径流小，对山洪的洪峰流量起消减作用；透水性差，速度快，有利于山洪形成。

地质变化过程决定了流域的地形，构成流域的岩石性质，滑坡、崩塌等现象，为山洪提供物质来源，对于山洪破坏力的大小起着极其重要的作用。但是山洪是否形成，或在什么时候形成，一般不取决于地质变化过程。换言之，地质变化过程只决定山洪中携带泥沙多少，并不决定山洪何时发生及其规模。因而尽管地质因素在山洪形成中起着十分重要的作用，但山洪仍是一种水文现象，而不是一种地质现象。

③土壤

一般来说，厚度越大，越有利于雨水的渗透与蓄积，减小和减缓地表径流，对山洪的形成有一定的抑制作用；反之暴雨很快集中并产生面蚀或沟蚀，夹带泥沙而形成山洪，对山洪有促进作用。

④森林植被

一方面通过树冠截留降雨，枯枝落叶层吸收降雨，雨水在林区土壤中的入渗，消减降低雨量和雨的强度。另一方面森林植被增大了地表糙度，减缓了地表径流流速，增加了下渗水量，延长了地表产流与汇流时间。此外，森林植被还阻挡了雨滴对地表的冲蚀，减少了流域的产沙量。森林植被对山洪有显著的抑制作用。

2. 人为因素

山洪就其自然属性来讲，是山区水文气象条件和地质地貌因素共同作用的结果，是客观存在的一种自然现象。但随着经济建设的发展，人类活动对自然环境影响越来越大。人类活动不当可增加形成山洪的松散固体物质，减弱流域的水文效应，促进山洪的形成，增大洪流量，使山洪的活动性增强，规模增大，危害加重。

①森林不合理采伐。缺乏森林植被的地区在暴雨作用下，极易形成山洪。②山区采矿弃渣，将松散固体物质堆积于坡面和沟道中。在缺乏防护措施情况下，一遇到暴雨，不仅会促进山洪的形成，而且会导致山洪规模的增大。③陡坡垦殖扩大耕地面积，破坏山坡植被；改沟造田侵占沟道，压缩过流断面，致使排洪不畅，增大了山洪规模，扩大了危害范围。④山区建设施工中，忽视环境保护及山坡的稳定性，造成边坡失稳，引起滑坡与崩塌；施工弃土不当，堵塞排洪径流，降低排洪能力。

（二）山洪形成的过程

山洪的形成必须有足够大的暴雨强度和降雨量，而由暴雨到山洪则有一个复杂的过程。

1. 产流过程

影响山洪产流的因素有降雨、蒸发、下渗及地下水等。

（1）降雨

降雨是山洪形成的最基本条件，暴雨的强度、数量、过程及其分布，对山洪的产流过程影响极大。降雨量必须大于损失量才能产生径流，而一次山洪总量的大小，又取决于暴雨总量。

（2）下渗

山洪一般是在短历时、强暴雨作用下发生的，形成山洪的主体是地表径流。要产生径流，必须满足降雨强度大于下渗率的条件，在不同的地区需要的降雨强度不一样。

（3）蒸发

蒸发是影响径流的重要因素之一。每年由降雨产生的水量中，很大一部分被蒸发。据统计，我国湿润地区年降水量的30%～50%和干旱地区的80%～90%耗于蒸发。但山洪的暴雨产流过程历时很短，其蒸发作用仅对前期土壤含水量有影响，雨间蒸发可忽略。

（4）地下水

在山区高强度暴雨条件下地表径流很大且汇流迅速，极易形成大的洪峰。而地下径流是由于重力下渗的水分经过地下渗流形成的，径流量小，出流慢，对山洪的形成作用不大。

2. 汇流过程

山洪的汇流过程是暴雨产生的水流由流域内坡面及沟道向出口处的汇集过程，该过程分为坡面汇流和沟道汇流。

（1）坡面汇流

水体在流域坡面上的运动，称为坡面汇流。坡面通常是由土壤、植被、岩石及松散风化层所构成。人类活动，如农业工作、水利工程、山区城镇建设主要是在坡面上进行。由于微地形的影响，坡面流一般是沟状流，降雨强度很大时，也可能是片状流。由于坡面表面粗糙度大，以致水流阻力很大，流速较小。坡面流程不长，仅100m左右，因此坡面汇流历时较短，一般在十几分钟到几十分钟内。

（2）沟道汇流

经过坡面的水流进入沟道后的运动，称为沟道汇流或河网汇流。流域中的大小支沟组成及分布错综复杂，各支沟的出口相互之间具有不同程度的干扰作用，因此沟道汇流要比坡面汇流复杂。沟道汇流的流速比坡面汇流快。但由于沟道长度长于坡面，沟道汇流的时间比坡面汇流时间长。流域面积越大，沟道越长，越不利于山洪的形成。所以，山洪一般发生在较小的流域中，其汇流形式以坡面汇流为主。

3. 产沙过程

山洪中所挟带的泥石物质是由剥蚀过程以及流域中所积累的历史山洪的携带物、冲积物和冰水沉积物所形成。剥蚀作用是指地球表面上岩石破坏过程及破坏产物从其形成地点往较低地点的搬运过程的总称。对于山洪而言，最重要的三种剥蚀过程或作用为：风化作用、破坏产物沿坡面的移动（崩塌、滑坡等）和侵蚀作用。这些不仅能直接为山洪提供丰富的物质来源，而且为壅塞溃决型山洪的形成准备了有利条件。

（1）地质因素

地质构造复杂、断裂褶皱发育、新构造运动强烈、地震烈度大的地区，易导致地表岩层破碎、山崩、滑坡、崩塌等不良地质现象，为山洪提供丰富的物质来源。

山崩是山坡上的岩石、土壤快速、瞬间滑落的现象。泛指组成坡地的物质，受到重力作用，而产生向下坡移动现象。暴雨、洪水或地震可以引起山崩。人为活动，例如伐木和破坏植被，路边陡峭的开凿，或漏水管道也能够引起山崩。有些山崩现象不是地震引发的，而是由于山石剥落受重力作用产生的。在雨后山石受润滑的情况下，也能引发山崩；而由于发生山崩，大地也会震动导致地震。

（2）风化作用

风化作用是指矿物和岩石长期处在地球表面，在物理、化学等外力条件下所产生的物理状态与化学成分的变化。风化作用包括物理、化学、生物风化作用。

①物理风化作用

物理风化作用是指由于温度的变化，使岩石分散为形状与数量各不相同的许多碎块。在昼夜温差很大的地方，在大陆性气候地区，特别是干旱地区，这种现象非常显著。岩石矿物成分没有改变。

②化学风化作用

由于空气中的氧、水、二氧化碳和各种水溶液的作用，引起岩石中化学成分发生变化的作用称为化学风化作用。不仅使岩石破坏，还使岩石矿物成分显著改变。

③生物风化作用

生物风化作用是指生物在生长或活动过程中使岩石发生破坏的作用。

④泥石沿坡面的移动

由风化作用而产生的松散物质沿地表运动，移动的基本动力是重力，并通过某种介质（水、气）间起作用。移动的方式有崩解、滑坡、剥落、土流、覆盖层崩塌等。

按照崩塌体的规模、范围、大小可以分为剥落、坠石和崩落等类型。剥落的块度较小，块度大于0.5m者小于25%，产生剥落的岩石山坡一般在30°~40°；坠石的块度较大，块度大于0.5m者占50%~70%，山坡角在30°~40°范围内；崩落的块度更大，块度大于0.5m者占75%以上，山坡角多大于40°。

土流是一种松软岩土块体运移的现象。其特征是在一定的范围之内，土体或风化了的岩石顺着山坡运移，其底部大致为土流斜坡面，状似舌形。土体发生滑动运移时总体上没有旋转运动，但在附近的凹形崖上，常可看到在一系列崩滑块体中有小的原始转动。

松散物质在坡面上能停住不动的最大倾角（安息角或休止角），依物质的特性的不同而不同，在25°~50°范围内变化。比如石块越大，则其外形越不规则，棱角越多，其安息角越大。

⑤侵蚀作用

侵蚀泛指在风和水的作用下，地表泥、沙、石块剥蚀并产生转运和沉积的整个过程。对于山洪，主要是水的作用，水蚀是雨蚀、冰（雪）水蚀、面蚀、沟蚀、浪蚀等侵蚀的总称。

A. 雨蚀

一般谈及侵蚀作用时，重点常放在地表径流引起的侵蚀作用，不太注意雨滴的冲蚀作用。其实雨滴的冲蚀作用是十分巨大的，降雨侵蚀约有80%是雨滴剥离造成的，其余部分才是地表流水侵蚀造成的，所以侵蚀量很大程度上取决于暴雨的强度及冲击力。

雨滴冲击土壤的能量在这个坡地上大致是平均分布的，而径流冲刷土壤的能量则随着流速的增大自坡顶向坡脚增大。所以雨滴对土壤的侵蚀，以坡顶最为强烈，径流对土壤的冲刷则以坡脚最大。

“土壤侵蚀”和“水土流失”在发生机理上有明显的差异，无土壤侵蚀，则无水土流失；反之，无水土流失，却仍有土壤侵蚀现象存在。

B. 面蚀

即表面侵蚀，是指分散的地表径流从地表冲走表层的土粒。面蚀是径流的开始阶段，即坡面径流引起的，多发生在没有植被覆盖的荒地上或坡耕地上。仅带走表层土粒，对农业生产和山洪形成都有很大影响。

C. 沟蚀

是指集中的水流侵蚀。沟蚀的影响面积不如面蚀大，但对土壤的破坏程度则远比面蚀严重。对耕地面积的完整，桥梁、渠道等建筑物有很大危害。

沟蚀按其发展程度分为三种：浅沟侵蚀（一般深达0.5~1m，宽约1m）、中沟侵蚀

（沟宽达 2~10m）、大沟侵蚀（沟宽在 10 以上，沟床下切在 1m 以上，危害严重）。

⑥其他侵蚀

主要有冰（雪）侵蚀、浪蚀和陷穴侵蚀。陷穴侵蚀多发生在我国黄土区，原因是黄土疏松多孔，有垂直节理，并含有很多的可溶性碳酸钙，降雨后雨水下渗，溶解并带走这些可溶性物质。日积月累，内部形成空洞，至下部不能负担上部重量时，即下陷形成陷穴。

四、涝渍

涝和渍灾害在多数地区是共存的，有时难以截然分开，故而统称为涝渍灾害。

涝灾：因暴雨产生的地面径流不能及时排除，使得低洼区淹水，造成国家、集体和个人财产损失，或使农田积水超过作物耐淹能力，造成农业减产的灾害，叫作涝灾。

渍害：也称为湿害，是由于连绵阴雨，地势低洼，排水不良，低温寡照，造成地下水位过高，土壤过湿，通气不良，植物根系活动层中土壤含水量较长期地超过植物能耐受的适宜含水量上限，致使植物的生态环境恶化，水、肥、气、热的关系失调，出现烂根死苗、花果霉烂、籽粒发霉发芽，甚至植株死亡，导致减产的现象。

涝渍灾害的主要成因：

（一）自然因素

气象与天气条件。降雨过量是发生涝灾的主要原因。灾害的严重程度往往与降雨强度、持续时间、一次降雨总量和分布范围有关。

（二）土壤条件

农田渍害与土壤的质地、土层结构和水文地质条件有密切关系。

（三）地形地貌

地势平缓，洼地积水，排水不畅，地下水位过高。

（四）人类活动

盲目围垦和过度开发超采地下水，造成地面沉降；新建或规划排水系统不合理导致灌排失调；城市化的影响。

（五）城市内涝成因

1. 地形地貌

地势比较高的地区不容易形成积水，例如苏州、无锡等老城虽然是水乡城市，但是因为老城都选择地势比较高的地区，所以不容易形成积水。而城市范围内地势比较低洼的地区，就容易形成内涝。城市建设用地选择什么样的地形地貌非常重要，如果选择在低洼地或是滞洪区，那降雨积水的可能性就非常大。

2. 排水系统

国内一些城市排水管网欠账比较多，管道老化，排水标准比较低。有的地方排水设施就不健全，不完善，排水系统建设滞后是造成内涝的一个重要原因。另外，城市大量的硬质铺装，如柏油路、水泥路面，降雨时水渗透性不好，不容易入渗，也容易形成这段路面的积水。

3. 城市环境

由于城市中植被稀疏，水塘较少，无法储存雨水，导致出现“汇水”的现象形成积水。而且热岛效应的出现，导致暴雨出现的概率增加，降水集中。

4. 交通引起

由于尾气排放过多，导致空气中粉尘、颗粒物较多，容易产生凝结核，产生降水。

五、风暴潮与水灾害性海浪

（一）天气系统

1. 台风

台风是引起沿海地区风暴潮和灾害性海浪的最主要天气系统之一。

我国东临西北太平洋，受西北太平洋台风影响十分显著，西北太平洋的台风约 35%在我国登陆，其中 7—9 月是登陆高峰，占全年登陆总数的 80%。台风暴雨也随台风活动季节的变化及移动路径而变化。

热带气旋采用 4 位数字编号，前 2 位数字表示年份，后 2 位数字表示当年热带气旋的顺序号。如某一台风破坏力巨大，世界气象组织将不再继续使用这个名字，使其成为该次台风的专属名词。

2. 温带气旋

温带气旋又叫锋面气旋。温带气旋是造成我国近海风暴潮的另一种重要天气系统。温带气旋是出现在中高纬度地区而中心气压于四周近似椭圆形的空气涡旋，是影响大范围天气变化的重要天气系统之一。

3. 寒潮

寒潮是冬季的一种灾害性天气。寒潮主要出现在 11 月至翌年 3 月，随着寒潮中心的移动，各种灾害性天气相继出现。

（二）海洋系统

1. 海洋潮汐

海洋潮汐是海水在天体（主要为月球和太阳）引潮力作用下产生的周期性涨落运动。风暴潮与天文大潮遭遇，最易形成较大的风暴潮灾害。

2. 河口潮汐

海洋潮波传至河口引起河口水位的升降运动叫河口潮汐。河口潮汐除具有海洋潮汐的一般特性外，受河口形态、河床变化、河道上游下泄流量等因素的影响。

3. 海平面上升

近 50 年来，我国沿海海平面平均上升速率为 2.5mm/a，略高于全球海平面上升速率。加剧风暴潮灾害，引发海水入侵、土壤盐渍化、海岸侵蚀等。

4. 地理因素

（1）沿海平原和三角洲

在国际上，一般认为海拔 5m 以下的海岸区域为易受气候变化、海平面上升和风暴潮危害的危险区域。

（2）海岸带地质环境

大致分为基岩海岸带和泥砂质海岸带。基岩海岸带是坚硬的石质，能够抵挡住风暴潮，泥砂质海岸带则比较松软，风暴潮及灾害性海浪袭来时就会致灾。

5. 人类活动

（1）防潮工程

海堤没有达标，标准低。

（2）经济发展

沿海地区和海洋经济的发展，沿海基础设施的增加，造成承灾体日趋庞大，使列入潮灾的次数增多。

(3) 过度开发

人类活动经常成为海岸侵蚀灾害的主要成因。沿岸采砂、不合理的海岸工程建设、过度开采地下水、采伐海岸红树林，是人类活动直接导致的海岸侵蚀的常见原因，造成沿海防潮减灾的脆弱性。

六、泥石流

泥石流的形成需要三个基本条件：有陡峭便于集水集物的适当地形，上游堆积有丰富的松散固体物质，短期内有突然性的大量流水来源。

（一）地形地貌条件

在地形上具备山高沟深，地形陡峻，沟床纵度降大，流域形状便于水流汇集。在地貌上，泥石流的地貌一般可分为形成区、流通区和堆积区三部分。上游形成区的地形多为三面环山，一面出口为瓢状或漏斗状，地形比较开阔、周围山高坡陡、山体破碎、植被生长不良，这样的地形有利于水和碎屑物质的集中；中游流通区的地形多为狭窄陡深的峡谷。谷床纵坡降大，使泥石流能迅猛直泄；下游堆积区的地形为开阔平坦的山前平原或河谷阶地，使堆积物有堆积场所。

（二）松散物质来源条件

泥石流常发生于地质构造复杂、断裂褶皱发育、新构造活动强烈、地震烈度较高的地区。地表岩石破碎、崩塌、错落、滑坡等不良地质现象发育，为泥石流的形成提供了丰富的固体物质来源；另外，岩层结构松散、软弱、易于风化、节理发育或软硬相间成层的地区，因易受破坏，也能为泥石流提供丰富的碎屑物来源；一些人类工程活动，如滥伐森林造成水土流失，开山采矿等，往往也为泥石流提供大量的物质来源。

（三）水源条件

水既是泥石流的重要组成部分，又是泥石流的激发条件和搬运介质（动力来源），泥石流的水源，有暴雨、冰雪融水和水库溃决水体等形式。我国泥石流的水源主要是暴雨、长时间的连续降雨等。

七、干旱

（一）气象干旱成因

气象干旱也称大气干旱，根据气象干旱等的中华人民共和国国家标准，气象干旱是指某时段内，由于蒸发量和降水量的收支不平衡，水分支出大于水分收入而造成的水分短缺现象。气象干旱通常主要以降水的短缺作为指标。主要为长期少雨而空气干燥、土壤缺水引起的气候现象。

（二）水文干旱成因

水文干旱侧重地表或地下水水量的短缺，Linsley 等把水文干旱定义为："某一给定的水资源管理系统下，河川径流在一定时期内满足不了供水需要。"如果在一段时期内，流量持续低于某一特定的阈值，则认为发生了水文干旱，阈值的选择可以依据流量的变化特征，或者根据水需求量来确定。

（三）农业干旱成因

农业干旱是指在农作物生长发育过程中，因降水不足、土壤含水量过低和作物得不到适时适量的灌溉，致使供水不能满足农作物的正常需水，而造成农作物减产。体现干旱程度的主要因子有：降水、土壤含水量、土壤质地、气温、作物品种和产量，以及干旱发生的季节等。

（四）社会经济干旱成因

指由于经济、社会的发展需水量日益增加，以水分影响生产、消费活动等来描述的干旱。其指标常与一些经济商品的供需联系在一起，如建立降水、径流和粮食生产、发电量、航运、旅游效益以及生命财产损失等有关。

社会经济干旱指标：社会经济干旱指标主要评估由于干旱所造成的经济损失。通常拟用损失系数法，即认为航运、旅游、发电等损失系数与受旱时间、受旱天数、受旱强度等诸因素存在一种函数关系。虽然各类干旱指标可以相互借鉴引用，但其结果并非能全面反映各学科干旱问题，要根据研究的对象选择适当的指标。

八、水生态环境恶化

（一）水生态系统

水生态系统是以水体作为主体的生态系统，水生态系统不仅包括水，还包括水中的悬浮物、溶解物质、底泥及水生生物等完整的生态系统。

河流最显著的特点是具有流动性，这对河流生态系统十分重要。湖泊水库面临的主要污染问题包括氮、磷等营养盐过量输入引起的水体富营养化。

（二）水环境承载力

水环境承载力是指在一定水域，其水体能够被继续使用并仍保持良好生态系统的条件下，所能容纳污水及污染物的最大能力。

（三）水污染类型

水体污染分为自然污染和人为污染两大类。污染物种类：耗氧污染物、致病性污染物、富营养性污染物、合成的有机化合物、无机有害物、放射性污染物、油污染、热污染。

（四）水污染的生态效应

污染物进入水生生态系统后，污染物与环境之间、污染物之间的相互作用，以及污染物在食物链间的流动，会产生错综复杂的生态效应。由于污染物种类的不同以及不同物种个体的差异，使生态系统产生的机理具有多样性。

根据污染物的作用机理，可分为以下几种形式：

物理机制：物理性质发生改变。

化学机制：污染物与水体生态系统的环境各要素之间发生化学作用，同时污染物之间也能相互作用，导致污染物的存在的形式不断发生变化，污染物的毒性及生态效应也随之改变。

生物学机制：污染物进入生物体后，对生物体的生长、新陈代谢、生化过程产生各种影响。根据污染物的机理，可分为生物体累积与富集机理，以及生物吸收、代谢、降解与转化机理。

综合机制：污染物进入生态系统产生污染生态效应，往往综合了物理、化学、生物学过程，并且是多种污染物共同作用，形成复合污染效应。复合污染效应的发生形式与作用机制具有多样性，包括协同效应、加和效应、拮抗效应、保护效应、抑制效应等。

第三节　水灾害危害

一、江河洪水的危害

只有当洪水威胁到人类安全和影响社会经济活动并造成损失时才能成为洪水灾害，洪水灾害是自然因素和社会因素综合作用的结果。

（一）洪灾对国民经济各部门的影响

1. 对农业的影响

洪水灾害常常造成大面积农田受淹，作物减产甚至绝收。农业是国民经济的基础。粮食产量增长率制约着国民生产总值增长率，洪水灾害对农业的影响主要在当年，而农业对国民经济其他部门的影响，不仅在当年，还可能之后一年甚至几年。

2. 对交通运输业的影响

铁路是国民经济的动脉，随着国民经济的不断发展，铁路所担负的运输任务越来越繁重，但是每年洪水灾害对铁路正常运输和行车安全构成了很大威胁，我国七大江河中下游地区的许多铁路干线，如京广、京沪、京九、陇海等重要干线，每年汛期常处于洪水的威胁之下。

3. 对城市和工业的影响

我国大中城市基本上是沿江河分布，地势平坦，又多位于季风区域，极易遭受洪水的侵袭。城市是地区政治、经济和文化中心，人口集中，资产密度大，目前我国工业产值中约有 80%集中在城市，一旦遭受洪水袭击，损失较为严重。

（二）洪灾对社会的影响

1. 人口死亡

洪水灾害对社会生活的影响，首先表现为人口的大量死亡。我国历史上每发生一次大的洪水，都有严重的人口死亡的情况发生。

2. 灾民的流徙

洪灾对社会生活影响的另一个方面是人口的流徙，造成了社会的动荡不安。

3. 疫病

水灾和疫病常有因果的关系，水灾之后疫病流行是常有的事。水灾具有伴生性的特点，水灾发生后会导致一连串的次生灾害，疫病即是其中的一方面。水灾造成瘟疫的暴发和蔓延，给社会带来的冲击和影响，更甚于水灾本身。随着社会的发展，科学技术的进步，防洪水平的不断提高，疫病等灾情已可以得到有效控制，但是洪水造成的铁路、交通、运输、输电、通信等线路设施的破坏，直接影响社会的正常生产和生活秩序。

（三）洪灾对环境的影响

1. 对生态环境的破坏

洪水对生态环境的破坏，最主要的是水土流失问题。水土流失不仅严重制约着山丘区农业生产的发展，而且给国土整治、江河治理及保持良好生态环境带来困难。

2. 对耕地的破坏

从水利的角度看，一是水冲沙压、毁坏农田。每次黄河泛滥决口，大量泥沙覆盖沿河两岸富饶土地，导致大片农田被毁。二是洪涝灾害加剧盐碱地的发展。洪水泛滥以后，土壤经大水浸渍，地下水抬高，大量盐分被带到地表，使土壤盐碱化，对农业生产和生活环境带来严重危害。

3. 对河流水系的破坏

我国河流普遍多沙，洪水决口泛滥，泥沙淤塞，对河道功能的破坏极其严重，尤其是黄河泛滥改道，对水系的破坏范围极广，影响深远，黄河决口流经的河道都将过去的湖泊洼地淤成高于附近的沙岗、沙岭，使黄淮海平原水系紊乱，出路不畅，成为洪水灾害频发的根源。

4. 对水环境的污染

包括病菌蔓延、有毒物质扩散，直接危及人们的健康。洪水泛滥使垃圾、污水、动物尸体漂流满溢。河流、池塘、井水都会受到污染，工矿企业被淹后，有毒重金属和其他化学污染物对水质产生污染。

二、山洪的危害

我国是一个多山国家，山区面积约占国土总面积的2/3，我国山洪发生的频次、强度、规模及造成的经济损失、人员伤亡等方面均居世界前列。

山洪的危害表现为以下几个方面。

（一）对道路通信设施的危害

山洪对在山区经济建设中占有重要地位的公路、铁路、通信等设施危害极大。由于这些工程设施不可避免地要跨沟越岭，若在设计施工中，对山洪的防范缺乏认识、措施不力，山洪暴发时，将会造成重大损失。

（二）对城镇的危害

山区城镇常修建在洪积扇上，以利于城镇的规划与布局。但它也是山洪必经之路，一旦山洪暴发，将直冲毁城镇建筑，危害人民生命财产的安全。

（三）对农田的危害

山区农田大都分布于河坝与冲积扇上或沟两侧，无防洪设施。一旦山洪暴发，山洪裹挟的大量泥沙冲向下游，会冲毁或淤埋沟口以下的农田。

（四）对资源的危害

山区具有丰富的自然资源，若不能充分认识山洪的危害，进行有效的防治，山区的资源难以开发利用，阻碍山区的经济发展。

（五）对生态环境的危害

山洪的频发暴发，破坏了山体的表层结构，增加了土壤侵蚀量，加剧了水土流失，使山区生态环境恶化，加剧了山地灾害的发生和活动。

一般把山洪、泥石流、滑坡等灾害统称为山地灾害。

（六）对社会环境的危害

有山洪的地区，人们难于从事正常的生活与生产，一到雨季人心不安。有的山区城镇，迫于山洪等山地危害的威胁，不得不部分或全部搬迁。

三、涝渍的危害

（一）涝水对作物的危害

水分过多而造成的对植物的伤害称涝害。广义的涝害包括两层含义：其一，旱田作物在土壤水分过多达到饱和时，所受的影响称为湿害；其二，积水淹没作物的局部或全部，影响植物的生长发育就称为涝害。

农业生产中，植物涝害发生并不普遍，但在某些地区或某个时期，涝害产生的危害很大，如在某些排水不良或地下水位过高的土壤和低洼、沼泽地带，发生洪水或暴雨之后，常会出现水分过多造成对作物的危害，轻则减产，重则颗粒无收。

（二）渍害对作物的危害

南方多雨地区麦类等作物在连续降雨或处于低洼地，土壤水分过多，地下水位很高，土壤水饱和区侵及根系密集层，使根系长期缺氧，造成植株生长发育不良而减产，这种现象可称为渍害。

渍害是指在地表长期滞水或地下水位长期偏高的区域，由于土壤长时间处于水分过饱和状态而引起的土壤中水、热、气及养分状况失调，致使土壤理化特征灾变、肥力下降，从而影响作物生长，甚至危及作物存活的一种灾害现象。渍害和涝灾都是大江沿岸低洼的负地形区中常见的灾害现象，由于具有突发性，并直接威胁人类生命财产安全，因而引起了人们的极大关注；渍害则是一种慢性灾害现象，且传统观念认为它仅影响作物的生长，因而研究较少。地下水位的深度是农作物是否发生渍害的主要指标。

四、风暴潮与水灾害性海浪的危害

风暴潮定义，也称为风暴海啸，气象海啸，指由强烈的大气扰动，如热带气旋、温带气旋、寒潮过境等引起的海面异常升高或降低，使受其影响的潮位大大地超过平常潮位的现象。

在受到风暴潮影响的近海海区，当暴风从海洋吹向河口时，可使沿岸及河口区水位剧增；当风从陆地吹向海洋时，则使沿岸及河口区水位降低。这种现象称为风暴增水和减水。

风暴潮能否成灾，在很大程度上取决于其大风暴潮位是否与天文潮高潮相叠，尤其是与天文大潮期的高潮相叠。当然也决定于受灾地区的地理位置、海岸形状、岸上及海底地形，尤其是滨海地区的社会经济情况。

由天文因素影响所产生潮汐称天文潮。天文潮是地球上海洋受月球和太阳引潮力作用所产生的潮汐现象。它的高潮和低潮潮位和出现时间具有规律性，可以根据月球、太阳和地球在天体中相互运行的规律进行推算和预报。

由月球引力产生的称为“太阴潮”；由太阳引力产生的称为“太阳潮”。因月球与地球的距离较近，月球引潮力为太阳引潮力的数倍。故海洋潮汐现象以太阴潮为主。

风暴潮灾害位居海洋灾害之首，世界上绝大多数特大海岸灾害都是由风暴潮造成的。我国是风暴潮灾害最严重的国家之一。

灾害性海浪：由强烈大气扰动，如热带气旋、温带气旋和强冷空气大风等引起的海浪，在海上常能掀翻船只，摧毁海岸工程，给海上的航行、施工、军事活动及渔业捕捞等活动带来危害，这种海浪成为灾害性海浪。台风型灾害性海浪是导致灾害的主要成因。

五、泥石流的危害

泥石流是暴雨、洪水将含有沙石且松软土质山体经饱和稀释后形成的洪流，它的面积、体积和流量都较大，而滑坡是经稀释土质山体小面积的区域，典型的泥石流由悬浮着粗大固体碎屑物并富含粉砂及黏土的黏稠泥浆组成。在适当的地形条件下，大量的水体浸透流水、山坡或沟床中的固体堆积物质，使其稳定性降低，饱含水分的固体堆积物质在自身重力作用下发生运动，就形成了泥石流。泥石流是一种灾害性的地质现象。通常泥石流暴发突然、来势凶猛，可携带巨大的石块。因其高速前进，具有强大的能量，因而破坏性极大。

泥石流流动的全过程一般只有几个小时，短的只有几分钟。泥石流是一种广泛分布于世界各国一些具有特殊地形、地貌状况地区的自然灾害，是山区沟谷或山地坡面上，由暴雨、冰雪融化等水源激发的、含有大量泥沙石块的介于挟沙水流和滑坡之间的土、水、气混合流。泥石流大多伴随山区洪水而发生。它与一般洪水的区别是洪流中含有足够数量的泥沙石等固体碎屑物，其体积含量最少为15%，最高可达80%左右，因此比洪水更具有破坏力。

泥石流的主要危害是冲毁城镇、企事业单位、工厂、矿山、乡村，造成人畜伤亡，破坏房屋及其他工程设施，破坏农作物、林木及耕地。此外，泥石流有时也会淤塞河道，不但阻断航运，还可能引起水灾。影响泥石流强度的因素较多，如泥石流容量、流速、流量等，其中泥石流流量对泥石流成灾程度的影响最为主要。此外，多种人为活动也在多方面加剧着上述因素的作用，促进泥石流的形成。

泥石流经常发生在峡谷地区和地震火山多发区，在暴雨期具有群发性。它是一股泥石洪流，瞬间暴发，是山区最严重的自然灾害。

泥石流常常具有暴发突然、来势凶猛、迅速之特点，并兼有崩塌、滑坡和洪水破坏的双重作用，其危害程度比单一的崩塌、滑坡和洪水的危害更为广泛和严重。它对人类的危害具体表现在四个方面：

（一）对居民点的危害

泥石流最常见的危害之一，是冲进乡、城镇，摧毁房屋、工厂、企事业单位及其他场所设施。淹没人畜、毁坏土地，甚至造成村毁人亡的灾难。

（二）对公路和铁路的危害

泥石流可直接埋没车站、铁路、公路，摧毁路基、桥涵等设施，致使交通中断，还可引起正在运行的火车、汽车颠覆，造成重大的人身伤亡事故。有时泥石流汇入河道，引起河道大幅度变迁，间接毁坏公路、铁路及其他构筑物，甚至迫使道路改线，造成巨大的经济损失。

（三）对水利水电工程的危害

主要是冲毁水电站、引水渠道及过沟建筑物，淤埋水电站尾水渠，并淤积水库、磨蚀坝面等。

（四）对矿山的危害

主要是摧毁矿山及其设施，淤埋矿山坑道、伤害矿山人员、造成停工停产，甚至使矿山报废。

第五节　水灾害防治措施

一、防洪抢险规划

（一）防洪规划概念

防洪规划是开发利用和保护水资源，防治水灾害所进行的各类水利规划中的一项专业规划。它是指在江河流域或区域内，着重就防治洪水灾害所专门制定的总体战略安排。防洪规划除了应该重点提出全局性工程措施方案外，还应提出包括管理、政策、立法等方面在内的非工程措施方案，必要时还应该提出农业耕作、林业、种植等非水利措施作为编制工程的各阶段技术文件、安排建设计划和进行防洪管理、防洪调度等各项水事活动的基本依据。

（二）防洪规划的指导思想和作用

1. 防洪规划的指导思想

防洪规划必须以江河流域综合治理开发、国土整治以及国家社会经济发展需要为规划依据，从技术、经济、社会、环境等方面进行综合研究。

结合中国洪水灾害的特点，体现在规划的指导思想上，可以概括为正确处理八方面的关系。如正确处理改造自然与适应自然的关系，随着社会、经济的发展，防治洪水的要求越来越高，科技水平和经济实力的提高使我们有能力防御更恶劣的洪水灾害。但另一方面洪水的发生和变化是一种自然现象，有其自身的客观规律。如果违背自然界的必然规律，人类活动有时会成为加重洪水灾害的新因素。所以，防洪建设既要为各方面建设创造条件，也要考虑防治洪水的实际条件和可能。

2. 防洪规划的作用

（1）江河流域综合规划的重要组成部分

防洪规划一般都和江河流域综合规划同时进行，使单项防洪规划成为拟订流域综合治理方案的依据，而拟订后的综合治理方案又对防洪规划进行必要调整。

（2）国土整治规划的重要组成部分

我国是一个洪水灾害比较严重的国家，防治洪水是国土整治规划中治理环境的一项重要的专项规划。它既以国土整治规划提出的任务要求为依据，又在一定程度上对国土整治规划安排，如拟定区域经济发展方向、城镇布局和些重大设施安排，起到约束作用。

（3）国家和地区安排水利建设的重要依据

为使规划能更好地为不同建设时期的计划服务，通常需要在规划中确定近期和远景水平年。一般以编制规划后 10~15 年为近期水平，以编制规划后 20~30 年为远景水平，水平年的划分应尽可能与国家发展规划的分期一致。

（4）防洪工程可行性研究和初步设计工作的基础

在规划过程中，一般要对近期可能实施的主要工程兴建的可行性，包括工程江河治理中的地位和作用、工程建设条件、大体规模、主要参数、基本运行方式和环境影响评价等进行初步论证，使以后阶段的工程可行性研究和初步设计有所遵循。

（5）进行水事活动的基本依据

江河河道及水域的管理、工程运行、防洪调度、非常时期特大洪水处理以及有关防洪水事纠纷等往往涉及不同地区、部门的权益和义务，只有通过规划，才能协调好各方面的关系。

（三）防洪标准

防洪标准是指通过采取各种措施后使防护对象达到的防洪能力，一般以防洪对象所能防御的一定重现期的洪水表示。

防洪标准的高低要考虑防护对象在国民经济中地位的重要性，如人口财富集中的特大城市。防洪标准的选定还取决于人们控制自然的可能性，包括工程技术的难易、所需投入的多少。防洪标准越高，投入越多，承担风险越小。

（四）防洪规划的内容

①确定规划研究范围，一般以整个流域为规划单元。一个流域洪水组成有其内部联系和规律，只有把整个流域作为研究对象，才能全面治理洪水灾害。②分析研究江河流域的洪水灾害成因、特性和规律，调查掌握主要河道及现有防洪工程的状况和防洪、泄洪能力。③根据洪水灾害严重程度，不同地区的理条件、社会经济发展的重要性，确定不同的防护对象及相应的防洪标准。④根据流域上、中、下游的具体条件，统筹研究可能采取的蓄、滞、泄等各种措施；结合水资源的综合开发，选定防洪整体规划方案，特别是拟定起控制作用的骨干工程的重大部署。对重要防护地区、河段还应制定防御超标准洪水的对策措施。⑤综合评价规划方案实施后的可能影响，包括对经济、社会、环境等的有利与不利的影响。⑥研究主要措施的实施程序，根据需要与可能，分轻重缓急，提出分期实施建议，提出不同实施阶段的工程管理、防洪调度和非工程措施的方案。

（五）防洪规划的编制方法和步骤

防洪规划的编制工作一般都分阶段进行。一般的编制程序包括问题识别、方案制订影响评价和方案论证四个步骤。

1. 问题识别

（1）确定规划范围和分析存在问题

在收集整理以往的水利调查、水利区划和有关防护林及其他水利规划成果的基础上，有针对性地进行广泛的调查研究，确定规划范围。收集整理有关自然地理、自然灾害、社会经济以及以往水利建设和防治洪水、水资源利用现状的资料，明确规划范围内存在的问题和各方面对规划的要求。

（2）做好预测

规划水平年，即实现规划特定目标的年份，水平年的划分一般要与国家发展规划的分期尽量一致。具体的规划目标必须满足：一是具体的衡量标准即评价指标，以评价规划方案对规划目标的满足程度；二是结合规划地区的具体情况，以某些约束条件作为附加条件。如规划地区的特殊政策或有关社会风俗规定等。

2. 方案制订

在规划目标的基础上，主要进行的工作有：①根据不同地区洪水灾害的严重程度、地理条件和社会经济发展的重要性，进行防护对象分区，并根据国家规定的各类防护对象的防洪标准幅度范围，结合规划的具体条件，通过技术论证，选定相应的防洪标准。②拟定现状情况与延伸到不同水平年的可能情况，即无规划措施下的比较方案。③研究各种可能采取的措施。④拟定实现不同规划目标的措施组合。⑤进行规划方案的初步筛选。

3. 影响评价

对初步筛选出的几个可比方案要进行影响评估分析，预期各方案实施后可能产生的经济、社会、环境等方面的影响，进行鉴别、描述和衡量。

社会和环境影响是规划中社会、环境目标体现，这两类大多难以采用货币衡量，只能针对特定问题的性质以某些方面的得失作为衡量标准。

4. 方案论证

在各方案影响评价的基础上，对各个比较方案进行综合评价论证，提出规划意见，供决策参考。主要工作包括：①评价规划方案对不同规划目标的实现程度。②拟定评价准则，进行不同方案的综合评价。③推荐规划方案和近期主要工程项目实施安排。近期工程选择原则上应能满足防护对象迫切的要求，较好地解决流域内生存的主要问题，同时工程所需资金、劳力与现实国民经济水平相适应。

二、山洪治理措施

防治山洪，减轻山洪灾害，主要是通过改变产流、汇流条件，采取调洪、滞洪和排洪相结合的措施来实现。

（一）山洪防治工程措施

1. 排洪道

控制山洪的一种有效方式是使沟槽断面有足够大的排洪能力，可以安全地排泄山洪洪峰流量，设计这样的沟槽的标准是山洪极大值。如加宽现有沟床、清理沟道内障碍物和淤积物、修建分洪道等措施都可增大沟槽宣泄能力。

2. 排洪道的护砌

排洪道在弯道、凹岸、跌水、急流槽和排洪道内水流流速超过土壤最大容许流速的沟段上，或经过房屋周围和公路侧边的沟段及需要避免渗漏的沟段时，需要考虑护砌。

3. 截洪沟

暴雨时，雨水挟带大量泥沙冲至山脚下，使山脚下或山坡上的建筑物受到危害。为此设置截洪沟以拦截山坡上的雨水径流，并引至安全地带的排洪道内。截洪沟可在山坡上地形平缓、地质条件好的地带设置，也可在坡脚修建。

4. 跌水

科技名词定义，连接两段高程不同的渠道的阶梯式跌落建筑物。在地形比较陡的地方，当跌差在 1m 以上时，为避免冲刷和减少排洪渠道的挖方量，在排洪道下游常修建跌水。

5. 谷坊

谷坊是在山谷沟道上游设置的梯级拦截低坝，高度一般为 1~5m，作用是：抬高沟底侵蚀基点，防止沟底下切和沟岸扩张，并使沟道坡度变缓；拦蓄泥沙，减少输入河川的固体径流量；减缓沟道水流速度，减轻下游山洪危害；坚固的永久性谷坊群有防治泥石流的作用；使沟道逐段淤平，形成可利用的坝阶地。

6. 防护堤

位于沟道两岸，可以增加两岸高度，提高沟道的泄流能力，保护沟道两岸不受山洪危害，同时也起到约束洪水、加大输沙能力和防止横向侵蚀、稳定沟床的作用。城镇、工矿企业、村庄等防护建筑物位于山区沟岸上，背山面水，常采用防护堤工程措施来防止山洪危害。

7. 丁坝

丁坝是一种不与岸连接、从水流冲击的沟岸向水流中心伸出的一种建筑物。

8. 其他防治工程措施

（1）水库

修建水库，把洪水的一部分水暂时加以容蓄，使洪峰强度得以控制在某一程度内，是控制山洪行之有效方法之一。山区一般修建小型水库，并挖水塘以起到防治山洪的作用。

（2）田间工程

田间工程措施是山洪防治、水土保持的重要措施之一，也是发展山区农业生产的根本措施之一。田间工程措施多样，主要有梯田、培地埴、水簸箕、截水坑停垦等。修梯田是广泛使用的基本措施。

（二）山洪防治非工程措施

防御山洪灾害的非工程措施是在充分发挥工程防洪作用的前提下，通过法令、政策、行政管理、经济手段和其他非工程技术手段，达到减少山洪灾害损失的措施。

三、涝灾的防治

（一）农业除涝系统

农田排水系统是除涝的主要工程措施，其作用是根据各类农作物的耐淹能力，以及排除农田中过多的地面水和地下水，减少淹水时间和淹水深度，控制土壤含水量，为农作物的正常生长创造一个良好的环境。

按排水系统的功能可分为田间排水系统和主干排水系统。

1. 田间排水系统

田间排水系统的功能是排除平原洼地的积水以防止内涝，或截留并排除坡面多余径流以避免冲刷，也可用于降低农田的地下水位以减少渍害。

（1）平地田间排水系统

地面坡度不超过2%，其排水能力相对较弱，在暴雨发生时易受涝成灾。平地的田间排水系统可采用明沟排水系统和暗沟排水系统。

（2）坡地排水系统

当地面坡度不超过2%可作为坡地处理。从坡面上下泄的流量有可能造成下游农田的洪涝灾害。为了防止坡地的径流对下游平地的洪涝灾害，应在坡地的下部区域修建引水渠道或截洪沟，把水引入主干排水系统。

2. 主干排水系统

主干排水系统的主要功能是收集来自田间排水系统的出流，迅速排至出口。

（二）城市内涝治理

对于城镇地区排水，除建立管渠排水系统外，还须采用一些辅助性工程措施，包括把公园、停车场、运动场等地设计得比其他地方低一点，暴雨时把水暂时存在这里，就不会影响正常的交通，像北欧的挪威，市区修得不是很整齐，他们的做法是多在市区建设绿地，发挥绿地的渗水功能，进行雨水量平衡，实现防灾减灾的作用。

一些国家还建设一些暂时储水的调节池，等下完雨再进行二次排水。我们在实践方面

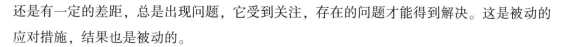

还是有一定的差距，总是出现问题，它受到关注，存在的问题才能得到解决。这是被动的应对措施，结果也是被动的。

需要建立多层监管体系：一是设计行业须依照规范做事，规范必须严谨且有前瞻性；二是加强市场监管，既要保障投资走向和可持续性，又要确定保险公司的责任；三是制订配套法律和有约束力的城市规划，落实财政投入，设定建设和改善的时间表，如此可以依法依规划行政问责，取得实效。

四、风暴潮及灾害性海浪防治措施

（一）加强沿海防护工程

1. 海堤及防汛墙建设

多年来，国家采取了修筑防潮海堤、海塘、挡潮闸，准备蓄滞潮区，建立沿海防护林，加强海上工程及船舶的防浪设计等措施。

2. 建立海岸防护网

在适宜海岸地区建立海岸带生态防护网，在海滩种植红树林、水杉、水草等植物。实行退耕还海政策，建立海岸带缓冲区，减缓风暴潮和灾害性海浪向沿海陆地推进的速度。利用洼地、河网等调蓄库容纳潮水，降低沿海高潮位，保护城市及重点保护区安全减少人为破坏，限制沿岸地下水开采，调控河流入海泥沙等。

（二）加强海洋减灾科学研究，保持人与自然的和谐相处

海岸带和近岸海域是各种动力因素最复杂的地区，同时又是经济活动最为发达的地区，随着人类对海洋资源的不断开发和利用，海上工程建设如果考虑不当，将会在一定程度上引发海洋灾害。从目前看，人类对海洋资源的无节制索取和不正确利用，是造成海洋灾害日益增加的重要因素。因此，约束人类的行为，保护自然环境，科学合理地开发利用海洋，是当务之急。

（三）加强和完善海洋灾害的防御系统

1. 加强对海洋灾害的立体监测

由于海洋灾害多数带有突发性特点，不可能把预报的时效提得很高，而只能靠快速的电信手段取得某些地区灾害警报的时效。必须采用各种先进技术，对各类海洋灾害，尤其是风暴潮和灾害性海浪的发生、发展、运移和消亡，以及影响它们的各种因素进行连续的

观测和监视。

2. 建立和完善海上及海岸紧急救助组织

建立一支装备精良、训练有素的现代海上救助专业队伍，以实现快速、机动、灵活的紧急救助，同时发展行业部门的自救能力，最大限度地减少人员伤亡和财产损失。

3. 减轻海洋灾害的行政性及法律性措施

总体来讲，现行法律、法规中的海洋减灾观念仍相当薄弱，更未能把减轻海洋灾害作为海洋、海岸带管理的出发点和归宿。今后，须把减灾观念纳入海洋管理的基本点，并借鉴国际上的经验，制定专门的海洋减灾法律、法规和制度等，以适应我国海洋减灾工作的发展。

五、泥石流防治措施

（一）泥石流的预报

根据泥石流形成条件和动态变化，预测、报告、发布泥石流灾害的地区、时间、强度，为防治泥石流灾害提供依据。泥石流预报通常是对一条泥石流沟进行的预报，有时是对一个地区或流域的预报。根据预报时间分为中长期预报、短期预报、临近预报（有时称为泥石流警报）。随着泥石流研究水平的不断提高，泥石流预报方法和手段越来越丰富和先进。常用的有：遥感技术、统计分析模型、仪器动态监测等。

（二）泥石流的治理

1. 如何减轻泥石流灾害

①利用泥石流普查成果，在城镇、公路、铁路及其他大型基础设施规划阶段，避开泥石流高发区。②对已经选定的建设区和线性工程地段开展地质环境评价工作，在工程设计建设阶段，采取必要的措施，避免现有的泥石流灾害，预防新的泥石流灾害的产生。③对现有的泥石流沟开展泥石流监测、预警报和“群测、群防”工作，减少泥石流发生造成的人员伤亡。④对危害性较大、有治理条件和治理费的泥石流沟进行治理，或为处于泥石流危害区内的重要建筑物建设防护工程。⑤将处于泥石流规模大，又难以治理的泥石流危险区的人员和设施搬迁至安全的地方。⑥保护生态环境，预防新的泥石流灾害的发生。

2. 如何治理泥石流沟

泥石流沟治理一般采取综合治理方案，常用的治理措施包括生物措施和工程措施。

(1) 工程措施

泥石流治理的工程措施可简单概括为“稳、拦、排”。

稳：在主沟上游及支沟上建谷防群，防止沟道下切，稳定沟岸，减少固体物质来源。拦：在主沟中游建泥石流拦沙坝，拦截泥沙和漂木，削减泥石流规模和容重。堆积在拦沙坝上游的泥沙还可以反压坡脚，起到稳定作用。排：在沟道下游或堆积扇上建泥石流排导槽，将泥石流排泄到指定地点，防止保护对象遭受泥石流破坏。

在泥石流沟治理中，根据治理目标，可采取一种措施或多种措施综合运用。工程措施见效快，但投资大，并有一定的运行年限限制。

(2) 生物措施

泥石流治理的生物措施主要指保护、恢复森林植被和科学地利用土地资源，减少水土流失，恢复流域内生态环境，改善地表汇流条件，进而抑制泥石流活动。大多数泥石流沟生态环境极度恶化，单纯采用生物措施难以见效，必须采取生物措施与工程措施相结合，方能取得较好的治理效果。

对泥石流沟实行严格的封禁，禁止在流域内开荒种地、放牧、采石、采矿等一切有可能引起水土流失和山体失稳的各种人类活动。

因地制宜，植树种草，迅速恢复植被。如在流域上游营造水源涵养林，中游营造水土保持林，下游营造各种防护林。

调整农业生产结构，增加农民收入，解决农村能源问题。如陡坡退耕还林，坡改梯不稳定的山体上水田改为旱地，大力发展经济林和薪炭林。

六、抗旱措施

旱灾是我国主要的自然灾害之一，旱灾较其他灾害遍及的范围广，持续的时间长，对农业生产影响最大。严重的旱灾还影响工业生产、城乡生活和生态环境，给国民经济造成重大损失。

不论是解决农业缺水问题还是解决城市缺水问题，最根本的途径不外乎开源和节流两种。由于农业用水与城市用水在用水性上存在较大差异，分别讨论农业抗旱措施和城市抗旱措施。

(一) 农业抗旱措施

1. 开辟新水源措施

在水资源不足的地区，应千方百计开辟新的水源，以满足灌溉抗旱用水。这方面的途径有：修建蓄水工程，跨流域调水工程，人工增雨，咸水资源的利用，污水利用，雨水利用。

2. 节水灌溉技术

节约用水和科学用水，可以提高水资源的利用率，使有限的水资源发挥最大的经济效益。农田供水从水源到形成作物产量要经过三个环节：一是由水源输入农田转化为土壤水分；二是作物吸收土壤内的水分，将土壤水转化为作物水；三是通过作物复杂的生理生化过程，使作物水参与经济产量的形成。在农田水的三次转化中，每一环节都有水的损失，都存在节水潜力。

①渠道防渗和管道输水技术。②地面灌溉改进技术。③喷灌和微喷技术。

涌流灌溉：时断时续地向灌水沟或畦田进行间歇放水的一种灌溉方法。

3. 节水抗旱栽培措施

①深耕深松。②选用抗旱品种。③增施有机肥。④覆盖保墒。

4. 化学调控抗旱措施

①保水剂。②抗旱剂。

（二）城市抗旱措施

上述修建蓄水工程、跨流域调水、人工增雨、咸水利用、污水回用、雨水利用等措施同样适用于城市抗旱。对沿海城市，海水也是一种很好的替代品（如冷却用水、洗涤用水、消防用水等，也可淡化处理后再使用）。我国城市应致力于节约用水、城市工业节水和生活节水，加大管理制度，提高民众思想意识，从根源上降低城市旱灾发生的可能性。

七、水生态环境灾害防治措施

水域生态系统的退化与损害的主要原因是人类活动干扰的结果，水域生态系统具有一定抵御和调节自然和人类活动干扰的能力，只要干扰因素能得到控制并采取相应的改善措施，退化或受损的水域生态系统的正常结构与功能就会得到恢复。

（一）河流生态修复

1. 缓冲区域的生态修复

河流缓冲区域指河水-陆地边界处的两边，直至河水影响消失为止的地带，包括湿地、湖泊、草地、灌木、森林等不同类型景观，呈现出明显的演替规律。

人为活动对河流缓冲区的干扰以及大中型水库的修建，使得河床刷深、改变了河道的自然形态等；河道内的浅滩和深塘组合的消失，使河流连续的能量储存和消能平衡失调，从而破坏了大型无脊椎动物、鱼类的栖息以及产卵场所。河岸两岸植被的破坏，使得水土流失严重，改变当地气候，增加了泥沙的入河量和入海量。同时，大量的水土流失以及水流对河岸的冲刷，使边坡和堤岸的稳定性和保护性变差。因此，河流缓冲区域的主要恢复措施包括稳定堤岸、恢复植被、改变河床形态，通过改变河流的水力学和生物学特征，实现河流生态系统的恢复。

2. 河流水生生物群落恢复

河流生态系统的生物群落恢复包括水生植物、底栖动物、浮游生物、鱼类等的恢复在河流水体污染得到有效控制以及水质得到改善后，河流生物群落的恢复就变得相对容易，可通过自然恢复或进行简单的人工强化，必要时采用人工重建措施。

3. 河流曝气复氧

溶解氧在河水自净过程中起着非常重要的作用，并且水体的自净能力与曝气能力有关。河水中的溶解氧主要来源于大气复氧和水生植物的光合作用，其中大气复氧是水体溶解氧的主要来源。

曝气生态净化系统以水生生物为主体，辅以适当的人工曝气，建立人工模拟生态处理系统，降低水体中的污染负荷、改善水质，是人工净化与天然生态净化相结合的工艺。曝气生态系统中的氧气主要来源有人工曝气复氧、大气复氧和水生生物通过光合作用传输部分氧气等三种途径。

（二）污染湖泊的修复技术

1. 湖滨带生态修复

湖滨带是湖泊水域与流域陆地生态系统间生态过渡带，其特征由相邻生态系统间之间相互作用的空间、时间及强度所决定。湖滨带是湖泊重要的天然屏障，不仅可以有效滞留陆源输入的污染物，同时还具有净化湖水水质的功能。湖滨带生态修复是湖泊修复的重要内容，其目的是恢复湖泊的完整性。湖滨带生态恢复是运用生态学的基本理论，通过生境物理条件改造、先锋植物培育、种群置换等手段，使受损退化湖滨带重新获得健康，并使之成为有益于人类生存的生态系统。

2. 污染湖泊的水生生态修复

湖库水生植物系统一般由沉水植物群落、浮叶植物群落、漂浮植物群落、挺水植物群落及湿生植物群落共同组成。

沉水植物群落：生长于河川、湖泊等底且不露出水面的水生植物。

浮叶植物：根附着在底泥或其他基质上、叶片漂浮在水面的植物。繁殖器官有在空中、水中或漂浮水面的，如睡莲等。

漂浮植物又称完全漂浮植物，是根不着生在底泥中，整个植物体漂浮在水面上的一类浮水植物。这类植物的根通常不发达，体内具有发达的通气组织，或具有膨大的叶柄（气囊），以保证与大气进行气体交换，如浮萍、凤眼莲等。

挺水植物：即植物的根、根茎生长在水的底泥之中，茎、叶挺出水面。常分布于0~1.5m的浅水处，其中有的种类生长于潮湿的岸边。这类植物在空气中的部分，具有陆生植物的特征；生长在水中的部分（根或地下茎）具有水生植物的特征。常见的有芦、蒲草、莲、水芹、荷花、香蒲。

湿生植物：在潮湿环境中生长，不能忍受较长时间水分亏缺的植物。

水生植物具有重要的生态功能。水生植物所组成的完整、生长茂盛的湖泊通常水质清澈、生态稳定，而水生植物受损的湖泊则水质浑浊、湖泊生态脆弱。

污染负荷超过湖泊环境自净能力时，剩余营养盐导致湖泊生态系统变化为“藻型浊水状态”。通过大型水生植物的生态修复，就是要在“藻型浊水状态”的基础上，建立草型、清水型的湖泊生态系统。由湖泊多态理论可知，实现这一过程的前提是要先削减外源营养盐负荷量，同时还要采取多种措施降低湖泊水体的营养水平。

（三）水生生态环境修复的生态指导原则

生态修复是把已经退化的生态系统恢复到与其原来的系统功能和结构相一致或近似一致的状态。因此，对于水域生态系统的恢复，需要从生态学的角度考虑以下问题。

1. 现有湿地与湖泊生态系统的保存与保持

现有相对尚未遭到破坏的生态系统对于保存生物多样性至关重要，它可以为受损生态系统的恢复提供必要生物群和自然物质。

2. 恢复生态完整性

生态恢复应该尽可能把已经退化的水生生物生态系统的生态完整性重新建立起来。生态完整性是指生态系统的状态，特别是其结构、组合和生物共性及环境的自然状态。

3. 恢复或修复原有的结构和功能

适度地重新建立原有结构，在生态修复过程中，应优先考虑那些已不复存在或消耗了的生态功能。

4. 兼顾流域内生态景观

生态恢复与生态工程应该有一个全流域的计划，而不能仅仅局限于水体退化最严重的部分。通常局部的生态修复工程无法改变全流域的退化问题。生态工程是指应用生态系统中物质循环原理，结合系统工程的最优化方法设计的分层多级，利用物质的生产工艺系统，其目的是将生物群落内不同物种共生、物质与能量多级利用、环境自净和物质循环再生等原理与系统工程的优化方法相结合，达到资源多层次和循环利用的目的。如利用多层结构的森林生态系统增大吸收光能的面积、利用植物吸附和富集某些微量重金属以及利用余热繁殖水生生物等。

5. 生态恢复要制定明确、可行的目标

从生态学与效益角度看，应该是可能达到的，发挥区域自然潜能和公众支持。从经济学角度看，对于技术问题、资金来源、社会效益等各种因素必须加以综合考虑。

6. 自然调整与生物工程技术相结合

水域生态的自然调整与恢复也是非常关键的一个环节，在对一个恢复区进行主动性改造之前，应首先确定采用被动修复的方法。例如减少或限制退化源的发生扩展并让其有时间恢复。所谓生物工程，一般认为是以生物学（特别是其中的微生物学、遗传学、生物化学和细胞学）的理论和技术为基础，结合化工、机械、电子计算机等现代工程技术，充分运用分子生物学的最新成就，自觉地操纵遗传物质，定向地改造生物或其功能，短期内创造出具有超远缘性状的新物种，再通过合适的生物反应器对这类“工程菌”或“工程细胞株”进行大规模的培养，以生产大量有用代谢产物或发挥它们独特生理功能的一门新兴技术。

第十一章 流域水生态补偿机制

第一节 流域水生态补偿的概念与需求

一、流域水生态补偿的概念与内涵

（一）生态补偿

生态补偿最初源于对自然的生态补偿，是生态系统对外界干预的一种自我调节，以维持系统结构、功能和系统稳定。随着人类环境意识增强和对生态环境价值的认可，生态补偿概念得到不断发展。一般认为生态补偿是保护资源的经济手段，通过对损害（或保护）资源环境的行为进行收费（或补偿），提高该行为的成本（或收益），从而激励损害（或保护）行为的主体减少（或增加）因其行为带来的外部不经济性（或外部经济性），达到保护资源的目的。从外部性理论，生态补偿可定义为：引起生态服务消费负的外部性行为者（主体），通过合理的方式补偿其承受者（客体）和生态服务享有者（主体），通过适当的方式补偿其供给者（客体）。从经济学、生态学等综合角度，生态补偿可定义为：用经济的手段激励人们对生态系统服务功能进行保护和保育，解决由于市场机制失灵造成的生态效益的外部性并保持社会发展的公平性，达到保护生态与环境效益的目标。生态补偿的主体与客体的关系，在本质上属于人与自然的关系。按照人与自然和谐发展、资源环境可持续利用的要求，人类应当对其在社会经济活动中消费的生态服务功能支付相应的资源环境成本，用于恢复和维持生态服务功能的可持续性。如果人类长期无偿使用或低价享用生态服务功能，生态赤字不断积累，必然会导致环境污染和生态破坏，而人类最终也将自食生态恶化和资源枯竭的苦果。

但是，由于生态系统的空间范围及其生态服务功能的服务范围内通常包容了不同的人类经济社会实体（国家、地区、社团等），这些经济社会实体的不同行为方式不仅会对生态系统产生不同的影响，而且会对相互间的损益关系产生重大影响。生态系统的整体性和人类经济社会实体之间的分割性，导致了消费生态服务功能与支付生态成本的不对等性，从而使生态补偿从人与自然的关系衍生为人与人的关系。

因此，全社会贯彻落实科学发展观，坚持人与自然和谐发展，建设生态文明，加大生态建设与环境保护投入，是从宏观层面上调整人与自然的关系问题。对于通常所说的不同经济社会实体之间的生态补偿，则是遵循社会和谐与社会公平的原则，从中观和微观层面上协调人与人的关系问题，解决消费生态服务功能与支付生态成本不对等的问题，即一个经济社会实体向其他经济社会实体转移生态成本要从“无偿”向“赔偿”转变，一个经济社会实体为其他经济社会实体“代付”生态成本也要从“无偿”向“补偿”转变。

广义的生态补偿是指人类经济社会系统或特定的行为主体对其所消费的生态功能或生态服务功能价值予以弥补和偿还的行为，是一种人与自然的关系问题。在这里，人类社会是补偿主体，生态系统是补偿客体，补偿方式是治理、修复或保护、建设。与森林、草原等具有固定空间位置的生态单元相比，江河水系通常是跨越多个行政区域的复杂生态系统，具有流动性、连续性、整体性的特点，其生态价值的核心主要体现在水量与水质两个方面的水生态效益。

（二）流域水生态补偿

流域水生态补偿是生态补偿应用领域的拓展，是以水生态系统为媒介，研究流域内、区域间由水引起的损益变化引发的补偿问题。流域内行为主体活动影响水文循环和泥沙过程，损害了水生态系统服务功能，并通过水生态系统传递给利益相关者，从而需要行为主客体之间进行利益协调。从更为直观的角度看，流域生态补偿是对流域内由于人类活动加强了上、中、下游生物和物质成分循环、能量流通和信息交流而引起的流域内区域间利益关系失衡的调节。

流域水生态补偿是指在可持续发展理论的指导下，对人类经济活动所利用的水资源和生态资源予以保护或修复，用于恢复和维持流域水资源服务功能的可持续性；同时，对于流域水资源开发利用与保护工作中各利益主体间产生的外部性问题予以补偿或赔偿，综合利用政府、市场、法律等手段，促进流域一体化管理和水资源的可持续利用。

流域水生态补偿包含了人与自然、人与人的两层含义。从流域水资源的循环、开发、利用、建设与保护的动态全过程考虑，流域水生态补偿的研究内容包括两个方面：一是面对流域水资源和自然环境的变化，维护流域水资源良性循环所需的建设和保护投入的分摊与补偿问题。二是流域水资源开发利用过程中，由于水生态效益（正效益或负效益）具有从支流向干流转移、从上游向下游转移的特点，区域之间和不同利益主体之间开发利用、保护与修复活动过程中存在外部效应引起的补偿问题。

二、流域水生态补偿研究的发展过程

我国水生态补偿工作落后于草原生态补偿、森林生态补偿、矿山生态补偿等，原因较复杂，既与主客体相关者众多、利益关系复杂有关，也有正负外部性难以定量、保护效果难以考核评估等客观原因。但近年来，随着现实需求的日益增强，不少地区都在不断探索适宜的水生态补偿路径。国家层面也逐渐认识到水生态补偿的重要性，相继出台了一些政策。我国水生态补偿方式主要包括三种类型：一是国家对水源区的转移支付水生态补偿，二是通过设立补偿基金进行补偿，三是由受益方直接进行补偿。

流域水生态补偿涉及水文与水资源学、生态学、资源与环境经济学、环境水利学、管理学、法学等多个学科。钱水苗等从社会学的角度提出流域生态补偿是以实现社会公正为目的，在流域内上下游各地区间实施的以直接支付生态补偿金为内容的行为。周大杰等提出流域生态补偿机制就是中央和下游发达地区对由于保护环境敏感区而失去发展机会的上游地区以优惠政策、资金、实物等形式的补偿制度。中国水利水电科学研究院“新安江流域生态共建共享机制研究”课题组提出了流域生态共建共享的理念，并认为流域水生态补偿是指遵循“谁开发谁保护，谁受益谁补偿”的原则，由造成水生态破坏或由此对其他利益主体造成损害的责任主体承担修复责任或补偿责任，由水生态效益的受益主体对水生态保护主体所投入的成本按受益比例进行分担。

生态补偿标准的测算是建立生态补偿机制的关键技术和难点所在。当前绝大多数流域生态补偿标准的测算是从投入和效益两方面进行的。在投入方面，核算流域水资源和生态保护的各项投入，以及因水源地保护而发展受限制造成的损失。在效益方面，估算保护投入在经济、社会、生态等方面产生的外部效益，根据投入与效益估算补偿标准。根据国内外研究，采用生态服务功能价值评估难以直接作为补偿依据，采用机会成本的损失核算具有可操作性。以核算为基础，通过协商得到标准，往往是更有效的方法。

在国内研究方面，王金南提出确定生态补偿标准的两种方法，即核算和协商。核算的依据为生态服务功能价值评估与生态损失核算，以及生态保护投入或生态环境治理与恢复成本。他还强调“核算往往难以取得一致的意见，协商通常更加行之有效”。

沈满洪分别从供给方的成本补偿和需求方的支付意愿两个方面分析了杭州市、嘉兴市对上游千岛湖地区的生态补偿量，综合分析了林业、水利、环保和新安江开发总公司的生态保护投入、限制发展的机会成本等，以及下游地区的用水量和用水价格，提出了补偿标准的计算方法。

阮本清等在水利部科技创新项目“黄河流域合理调水的补偿机制研究”、国家自然科学基金重点项目“面向可持续发展的水价理论与实践研究”、科技部社会公益性院所基金项目“首都圈水资源保障研究”中对流域生态补偿的相关问题进行了探索性研究。在“面向可持续发展的水价理论与实践研究”中，测算了东江上游的河源市因发展受到限制造成的机会损失，并将其作为生态成本纳入了东深供水工程对下游的深圳、香港等地供水水价的全成本测算中，体现了流域生态补偿的思想。

中国水利水电科学研究院对新安江流域生态补偿标准进行了测算。刘玉龙等按照流域生态共建共享理念，核算上游共建区的生态保护总投入，将共享区内受益主体按受益比例来分担投入作为补偿标准的测算方式。同时，考虑跨界断面的水量水质因素，建立了生态保护投入补偿模型，通过判断实际水质是否达到跨界断面的考核标准计算上下游之间的补偿量或赔偿量。

郑海霞等根据浙江省金华江的实地调查，从上游供给成本、下游需求费用、最大支付意愿和水资源的市场价格四方面剖析了流域生态服务补偿的支付标准和定量估算方法。

徐大伟等基于河流跨界断面的水质和水量指标，尝试采用“综合污染指数法”进行水质评价，并提出依据水权和全流域 GDP 的贡献度的方法进行水量的测算，计算各区域的生态补偿量系数，进而测算生态补偿量。

三、流域水生态补偿的现实需求

我国经济的快速发展导致人口、经济与资源环境之间的矛盾逐渐突出。流域内一定质量和数量的水资源的开发利用常常表现出不同程度的竞争性。水资源利用和保护存在正负两方面的外部效应，它会随着水循环的过程从上游向下游转移，一方面流域上游水资源过度开发可能造成下游水资源短缺或水污染加剧，往往不得不依靠国家的巨额投入对遭到严重破坏的水生态环境进行综合治理，但效果往往事倍功半。我国塔里木河、黑河、渭河、石羊河的综合治理投入数百亿元，“三河三湖”的水污染治理已投入上千亿元，但成效并不理想。另一方面，流域上游开发利用程度较低，保持了良好的生态环境质量，下游地区能够分享优质充足的水资源，但沉重的生态保护任务却限制了上游发展。大多数河流的上游地区往往经济相对落后，面临着加快经济发展和加强环境保护的双重压力，往往造成上下游发展差距继续拉大。这种区域之间无序竞争的后果往往导致水资源的过度利用和生态用水的长期挤占，造成生态环境功能下降，出现了江河断流、湖泊湿地萎缩、水土流失和水污染加剧、区域发展不平衡等突出问题，已经严重危害了群众健康、社会和谐和公共安全。

建立生态补偿机制是实现人与自然和谐的重要举措，也是推动当前污染防治和节能减排工作的有效保障，党和国家领导对此高度重视。近年来，全国人大，国家发展和改革委员会、财政部、水利部、环保部等相关部委和一些地方政府积极推进流域生态补偿机制的建设。国务院《关于落实科学发展观加强环境保护的决定》明确提出，“要完善生态补偿政策，尽快建立生态补偿机制。中央和地方财政转移支付应考虑生态补偿因素，国家和地方可分别开展生态补偿试点”。

促进流域经济、社会和生态环境的全面协调发展已成为我国的国家目标之一。落实科学发展观，建立健全生态补偿机制，可以为国家主体功能区的规划和实施提供配套支持，有利于促进人与自然和谐共处，协调不同区域的水资源开发利用与保护活动，是建设生态文明的重要内容。为促进流域水资源的公平共享和可持续利用，迫切要求开展流域生态补偿理论、方法和政策机制的研究，为构建流域生态补偿长效机制提供科学依据，对于我国大力推进生态文明建设，实现流域水资源的可持续利用管理具有重要的理论价值和现实意义。

开展流域生态补偿有利于开创以预防保护为主的生态补偿新模式。“先污染后治理，先破坏后修复”的粗放式经济增长方式，曾在很长的一段时期内严重影响着流域经济社会的发展思路和模式，不少地区已出现了较为严重的水资源短缺、水环境恶化的水问题。为此，国家投入巨大人力、物力和财力进行了综合治理和生态修复，但由于这种末端治理难度极大、成本高昂，事倍功半。改变传统的流域发展模式，避免重蹈“先污染后治理，先破坏后修复”的覆辙，探索“流域上下游共建共享”“源头控制，预防保护”的发展模式，坚持“在保护中开发，在开发中保护”的原则，是实现流域生态保护与经济发展双赢和事半功倍的明智抉择，对完善我国流域生态补偿机制具有重要意义。

加强整个流域的生态环境保护是流域上下游各级政府和人民的共同愿望。对流域开展生态补偿，将有利于统筹考虑和协调流域上下游地区的经济社会活动，增强上下游地区人民保护水资源的积极性和责任感。

开展流域生态补偿有利于建立流域生态保护长效机制。伴随和谐流域进程的推进，流域上下游加强流域生态环境保护的愿望是一致的，但是目前我国跨省生态保护互动协商平台尚未建立。因此，开展流域生态补偿试点，建立具有紧密利益关系的生态保护长效机制，巩固和完善流域生态共建共享机制，可以在实践层面深入探索党中央提出的“科学发展观”“社会主义生态文明”和“建立健全生态环境补偿机制”等重要理论和思想，对构建“和谐流域”具有重要的试点探索和典型示范意义。

第二节 流域水生态补偿的理论与方法

一、理论基础

从目前的研究来看，流域生态补偿是可持续发展理论的必然要求，其理论基础包括资源的公共物品属性、资源的有偿使用理论、外部成本内部化理论、效率与公平理论等。

可持续发展的概念和要求决定了需要从全流域着眼，打破部门和专业的条块分割以及地区的界限，建立生态补偿机制，保证区域间生态系统建设和生态功能享用的公平性，以及社会经济与资源、环境的协调发展。

根据资源的公共物品属性和有偿使用理论，社会产品可分为公共产品和私人产品。水生态系统作为公共产品与私人产品相比具有两个基本特征：非竞争性和非排他性。水生态系统具有非竞争性，每个人对水生态系统的消费不会导致其他消费者对该产品消费的减少。水生态系统具有非排他性，价格系统对此失灵，很容易导致对水生态系统过度利用，产生“公地悲剧”和“搭便车”现象，最终使整个水生态系统受损。政府管制与政府买单是解决公共产品的有效机制之一。

资源的公共物品属性造成的外部性理论认为，作为公共物品的资源在对其使用过程中引起的外部性是实施生态补偿问题产生的重要原因，已成为测算和实施生态补偿标准的理论基础。流域内水生态系统服务外部性可以分为两类：一是水生态系统服务消费的外部性效用，如对清洁水的消费，一个消费者饮用的清洁水受到另一个经济行为影响。二是生态系统服务供给的外部性效用，例如对水源地进行生态保护，可使整个流域受益。外部性理论要求通过征税和补贴等手段使外部效应内部化，目前，已经在排污收费制度、退耕还林制度等方面得到了应用。

效率与公平理论为实施生态建设并为政府建立生态补偿机制提供了依据。例如，根据帕累托最优理论，退耕还林等流域上游地区生态建设项目的实施，其实质上是在进行土地利用结构的调整，从宏观上来讲所得大于所失，长期利益大于短期损失。同时，为了达到相对的公平，在市场失灵的领域需要政府适当地发挥作用。

国内外还提出了开展生态补偿的许多原则。国外主要提出了 PGP（Provider Gets Principle）和 BPP（Beneficiary Pays Principle）这两个基本原则，即生态保护者得到补偿和生态受益者付费的原则，在一些国家 PGP 模式已经得到实现。近年由中国水利水电科学研究院提出流域上下游及流域外所涉及的共享区共同担负流域共建区生态与环境保护的重任，实现流域生态保护外部成本与收益内部化的流域生态补偿理念。

二、实现途径

我国政府在实际工作中一直对生态补偿有所涉及，如退耕还林和退田还湖补偿费、资源税、资源费等，对生态补偿的认识也在逐渐深化。建立健全资源有偿使用制度和生态环境补偿机制，我国在林业、矿产资源等领域的生态补偿已有较成熟的实施案例。在流域生态补偿方面，以政府手段为主，对饮用水水源地保护和同一行政辖区内中小流域上下游的生态补偿进行了探索。江苏、浙江、福建等经济发达地区在省内局部的小流域实施了生态补偿。主要的政策手段是上级政府对被补偿地方政府的财政转移支付，或整合有关资金渠道集中用于被补偿地区，也探索了一些基于市场的生态补偿机制。

（一）政府补偿

政府补偿是指通过政府的财政转移支付、政策支持等方式实施的补偿机制。补偿方式可以分为资金、实物、政策、经济合作、人才和技术支持等。

1. 利用公共财政政策或设立基金的方式实施生态补偿

常用的方式有补偿金、减免税收、退税、信用担保的贷款、补贴、财政转移支付、贴息等。

（1）利用公共财政政策进行生态补偿

有三种依靠经常性收入的公共支出财政政策可以用于生态补偿。

一是纵向财政转移支付，指中央对地方或地方上级政府对下级政府的经常性财政转移。该政策适用于国家对重要生态功能区的生态补偿，实现补偿功能区因保护生态环境而牺牲经济发展的机会成本。建议在财政转移支付改革中，增加农村社会保障支出、生态功能区因子和现代化指数等因子，以便使中央对地方的财政转移支付具有生态补偿功能。这种改革还会给地方政府一个明确的政策信号，即保护生态环境也能得到好处，从而增强保护的积极性。

二是生态建设和保护投资政策，包括中央和地方政府的投资。中央政府的生态建设和保护投资政策主要适用于国家生态功能区的生态补偿，实现功能区因满足更高的生态环境要求而付出的额外建设和保护的投资成本。

三是地方同级政府的财政转移支付，适用于跨省界中型流域、城市饮用水水源地和辖区小流域的生态补偿。与纵向财政转移支付的补偿含义不同，受益地方政府对保护地地方政府的财政转移支付应该同时包含生态建设与保护的额外投资成本和由此牺牲的发展机会成本。

（2）设立生态补偿基金

补偿基金筹资方式主要有以下三个方面：一是财政统筹。二是受益区域和部门补偿，由税务部门征管，对受益多的地区征收生态效益补偿费，通过转移支付用于全市的生态公益林的建设和森林生态效益补偿；对直接依靠森林生态效益获取经济效益的部门，如水库、水电站、风景旅游区、森林公园、林地采矿、内河航运等，提取一定额度的生态效益补偿费，纳入县级财政专项管理，用于地方生态补偿。三是接受社会捐赠和海外发展援助等资金。可以分省际、省内和市内三个尺度建立不同的流域生态补偿基金，专用于流域上游的生态建设和环境污染综合整治，并落实到具体项目，国家有权审计基金的使用情况，上下游相关部门对基金的使用进行全程监督。

2. 通过政策、经济合作、技术、法规等措施实施生态补偿

流域生态补偿是一个复杂的系统工程，不仅需要解决补偿资金的问题，更需要政策、经济合作、技术、法规等其他措施予以配套和支撑，在生态保护任务重的地区大力发展生态经济和补偿经济，以“造血”的方式增强流域内经济欠发达地区开展环境保护的能力。

当前主要措施有：对不同的生态功能区采用不同的政绩评价标准，在资源开发利用过程中设立责任保险或押金退款制度，风景区、生态产品的生态标志制度，以及实施“异地开发”等区域经济合作、生态移民、人才和技术支持等。

（二）市场补偿

市场补偿是指在政府的引导下实现流域上下游的资源保护方与受益方之间自愿协商的一种补偿方式。一些流域上下游生态服务供需矛盾尖锐，在资源产权清晰、公众或政府具有较好的生态意识和创新意识的情况下，可以形成不同形式的市场补偿机制。主要方式有：①采用流域水质水量协议的模式，根据达标与否实施奖惩或补偿。②实行水权和排污权交易等转让机制。

除了上述政府补偿、市场补偿等措施，《中华人民共和国环境保护法》《中华人民共和国水污染防治法》《中华人民共和国水法》《中华人民共和国清洁生产促进法》等国家法律，以及部分省部级规章条例，也强调了资源的有偿使用和对保护工作的补偿。

第三节　我国流域水生态补偿机制

一、指导思想

以科学发展观为指导，以创建资源节约型、环境友好型的和谐社会为目标，以统筹流域上下游经济社会协调可持续发展为主线，以保护和改善生态环境质量为根本出发点，以政策创新、机制创新、管理创新和科技创新为手段，不断完善各级政府对流域环境污染防治和生态保护的调控手段和政策措施。充分发挥市场机制作用，通过试点示范，逐步建立公平公正、责权利界定清晰且具有良好可操作性的流域上下游生态补偿机制，促进流域经济社会与资源环境协调可持续发展。

二、基本原则

应按照“谁开发谁保护、谁破坏谁修复、谁污染谁治理”的原则建立区域之间的补偿机制，协调流域上下游的水资源开发利用与保护活动。流域生态补偿所需的相关原则可以归纳如下。

第一，坚持保护者受益、开发者修复、损害者赔偿、受益者补偿、破坏者受罚的原则。

生态环境是公共资源，环境保护者有权利得到投资回报，使生态效益与经济效益、社会效益相统一；开发利用者要为其开发、利用资源环境的活动承担保护与修复责任；环境损害者要对所造成的生态破坏和环境污染损失进行赔偿；享用环境效益者有责任和义务向提供优良生态环境的地区和人们进行适当的补偿；破坏生态环境者应及时采取补救措施并对其破坏行为承担相应的处罚。

第二，坚持统筹协调、共建共享、共同发展的原则。

坚持科学发展观，在生态环境保护中寻求经济社会的和谐发展，同时以经济社会发展促进生态环境的保护。统筹协调流域上下游以及区域内城乡之间的发展，坚持与时俱进的生态保护观，有效保护和利用现有的生态资源存量。要多渠道、多形式支持流域各水系源头地区、重要生态功能区、上中游欠发达地区和库区的经济社会发展，通过上下游的共建共享寻求共同发展。

第三，坚持循序渐进、突出重点的原则。

建立生态补偿机制既要从长远考虑，按照循序渐进、先易后难的原则逐步解决理论支撑和制度设计的问题，又要立足当前，按照突出重点的原则，在总结现有生态补偿实践经验的基础上，抓住流域经济社会协调发展机制建设的关键瓶颈，尽快建立和完善流域生态补偿机制，紧紧围绕流域生态补偿实施地区的主要生态环境问题、重点地区和重点领域，使生态补偿机制发挥出最佳的整体效益。

第四，坚持政府主导、市场驱动、利益主体参与的原则。

要充分发挥各级政府在生态补偿机制建立过程中的主导作用，结合国家相关政策和当地实际情况研究改进公共财政对生态保护的投入机制；同时，要积极引导社会各方参与，遵循市场经济规律，发挥市场机制作用，拓宽生态补偿市场化、社会化的路子，逐步建立多元化的筹资渠道和市场化的运作方式。

第五，坚持公平公开、责权利相统一的原则。

流域生态补偿必须在公平公开的平台上运行，科学核算生态补偿的标准体系，做到流域生态补偿运作、补偿程序和监督机制的公开透明，同时要建立责、权、利相统一的运行激励机制、责任追究制度和高效运作机制。

三、实施目标

通过分期实施，逐步形成有助于建立流域生态补偿机制的管理体制，落实补偿范围、考核标准及各利益相关方责任，建立科学的生态补偿标准测算体系，探索多样化的生态补偿方法与模式，逐步建立并完善流域生态环境共建共享的长效运行机制，推动生态补偿政策法规的制定和完善，为全面建立与推广跨省流域生态补偿机制奠定基础。通过建立生态补偿的长效机制，实施一批环境保护工程，鼓励、扶植流域发展生态经济，有效保持与改善流域生态环境状况，实现全流域人与自然、人与人之间的公平、和谐发展。

四、补偿主体与补偿对象

根据流域的具体情况，生态补偿的主体与对象大致可分为以下几类。

（一）补偿主体

1. 各级政府

（1）中央政府

主要负责跨省的生态补偿事宜。

(2) 省级政府

主要负责省域内跨市、县的生态补偿事宜。

(3) 市县政府

负责本行政区域内补偿主体缺位或补偿主体难以明确界定情况下的生态补偿事宜。

2. 经济社会实体（企业法人或其他单位与个人）

①开发利用水资源与水环境服务功能的受益者。②未按规定履行生态建设和环境保护职责，导致生态环境劣变、质量下降的责任者。③违反国家法规，导致环境污染、生态破坏的责任者。④因污染环境、破坏生态给其他经济社会实体造成损害的责任者。

（二）补偿对象

①为保护生态环境付出大量成本且成效显著的经济社会实体（区域、社团、企事业法人或其他单位和个人）。②因其他经济社会实体污染环境、破坏生态而受到利益损害的经济社会实体。③补偿主体与补偿对象的关系可随双方的损益关系变化而互相转化。如果补偿对象达不到生态环境保护标准而使补偿主体的利益受损，原作为补偿对象的乙方将成为负有赔偿责任的主体，而原作为补偿主体的甲方将成为有权索赔的补偿对象。

五、补偿方式

（一）以法律法规为依据的强制性补偿方式

根据《中华人民共和国水法》《中华人民共和国环境保护法》《中华人民共和国森林法》《中华人民共和国土地管理法》《中华人民共和国矿产资源法》《中华人民共和国水土保持法》《中华人民共和国水污染防治法》《取水许可和水资源费征收管理条例》等法律法规的有关规定，我国依法开征了相关的资源环境税（费），明确了资源环境有偿使用的原则。在水生态补偿方面，主要包括水资源费、排污费、污水处理费、水土流失防治费以及从水力发电收入中提取的库区发展基金和移民补助资金等。

（二）以政府为主导的补偿方式

政府补偿是指通过政府的财政转移支付和政策扶植等方式实施流域水资源和环境保护的补偿机制，主要有资金补偿、实物补偿、政策补偿、智力补偿等方式。资金补偿常见的方式有财政转移支付、补偿金、减免税收、退税、信用担保的贷款、贴息、加速折旧等；实物补偿是指补偿者运用物质、劳力和土地等进行补偿，提供受补偿者部分的生产要素和生活要素，改善受补偿者的生活状况，增强生产能力，有利于提高物质使用效率，如退耕还林（草）政策中运用大量粮食进行补偿的方式；政策补偿主要是对生态保护任务重的地区发展机会受到限制的补偿，在生态保护任务重的地区大力发展生态经济，如对不同类型的区域采用不同的政绩评价标准、建立资源开发的押金退款制度、项目支持、生态标志制度及各种经济合作政策；智力补偿指通过提供无偿技术咨询和指导，培训受补偿地区或群体的技术人才和管理人才，输送各类专业人才，提高受补偿地区的生产技能和管理组织水平。

（三）运用市场机制的补偿方式

按照资源环境有偿使用和“保护者受益、开发者修复、损害者赔偿、受益者补偿、破坏者受罚”的原则，在生态补偿中引入市场机制，使生态补偿从政府单一主体向社会多元主体转变，从财政单一渠道向市场多元渠道转变，这样不仅可以拓宽生态补偿的资金渠道，更重要的是通过这种机制增强社会公众的生态环境成本概念和保护生态环境的意识，同时促进流域上下游的全面合作与协调发展。如水资源使用权有偿转让、排污权有偿转让、水价与水资源质量和稀缺程度挂钩、对超计划超定额用水实行累进加价收费、对超标排污实行累进加价收费、对不法排污和破坏生态环境者处以罚款或责令赔偿等。目前，这种补偿方式在我国还不够完善，是一个亟待加强的薄弱环节。

（四）流域水生态补偿方式的组合应用

流域水生态补偿需要根据各种补偿关系和需要补偿的损失性质，结合以上补偿方式，对于流域水资源和环境保护活动或破坏行为，可以根据测算的实际成本、经济效益或损失，采取以资金和生态保护项目支持为主的生态补偿方式；对于流域水资源和环境保护中的因限制产业发展而造成的机会损失，在实施的过程中可以结合一定的补偿资金，以建立上下游合作机制、给予优惠政策和技术援助等为主要措施，采取以政策补偿、智力补偿、经济合作等措施为主的补偿方式。通过流域补偿机制建设过程中各种经验的逐步积累，逐步制定流域生态补偿的相关条例、法规，形成以法律法规为依据的相对成熟的补偿方式。

六、补偿途径

流域水生态补偿措施主要为资金补偿措施与其他补偿措施相结合。在中央政府的牵头协调下，通过双向互动，明晰生态补偿的范围和权利义务关系，建立必要的保障机制，使流域的生态环境保持良好状态，为经济社会发展提供有力支撑。

（一）多渠道筹措生态补偿资金

生态补偿资金的筹措应坚持“各级政府主导、市场机制驱动、利益主体参与”的原则，充分发挥政府宏观调控、市场机制调节、社会公众参与的作用，拓宽多种形式的生态补偿资金筹集渠道。

1. 财政转移支付

按照中央政府和省级政府的管理事权，省域内不同行政区域之间的生态补偿资金，通过省级财政转移支付予以安排；跨省的生态补偿资金，通过中央财政转移支付适当安排。

2. 开发利用水资源的受益主体适当分担补偿成本

按照“开发者保护、受益者补偿”和“资源环境有偿使用”的原则，由开发利用水资源的受益主体，通过依法缴纳相关税费的形式来分摊生态补偿成本。如水资源费及水电、水产、饮料、旅游、航运等企业开发利用水资源与水环境的税金、收费等。

3. 损害或破坏水资源与水环境的责任主体承担补偿成本

按照“污染者付费、破坏者修复、违法者受罚”的原则，由损害或破坏水资源与水环境的责任主体承担生态补偿成本。如排污费、水土流失防治费、超额（超计划）用水累进加价收费、超标排污罚款等。

4. 专项资金倾斜

与生态补偿相关的各种项目在我国已实施多年，国家及地方相关部门已通过各自的管理渠道安排了各种专项资金，如森林生态效益补偿基金、退耕还林补助资金、天然林保护及生态公益林管护补助资金、农村改水改厕资金、企业节能减排技改补助资金、生态环保补助资金、移民补助资金、扶贫帮困资金等，可在现有渠道内加大对生态补偿试点地区的倾斜力度。

5. 其他资金来源

通过企业赞助、社会公众捐助、国际经济技术合作等途径，拓宽生态补偿资金筹集渠道。此外，还可以在生态环境优良的流域试行绿色产品标签制度，从获准使用绿色产品标签的企业收益中提取适当比例用于流域生态补偿。

（二）补偿资金的使用

财政转移支付是生态补偿资金的主渠道，接受补偿资金的地方政府应统筹安排，专款专用，加强监督管理，提高使用效益。补偿资金在使用上应向符合生态、环保、节能、减排政策导向的领域倾斜。补偿资金应重点投向超出法律规定的提高环保标准的治污部门，

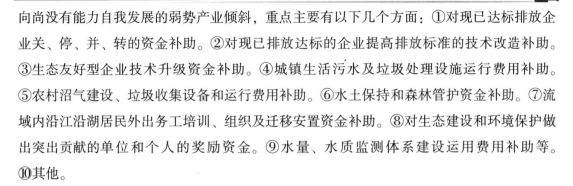

向尚没有能力自我发展的弱势产业倾斜，重点主要有以下几个方面：①对现已达标排放企业关、停、并、转的资金补助。②对现已排放达标的企业提高排放标准的技术改造补助。③生态友好型企业技术升级资金补助。④城镇生活污水及垃圾处理设施运行费用补助。⑤农村沼气建设、垃圾收集设备和运行费用补助。⑥水土保持和森林管护资金补助。⑦流域内沿江沿湖居民外出务工培训、组织及迁移安置资金补助。⑧对生态建设和环境保护做出突出贡献的单位和个人的奖励资金。⑨水量、水质监测体系建设运用费用补助等。⑩其他。

（三）其他支持措施

跨省流域生态补偿是一个复杂的系统工程，不仅需要解决补偿资金的问题，同时更需要政策法规、科学技术等其他措施予以配套和支撑。通过国家的政策支持和流域上下游各种合作机制的建立，以“造血”的方式增强流域内经济欠发达地区开展环境保护的能力。

1. 国家层面的支持

支持流域加快产业结构调整与优化，在跨省协商一致的基础上，建设国家级生态工业园区和生态农业示范区。

大力支持全流域加快城镇化进程和城镇基础设施（如城镇污水处理、垃圾无害化处理）建设，在国家财力许可的情况下，经国务院批准，国家对流域内计划建设的城镇治污项目基础设施可比照“三河三湖”重点治理标准给予支持。

扩大流域内国家重点公益林范围，提高养护补助资金标准。推进新农村建设，大力支持流域的农村面源污染防治及水土保持、沼气建设等基础设施建设，优先安排项目，适当增加中央出资比例。中央财政在启动阶段给予资金支持（监测设施、执法能力、基础研究等），在中央集中的排污费使用中，优先考虑流域内的项目。

编制和实施沿湖、沿江区生态移民规划，中央和地方通过政策、项目和资金等支持手段，为实施生态敏感区的生态移民和下山脱贫创造条件。

2. 上下游之间的合作

上下游地区加强协调，制定优惠政策，促进流域产业结构的优化升级。提高工业准入门槛，比照国家重点生态功能区标准，严格禁止污染行业在流域内发展，提高工业企业排放标准，逐步关停本地现有污染企业。限制污染企业向流域转移，鼓励劳动密集、技术密集和资本密集的环境友好型企业转移到流域。打破行政区划界限，引导、鼓励企业和个人以独资、合资、BOT 等多种方式，参与流域的环保产业、新型工业和生态农业建设。

流域内各市、县全面建成县级以上污水处理设施，收费标准按运行成本核定，污水处理运行管理费不足部分由本级财政补助。在保障收费落实到位的基础上，推动有关企业和社会资金以 BOT 方式参与流域范围内城镇基础设施建设。

流域内各级政府对目前居住在沿湖、沿江的居民迁村合并，分年逐步设置简易污水处理和固体废物收集设施，派专人负责汛期漂浮物打捞；下游有条件的地区为流域上游农村经济发展和污染治理提供必要的人才、技术支持，推广实用的农村简易式污染处理设施。

加强上下游之间在劳务输出、科技、人才、信息方面的合作，引导流域劳务输出的定向有序发展。

加强生态环境质量监测方面的合作，建立和完善现代化的水环境自动监测网络，提高水环境保护和监测的科技水平。

七、补偿机制框架

（一）管理机制框架

1. 国家层面的管理与协调机制

由国家综合部门和其他相关部门共同组建跨省流域生态补偿领导小组，负责相关部委之间的工作协调，研究制定跨省流域生态补偿的方针、政策，审批流域综合规划及生态保护与建设的项目、资金安排，研究跨省流域生态补偿的原则、方式、标准及财政转移支付额度等重大问题，协调解决实施过程中出现的省际争议问题，等等。领导小组下设办公室，负责领导小组的日常工作。

2. 省际协调机制

建立由跨省相关部门、流域管理机构及所跨市参加的流域跨省生态协调委员会，负责协调处理两省、两市之间在实施过程中需要交流、合作的重要问题和可能出现的争议问题。

3. 地方层面的管理机制

建立由省政府相关部门和地市参加的流域生态补偿领导小组，负责本省境内流域水生态补偿工作的组织实施。领导小组下设办公室，负责承办领导小组的日常工作。

（二）运行机制框架

跨省流域生态补偿涉及面广、政策性强、社会敏感度高、操作难度大，需要建立一套科学、合理、有效的运行机制予以规范和约束，以利于项目的有序实施。

1. 协调机制

跨省流域生态补偿不仅涉及项目区的经济、社会与生态环境，而且涉及国家相关的法律法规和方针政策，涉及国家相关部门的管理职能以及区域利益，所以建立健全权威、高效的协调机制是顺利实施生态补偿的关键和前提。这种协调机制是国家宏观指导下的区域间协调。国家层面主要是政策、法规、资金分配的协调和相关部委之间的工作协调，地方层面则是省、市间涉及生态补偿的大量具体事务的协调，关键是建立协商平台和协商程序。

2. 合作机制

上下游密切合作是搞好生态补偿的基础，同时通过跨省、跨流域生态补偿，促进上下游地区在社会、经济、科技、文化和生态保护等方面的全面合作，实现全流域协调发展、和谐发展和可持续发展，这是实施跨省流域生态补偿的长远目标和根本目的，所以建立切实可行的合作机制是顺利实施生态补偿的出发点和落脚点。树立流域整体观念和换位思考的思维方式，求大同，存小异，是建立合作机制的思想基础。直接补偿的数额是十分有限的，但全面合作带给双方的利益是不可限量的。

3. 核算机制

生态补偿应坚持科学、合理、公平、公正的原则，必须以科学的态度、合理的方法客观公正地测算水资源与水环境的生态价值、经济价值、生态保护成本、生态补偿标准、利益主体的受益价值和生态补偿份额，建立健全水量、水质和其他有关生态环境质量的评价、考核指标。所以，建立科学合理的核算机制是实施生态补偿的科技支撑。要通过编制流域综合规划和相关专题研究制定科学、公平、合理的核算指标体系，并经上下游协商一致后试行，然后在试行中逐步修订完善。

4. 激励机制

生态补偿应坚持“保护者受益、享用者补偿、污染者付费、破坏者修复、损害者赔偿”的原则，坚持奖罚分明的原则，保护和改善生态环境有奖，损害和破坏生态环境受罚，达不到生态保护目标的补偿对象，按比例扣减甚至取消补偿资金，生态环境严重恶化的还应处以罚款。对行政区域来说，可以建立行政首长负责制，把生态环境质量作为政绩考核目标之一。所以，建立包括正向激励和反向激励在内的激励机制，是维护生态补偿的公平性和公正性的基本要求。

5. 监督机制

为确保生态补偿资金的合理分配、有效使用和科学管理，提高资金使用和工程建设成效，必须建立包括公众参与在内的精干高效的监督机制，为把生态补偿纳入法制化、规范化的轨道提供保障。

第十二章　水资源环境经济核算

第一节　研究背景与意义

随着人口增长和经济社会的快速发展，能源危机、水危机、环境污染、生态恶化等一系列资源环境问题日益凸显，然而传统的统计核算方法无法真实反映伴随在经济发展过程中的这些负面问题，不能客观反映人类社会在其发展过程中所付出的综合成本和所取得的真实效益。在此背景下，联合国开始研究建立综合环境经济核算体系（SEEA），在现有的国民经济核算的基础上，考虑人类活动对自然资源与环境的影响，将经济活动中自然资源的耗减成本与环境污染代价予以合理扣除，进行资源、环境、经济综合核算，不仅体现显性的投入产出关系，而且体现隐性的负面影响，形成一套能够全面、真实地描述资源环境与经济活动之间的内在联系，能够提供环境系统和经济系统之间资源交换以及伴随的经济信息的核算体系。

完整的综合环境经济核算至少应该包括五大项自然资源（土地资源、矿产资源、森林资源、水资源、渔业资源）耗减成本和两大项环境（环境污染和生态破坏）退化成本，水资源环境经济核算体系就是核算水资源耗减和水环境退化给国民经济造成的负面影响，是综合环境经济核算体系下的子账户。

水资源环境经济核算要按照综合环境经济核算的基本框架，针对水资源本身及涉水经济活动进行综合核算。其基本思路是把水信息和经济信息按照兼容的方式结合起来，以便同时从水供给和经济社会对水的需求角度做综合考量，为宏观决策提供科学、全面的综合信息支持，使决策者可以估计到涉水政策对经济社会产生的效果，使经济决策者明确意识到其经济活动规模和方式通过取水和废污水排放对水资源和水环境所产生的长期影响。

一、核算的必要性

第一，开展水资源环境经济核算是可持续发展的迫切需求。

随着世界经济发展迅速、人口激增，与此相伴随的则是生态破坏、环境恶化以及资源快速耗减，由此使人们开始全面而深刻地反省人类自身的发展方式，关注人类活动对资源环境的影响，提出了可持续发展的战略思想，并逐渐被包括中国在内的全球各国所接受。可持续发展战略的实施要依赖于各个层面的决策以及在决策指导下的具体行动，而有效的决策必须有全面准确的数据信息做基础，其中特别需要在全球层面以及国家层面，对一定时期经济与资源环境之间的关系做出总体宏观定量描述，以便对发展成果进行总体评价，从结构上认识资源环境与经济的关系，评价人们的资源利用方式的合理性、与经济发展的协调性，以利于制定符合可持续发展要求的相应政策。随着水资源的日趋短缺及水环境问题的日益严峻，客观掌握水资源的数量、质量、开发利用状况，并对水资源开发利用造成的资源耗减及环境退化问题进行客观评价，对合理分析水资源与国民经济的关系、加强水资源管理、促进水资源的可持续利用具有重要的现实意义。

第二，建立水资源环境经济核算体系是建立综合环境经济核算体系、改进经济发展评价体系的迫切需要。

近年来，在经济快速发展的同时，在资源环境方面付出了沉重的代价，使得资源环境问题再次引起了全社会的广泛关注。发展绿色经济、循环经济，在注重经济发展的同时更加注重保护环境已经逐步被各国政府所认同和接受。GDP 不再是单纯衡量经济发展的唯一指标，在原有国民经济核算体系的基础上，将资源环境因素纳入其中，通过统计核算描述资源环境与经济之间的关系，为国家实施可持续发展战略和加强政府管理提供依据已经成为必然。综合环境经济核算体系（SEEA）涉及内容非常广泛，要实现综合环境经济核算，首先需要对多种资源及环境进行单独核算。水资源环境经济核算体系（SEEAW）正是 SEEA 体系的子账户之一。水资源环境经济核算体系通过编制水资源账户和水经济账户，对国民经济核算体系进行细化和延伸，从水资源可持续利用的角度，进一步完善社会经济发展效果的评价系统，为国家实施可持续发展战略和加强政府管理提供数据支撑，为合理制定经济发展目标、优化产业布局、促进经济发展方式转变和建设资源节约型、环境友好型社会提供宏观决策依据。可以说，水资源环境经济核算体系是综合环境经济核算体系不可缺少的一部分。

第三，建立水资源环境经济核算体系是以水资源管理为核心进一步加强水利公共服务和社会管理能力的迫切需要。

水资源是基础性的自然资源和战略性的经济资源，是生态与环境的重要控制性因素。必须实现水资源的合理开发、高效利用、综合治理、优化配置、全面节约、有效保护和科学管理，满足饮水安全、防洪安全、粮食安全、经济发展用水安全、生态用水安全，以水资源的可持续利用保障经济社会的可持续发展。这是可持续发展治水思路的基本要求。为此，一方面要进一步加强水利基础设施建设，不断提高水利的公共服务能力，为社会经济发展服好务；另一方面要以水资源管理制度建设为重点，不断提高涉水事务的社会管理能力，促进经济发展方式的转变。

水资源环境经济核算体系是水利管理的重要手段和工具。它将水资源、水环境、水设施、水活动、水支出等信息和国民经济信息结合起来，综合分析水对经济的贡献和经济对水的影响，可以全面反映水利与国民经济协调发展的关系。通过建立水资源环境经济核算体系，有助于科学分析社会经济发展对水利建设的需求，正确评价水资源对社会经济可持续发展的保障能力，为水利基础设施建设、水利行业发展提供决策依据；有助于客观分析和评价不同行业、不同部门的用水需求和效率；有助于协调生产用水、生活用水和生态用水及流域用水和区域用水，为以水权制度建设为核心的水资源管理制度建设，以水资源的优化配置和高效利用为目标的节水型社会建设提供可靠的数据支撑；有助于科学分析水利、水务活动和用排水活动的各种经济关系，客观反映水资源的价值，正确评估水资源枯竭和恶化的经济损失，理清社会经济活动与水资源保护与治理的关系，从而为水资源保护与治理、为与水有关的生态保护机制建设提供数据基础。同时，建立水资源环境经济核算体系有助于搭建一个利益各方都接受的信息平台，协调有关方面在水资源分配和交换、水资源保护和治理中的利益关系，吸纳相关各方参与与水相关的政策制定。

第四，建立水资源环境经济核算体系是建立现代水利统计制度、提高统计工作水平的迫切需要。

水利统计是水利部的一项重要基础性工作，尽管近年来通过不断加强队伍建设、加强标准化规范化建设、不断完善统计制度等措施，水利统计水平有了很大的提高，但基层统计力量薄弱、统计工作分散、统计工作与业务管理脱节的问题一直存在，如何建立一个与国际接轨、符合我国国情、满足国民经济需要的现代统计制度一直是水利统计工作的难题。通过建立水资源环境经济核算体系，有助于协调多部门、跨行业的多种与水有关的统计工作，整合分散的统计数据资源，增强水利综合统计能力；有助于在水利统计工作中引入国际标准和方法，推动水利统计制度和方法改革，规范涉水统计调查，提高统计数据质量；有助于拓展水利统计工作的范围，填补水利统计的空白，强化行业统计能力；有助于建立起涵盖水资源和水环境、水活动和水行业、水资产和水设施、水使用和水排放、水行

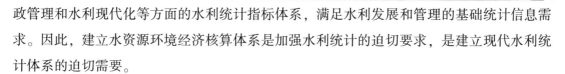

政管理和水利现代化等方面的水利统计指标体系，满足水利发展和管理的基础统计信息需求。因此，建立水资源环境经济核算体系是加强水利统计的迫切要求，是建立现代水利统计体系的迫切需要。

二、作用和意义

（一）建立一套统计核算体系，实时掌握水资源和水环境状况

我国涉水统计数据的收集与统计工作已开展了多年，但目前还存在一些问题：一是由于部门管理分割，涉水统计工作比较分散，力量不集中，涉水统计存在重复和空白，统计工作的规范性和效率均有待提高。二是统计调查方法比较单一，主要采取年度统计报表制度的调查形式，利用重点调查、抽样调查等方法开展涉水调查还比较少。三是数据资源比较分散，不同部门之间缺乏数据交换和共享机制。同时，由于缺乏统一的涉水数据标准，数据资源的整合利用受到制约。四是涉水数据的来源缺乏基层观测和管理记录，数据收集的方法还有待改进，数据报送、审核、汇总过程还有待进一步规范，部分数据的完整性、准确性有待进一步提高，数据的可靠性和可用性均受到制约。

水资源环境经济核算的基本目标是建立一套实用的水资源环境经济核算制度和标准方法，通过各种量水设施系统记录某一时段内的水资源数量、水资源质量、社会经济取用水量、污水及污染物排放量、环境中的水资源存量以及与水相关的资金来源及支出、投资、产出等实物量和价值量信息，将涉水数据统一在这一体系中，更好地反映中国水资源循环流动的各个方面的情况，形成全面核算涉水信息的统计核算平台，提高涉水统计数据的统一性和完整性。

（二）推进用水环境成本核算，客观评价用水过程产生的负效用

水资源环境经济核算的重要目的之一是量化国民经济用水造成的水资源耗减和水环境退化问题，评价水资源开发利用促进国民经济发展的同时伴随的负面影响，分析经水资源耗减、水环境退化、水环境保护支出调整后的国内生产总值。通过统计的涉水相关信息，可建立起水资源与国民经济之间的联系，通过投入产出技术及其他价值评价手段，评价由水资源开发利用造成的资源耗减和环境退化问题，为综合环境经济核算奠定基础。

（三）强化用水管理，促进最严格水资源管理政策的实施

为实现水资源可持续利用，水利部提出实施最严格的水资源管理制度，其核心是建立

水资源管理三条“红线”，一是水资源开发利用红线，严格实行用水总量控制；二是用水效率红线，坚决遏制用水浪费；三是水功能区限制纳污红线，严格控制入河排污总量。

要实现上述目标，需要同时掌握用水过程中的宏观指标和微观指标，在宏观指标方面，要能够监测区域的用水总量，实时控制区域总用水在获得的水量分配指标范围之内，保证不挤占其他地区的用水指标；同时，需要监控区域的排污总量指标，控制污染物入河量在水功能区的允许范围之内，保证水功能区的水质安全。在微观指标方面，要能够实时监测各用水户的用水效率，保证用水户用水定额在合理的范围之内，避免用水浪费问题。只有实时掌握了地区用水过程中的宏观指标和微观指标，才能针对具体情况，合理采取行政、法规及经济措施保障三条“红线”的落实，把最严格的水资源管理落在实处。

水资源环境经济核算对严格水资源管理政策的支撑作用表现为：在用水总量控制方面，水的实物量供给使用表清晰记录了用水户从环境和其他经济体获得的取水总量以及供应到其他经济体和排放到环境中的总供水量，可提供各用水户及全区的总用水状况；在入河排污总量控制方面，排放账户清晰记录了各用水户直接排放的污染物毛排放量以及经污水处理厂处理后的净排放量，实时反映出各用水户的污染物排放量以及地区排放到环境中的污染物总排放量；在用水效率控制方面，混合账户将经济体的用水总量、排污总量和经济产出集合到同一账户中，直观反映出各经济体的用水效率及排污强度。

（四）与国民经济核算相衔接，为水与国民经济协调发展提供统计平台

水是实现社会经济发展和社会进步的基本资源，通过水资源开发利用促进国民经济发展的同时，对水资源造成了严重的影响，突出的方面就是水资源耗减和水环境退化问题。只有客观掌握有多少水可供社会经济利用、社会经济活动对水资源产生了什么样的影响，才能制定科学的发展方略，并有针对性地制定合理的涉水政策，促进水资源的可持续利用。水资源环境经济核算从根本上将水资源与国民经济活动紧密地结合在一起。从微观上看，记录了水资源开发利用及水环境保护活动所发生的资金支出及来源，以及这些活动形成的资本积累，同时记录了水资源交换过程中发生的资金转移过程；从中观和宏观上看，记录了供用水活动过程中带来的行业增加值及全区的国内生产总值。水资源环境经济核算客观反映了社会经济活动与水资源的关系，为评价水资源与国民经济的关系提供了重要的数据支撑体系，为相关政策的制定提供了基础平台。

（五）为水资源资产负债表编制和水权制度建设提供统计信息平台

我国正在开展包括水资源资产负债表在内的自然资源资产负债表研究探索工作，以期

对传统的国民经济核算体系缺陷进行重大改进、补充和完善。通过对水资产本底、水负债亏缺的探索核算，科学认知水利发展效益与影响；通过水资源资产和负债的探究，促进水利统计制度的完善，使水利统计体系有效地融入国家统计体系；通过水资源产权主体的确定，为水资源有偿使用和水生态补偿标准制定、水生态环境损害责任终身追究制、水生态文明建设成效评估等提供量化指标和依据。水利部也在积极探索水权制度建设，主要包括水资源使用权确权登记、水权交易流转、相关制度建设三个方面。水资源环境经济核算的核心是针对水资源实物量和价值量进行核算，明确核算区内水资源资产数量、质量，水资源在各类用户间的取、供、用、耗、排关系以及伴随开发利用过程发生的财务和经济信息，这些信息为水资源资产负债表、水资源使用权确权登记以及水权交易流转提供了必要的基础数据支撑，为开展水资源资产负债表编制和水权制度建设提供了重要的统计信息平台。

第二节 国内外研究进展

一、专项核算研究进展

各类具体资源账户类型，所涉及的主题包括地下资源、水资源、林地、林木及林产品、水生资源、土地和生态系统等。各类资源之间的核算方法和体系构建存在一些共性，也因各自特性不同存在一些差异。当前国内外在森林资产、矿产资源及土地资源核算方面开展了广泛的研究。

（一）森林资产

森林资产是在现有的认识和科学水平条件下，进行经营利用，能给其产权主体带来一定经济利益的森林资源，按其物质形态可分为森林生物资产、森林土地资产以及森林环境资产。森林资产集生物资产、不动产、存货和无形资产于一身，具有资产的多样性和复杂性等特点；森林资产能通过生长、蜕变、生产、繁育在质量和数量上发生变化，从而引起价值量的变化，具有实体的再生性和动态变化性；具有不动产性质，但其自然位置属性对森林资产的生长潜力有一定影响；具有外部影响性，不仅受自然因素的影响，还受政策和人为干预的影响。

目前，世界上许多国家和组织都已在森林资产核算方面做了很多工作。在美国，通过考虑森林资产对收入、资产的影响，来修正现有的国民经济账户。在德国的森林资产核算中，编制了林业当前账户、林业积累账户和林业平衡表三个账户来反映森林资产的变化情况。意大利的森林资产核算项目，将森林资产分为林木和非林木产品、土壤侵蚀防治、风景林火防治和固碳以及户外娱乐四部分。在芬兰，将森林资产核算指标分为财政、经济、社会和可行性指标。研究得出森林资产核算对前三者的作用较小，对环境作用最大，并通过建立平衡表来反映森林资产存量和流量的变化情况。

综合国内外对森林资产核算的研究来看，由于对森林资产的认识不同，存在将森林资产分别作为有形资产和无形资产进行独立研究的现象，而事实上森林资产具有多功能，并且林木在不同的成长阶段其价值也不同；森林资产核算以实物量核算为主，价值量核算被忽视或缺乏较为精确的核算方法，岳泽军提出从微观层次采用会计学方法对森林资产进行核算。另外，在环境资产的非市场价值估价方法上需要取得突破性的成果，尤其是在方法的可操作性方面。

（二）矿产资源

矿产资源属于地下的不可再生资源，任何利用都将导致资源的耗减，并且是不可持续的，只有新的发现和资源的循环利用或资源替代能够修正这种不可持续性。矿产资源核算是从国民经济的角度出发，核算对象为矿产资源资产，即在现状技术经济条件下可开发利用的已探明矿产资源储量，以及矿业企业在明晰产权基础上已占有的储量、后备储量和可利用储量。

对于矿产资源的核算早已受人们关注。Robert 提出自然资源估价应源于三方面，即资源消耗、级差地租和垄断条件。在韩国，采用净价格法对矿产资源如煤矿、铜矿等进行了自然资源耗减的估算。

（三）土地资源

土地是由地球陆地部分一定高度和深度范围内的岩石、矿藏、土壤、水文、大气和植被等要素构成的自然综合体，有土地覆盖和土地利用两种分类方式，前者从自然角度划分土地类型，反映土地的自然功能，一般包括建设区域、草地、森林、河流和湖泊；后者从经济角度划分土地类型，反映土地的经济功能，包括居住、产业使用、运输、娱乐休闲和自然保护区。

SEEA 中，土地和生态系统属于一个综合核算模块，其实物型综合账户目前还处于构建探索中，包括实物型基本账户，反映存量和存量的变化情况；补充账户，有面向土地利用的账户、面向土地覆盖的账户、土地质量账户和土壤账户。菲律宾的 PSEEA 和 ENRAP 两套国民经济核算体系中均有对土地资源的核算部分，PSEEA 中包含土壤资源账户，尚未进行价值计算，ENRAP 中对农业活动对土壤造成的损失进行了估算；在加拿大的核算系统 CSESR 中，以实物量和价值量账户来记录土壤；韩国采用平均市场价格对土地资源进行了资源耗减的估算。

在国内研究进展方面，罗文运用收益还原法对湖南省的耕地资源进行了价值量核算，并提出了相应的利用对策。王永德等以资源核算理论为基础，进行了耕地资源的实物量核算，用以反映耕地资源的规模；进行了价值量核算，来反映耕地资源的质量；进行了存量及流量核算，来反映耕地资源的变化情况。

可见土地资源核算更加侧重于土地资源实物量账户的编制，虽然有一些价值量的核算方法，但目前的应用案例很少。

三、水资源核算研究进展

水资源区别于其他自然资源，具有可更新性、循环性和流动性等特征。广义的水资源包括大气水、地表水、地下水和土壤水，彼此之间紧密联系并在一定条件下相互转化。水资源本身为人类生存所必需，是国民经济发展的重要物质基础，兼具资源功能、受纳功能和生态服务功能。随着经济社会的不断发展，经济社会系统对水资源系统的扰动逐渐加大。水资源系统支撑着经济社会系统的发展，又依存于经济社会系统。

国际上水资源核算研究成果较为突出的国家有澳大利亚、南非和欧盟部分国家等。长期以来，澳大利亚统计署一直致力于把各种资源的环境账户建立到一个综合的信息系统，目前已开展了一系列的环境账户的试验项目，包括能源账户、矿物资源账户、水生物账户、水资源账户、环境保护支出和国民经济平衡表。该账户的建立是在综合环境经济核算的框架指导下完成的，包括水资源资产表（地表水和地下水资产、水质账户）、水资源供给使用表以及水资源账户与其他数据（水资源利用、就业率）的联系等。

在联合国统计司发布《水资源环境经济核算体系》之前，我国已开展了水资源核算的相关研究工作，但基本上属于探索性的研究，缺乏一定的系统性。王舒曼等以江苏省为案例区进行水质、水量的水资源实物量核算和采用恢复成本法进行了水资源价值核算。

《水资源环境经济核算体系》的成功编制，对我国的水资源核算研究工作起到了推动作用，水资源核算的框架逐步趋于成熟，同时水资源核算问题研究的难点逐渐显现。张宏亮通过对水资源实物量和价值量核算的研究，初步建立了水资源纳入宏观环境会计核算体系的理论框架；王萍、廖志伟等通过分析现有水利统计指标体系存在的问题，以水资源核算为基础提出了水利统计指标体系改革的方向。

近几年，针对水资源核算中的难点问题，如水资源的供应使用与国民经济核算体系的匹配问题、水资源核算的实际操作问题、水资源耗减量的计算以及水经济账户的编制问题等，国内许多学者开展了相应的探索研究。刘思清等探讨了水资源核算供应使用账户中应包含的实物内容和传统水利统计与水资源核算供应使用账户的关系，揭示了供应表与使用表中流量总和恒等的内在联系；卢琼等从水的自然循环和社会循环出发，分析了水资源核算体系框架下水的实物量供给使用表和水资源资产账户的水循环机制，并通过在国家层面的试算提出了进行水资源核算的建议。

第三节　SEEAW 主要内容

一、SEEAW

联合国水资源环境经济核算的基本理念是在将水资源引入到国民经济核算体系（SNA）中，按照 ISIC 分类标准，通过水资源资产账户、水资源质量账户、水的实物量供给使用表、排放账户、混合账户、自用供排水混合账户、涉水政府公共消费账户、国民支出及融资账户等记录社会经济对水资源的供给、使用、处理、排放过程以及同时发生的经济产出及财务支出状况，形成涉水统计核算体系，为政策应用及决策机制提供基础。

二、SEEAW 账户体系

联合国水资源环境经济核算框架中的账户包括水的实物量供给使用表、排放账户、混合账户、经济账户、水资源资产账户、水资源质量账户。

（一）水的实物量供给使用表

水的实物量供给使用表（SUT）是以实物量作为单位，描述水在经济体内以及在环境与经济体之间的流量。

（二）排放账户

排放账户是描述直接或通过污水管网系统间接排入水体的废污水中各种污染物含量的账户。该账户通过统计废污水中污染物的种类、数量及排放去向（如排入淡水水域或海水水域)，分析人类活动对环境造成的压力。

（三）混合账户

混合账户是将价值量和实物量的对应信息在同一核算表中并列反映，建立起国民经济活动中价值量与水资源实物量的关系，反映国民经济各部门的供水、用水、污水排放状况，以及供用水过程中伴生的国民经济产出和使用及固定资产形成，提供了一个详细的反映水资源与国民经济活动整体状况的数据库。

（四）经济账户

经济账户是要将与水有关的内容从整个经济核算之中分离出来，形成相对独立的水经济核算体系，可以显示现实经济体系围绕水的开发与保护所付出的经济资源，显示在开发保护过程中不同部门之间的经济利益关系，显示与水有关产业的发展状况以及对国民经济的贡献，显示与水有关税费和水权等经济手段运用的力度。经济账户由一系列子账户构成，包括自用供排水混合账户、涉水政府公共消费账户、税费与补贴账户、国民支出及融资账户。

①自用供排水混合账户记录除专门供水及污水处理外的部门直接从环境取水或对产生的废污水进行排放前处理而发生的费用和取用、处理的水量等信息，与水供给和使用的混合账户结合起来，可以反映社会经济中全部供用水活动的实物量与价值量的供给和使用信息。②涉水政府公共消费账户记录政府为了实现水资源管理、水环境保护等目的发生的直接或间接支出。其目的是分析政府在涉水服务中的作用，反映政府对涉水服务的支出状况，了解这些情况对制订经费支出计划具有重要作用。③税费与补贴账户。水的供给与使用过程会产生相关的税费与补贴，该账户主要记录这些内容，反映政府利用经济杠杆对供用水活动的干预程度。④国民支出及融资账户针对水资源开发利用、管理和保护等活动，核算以各种名义在各个环节发生的资金来源及使用去向，反映国民经济为进行水资源开发利用及保护所支付的总经济价值，反映企业、政府、住户之间形成的支出结构和利益关系。

（五）水资源资产账户

水资源资产账户以实物量测算核算期期初和期末水资源的存量，在这里水资源被界定为自然资产。水资源资产账户还包括在核算期内所发生的存量的变化以及变化的原因。

（六）水资源质量账户

水资源质量账户描述某一评价时段内水资源存量及质量变化。该账户可以综合反映水资源的质量及其变化情况，既是综合环境经济核算中生态核算的基础，又是进行水资源科学管理、废污水综合治理的依据。

第四节　我国水资源环境经济核算体系

一、总体框架

中国水利水电科学研究院、国家统计局以及中国人民大学等单位以联合国发布的统计核算体系为基础，结合我国的实际状况对核算体系进行了充实和完善，形成了我国水资源环境经济核算体系框架。

（一）水资源实物量核算

水资源实物量核算一方面从水文循环出发，用实物单位描述在地表、地下和土壤中存在的总水量，以及这些水量在一定期间（一年）内的变化，并对水资源存量按照水质状况予以评估；另一方面从社会水循环出发，描述社会经济活动中取水、供水、用水、耗水、排水量以及污染物排放量，体现水资源与经济活动的关系，从根本上关注水资源对经济体系用水的保障程度。实物量核算包括存量核算和流量核算两个方面。存量核算包括数量核算和质量核算，流量核算包括水供给使用核算、水污染核算和水供给使用混合核算。

（二）水经济核算

水经济核算主要是按照现有经济核算规则对围绕水所发生的各种经济活动进行核算，包括存量核算和流量核算，其基础是国民经济核算。核算内容包括三部分：一是将水资源的开发、管理、保护作为一类特殊的经济生产活动，对涉水产业的投入与产出进行核算；二是将水资源的开发、管理、保护活动提供的产出作为一类经济产品，对涉水产品的供给与使用发生的资金收支进行核算；三是从开发、管理、保护目的出发，对围绕水资源所发生的资产积累状况进行核算。

（三）水的综合核算

水的综合核算目标是以水资源实物量核算、水经济核算以及国民经济核算为基础，评价水资源与国民经济的关联关系，进一步开展水资源价值核算、水资源耗减与水环境退化成本核算及政策应用研究，针对涉水活动中的实际问题，在水资源开发、水资源管理、水利投资及产业发展政策等方面为政府提供政策建议。

二、水资源的实物量核算

水资源实物量核算的主要目标是从水资源供、用、耗、排的循环过程进行核算，将水资源及其供给与使用在实物量意义上导入国民经济核算体系，体现水资源与经济活动的关系，反映水资源对于经济体系的重要性以及保障程度。通过水资源存量核算和流量核算，可全面掌握水资源数量、质量及供给使用信息，并将水的实物量供给使用信息与经济产品供给使用的价值量信息相结合，反映经济活动对水资源的利用效率、对废水的排放强度。

（一）存量核算

存量核算有两个相互关联的账户：水资源资产账户和水资源质量账户。

水资源资产账户是将水资源作为自然资产进行核算，考察其在某一时点上（通常是指核算期的期初和期末）的存量以及两个时点（期初和期末）之间所发生的变化。从水资源与经济体系的关系入手，分析其变化原因，可为水资源的可持续利用提供依据。

水资源质量账户描述了核算期期初和期末按质量等级进行分类的水的存量，以及核算期内不同水质类别的存量变化，一般分河流、湖泊、水库分别核算。由于技术因素，在账户中很难将产生质量变化的原因与质量变化一一对应，并直接联系在一起，质量账户中只能体现某一核算期内质量的变化，而不再进一步分出变化的原因。

（二）流量核算

流量核算有三个相互关联的账户：实物量供给使用表、排放账户和混合账户。事实上，混合账户还包括一部分经济核算内容，兼有实物量核算和经济核算的功能，无法将其分为两个独立账户，研究中将其放到实物量核算中。

实物量供给使用表提供在环境和经济体之间，以及经济体内部包括国民经济各行业和住户部门之间水的流向和流量信息，其中既包括经济体对水的使用即消费，也包括经济体对水的供给或排放。对水的实物供给使用流量进行核算，其目标是采用实物单位系统描述核算期内“资源水进入经济体系-产品水在经济体系内部的循环-废水从经济体系排向环境”的整个过程。不仅要核算各个环节上水供给使用流量的多少，同时要在结构上给出供给使用的“来龙”和“去脉”，尤其要关注经济部门分类下的供给使用。

废污水对环境的影响不仅取决于废污水量的多少，更取决于废污水中所包含的污染物的多少。排放账户侧重于核算国民经济各行业和住户部门对环境排放的废污水中所含有的污染物数量。

混合账户是将实物量供给使用表中所记录的水资源实物量信息，与各部门的经济活动核算信息结合起来。其中，经济活动信息来自国民经济核算中的经济产品供给表、使用表。之所以称其为“混合”核算，是因为有关水的供给使用信息用实物单位表示，有关经济产品供给使用的信息则是按照货币单位提供的。通过这样的混合核算，不仅保留了进入和排出经济体系的水量的信息，而且可以进一步提供对应经济活动规模的用水和排水信息，反映水资源的利用效率以及废水的排放强度。同时，可反映核算期内涉水产品的供给和使用状况，以实物量和价值量形式评价涉水产品的供给结构和使用结构。混合账户包括混合供给表、混合使用表和水供给使用混合账户三个账户。

（三）水经济核算

将与水有关的经济活动从一般经济活动中分离出来，以便反映经济体系针对水资源开发、利用、管理、保护所发生的经济活动规模以及其中的经济利益关系。作为经济活动，这些内容实际在很大程度上已经包含在国民经济核算之中，因此所谓关于水的经济核算，就是要将与水有关的内容从整个经济核算之中分离出来，形成相对独立的水经济核算体系。通过水的经济核算，可以显示现实经济体系围绕水的开发与保护所付出的经济资源，显示在开发保护过程中不同部门之间的经济利益关系，显示与水有关产业的发展状况以及对国民经济的贡献，显示与水有关税费和水权等经济手段运用的力度。

1. 存量核算

存量核算主要是水利资产核算，相关账户为水利资产账户。与水相关的资产包括企业或水管理部门所有的以提取、分配、处理和排放水为目的的水利基础设施。水利资产账户反映了涉水活动所形成的固定资产，用以评价涉水活动的财富积累状况。

2. 流量核算

流量核算包括涉水活动投入产出核算和涉水活动收支核算，相关账户为自用水活动混合账户、涉水活动生产账户、税费补贴账户、国民支出账户和筹资账户。

自用水活动混合账户反映了各个产业和住户的自用性涉水活动状况，记录了直接从环境取水或对废污水进行排放前处理活动而发生的费用以及取用水量或处理水量等信息。与水供给与使用的混合账户结合起来，可以反映经济社会中全部供用水活动的实物量与价值量的供给和使用信息。

涉水活动生产账户记录了水资源开发、利用和保护行业生产产品与提供服务的活动，目的是将涉水行业的投入产出信息从国民经济核算中分离出来，反映与水有关行业经济活动的规模，评价涉水行业对国民经济的贡献。

税费补贴账户记录了用水户在用水和排水过程中支付的税费以及获得的补贴，目的是分析国家利用各种经济杠杆对水资源消耗和水环境保护活动进行宏观调控的作用。我国目前征收的与水有关的税费主要是水资源费和排污费，发放的与水有关的补贴主要包括农业用水补贴、节水补贴和治污补贴等。

在国民经济活动中，围绕水资源的开发、利用、管理和保护发生大量的资金投入，国民支出账户和筹资账户记录了核算期内与水有关活动的资金筹集和使用状况，目的是反映国民经济为进行水资源的开发、利用和保护活动所支付的总经济价值，以及企业、政府、住户之间形成的支出结构和利益关系。

（四）水的综合核算

水的综合核算的基本思路是在存量和流量不同层面上，将水资源作为一个有机要素纳入国民经济核算内容之中，进行总量调整，以全面评价水资源对国民经济的贡献和影响。根据综合环境经济核算的原理，以水为主题，可以实现的总量调整主要有两个：一是将水资源作为经济资产的组成部分，估算水资源的经济价值，然后将其纳入国民财产核算之中，由此显示水资源作为一国所拥有的财富的重要性；二是将水资源作为经济活动的投入要素看待，估算经济活动所造成的水资源耗减成本和水环境退化成本，将其从反映经济产出成果的国内生产总值（GDP）扣除出去，形成经过调整后的GDP，由此显示水资源对于国民经济的贡献以及经济过程对水资源的影响强度。

是否对国民经济核算进行调整，目前还存在争议。争议的焦点与其说在于是否应该进行总量调整，不如说是能否实现总量调整以及如何开发适当方法支持总量调整的实现。总体来看，在估价方法没有得到根本解决的情况下，总量调整似乎就是一个无法达到的目标，因此联合国《水资源环境经济核算体系》明确宣布“不讨论耗减和退化成本对宏观经济总量的调整”问题。但是，作为水问题突出的发展中国家，我国有必要针对此领域进行尝试性的研究。通过对水资源进行估价研究，即可以像森林资源核算、污染核算那样，将资源环境经济学中所开发的方法与国民经济核算所应用的方法嫁接起来，推进总量调整的实现。

因此，综合核算的实质是依据实物量核算和经济核算的结果开展进一步分析，主要包括三个方面：第一，水资源价值核算，系统分析水资源价值属性，建立合理的可行评价理论和方法，对非市场化的水资源价值进行定量研究。第二，水资源耗减与水环境退化成本核算，以水资源价值核算为基础，评价水资源供给使用过程中的水资源耗减成本和水环境退化成本，反映水资源耗减和水环境退化对国民经济造成的负面影响。第三，政策应用，基于水资源核算成果，为水务主管部门提供水资源开发、管理方面的建议；结合水资源价值研究，在水资源费、排污费及水价制定方面为决策部门提供技术支撑；在供水、水污染治理等方面为政府提供水利投资建议；建立一系列宏观指标，评价水与国民经济的关系，在产业发展政策领域为政府宏观决策提供政策建议等。

第五节　水资源环境经济核算发展方向

一、开展广泛的试算

水资源环境经济核算已经初步形成了系统的理论体系，下一步的工作重点是逐步应用到实际操作中，通过实际的统计核算来检验体系的合理性和可行性。因此需要选定试点区开展试算研究，以逐步对体系进行改进、完善，促进其应用推广。水资源环境经济核算涉及众多部门，在数据获取层面需要建立各部门的合作，将涉水数据整合到统一的平台上。在理论研究层面上需要加强与其他学科的交流，尤其是在水资源价值评价、水资源耗减成本和水环境退化成本方面要借鉴其他资源的评价方法。

二、立足水资源，建立与统计核算部门的合作

水资源环境经济核算涉及水资源、社会经济等方面的信息，我国涉及这些方面数据的统计部门包括水利部、环保部、住房和城乡建设部、国家统计局等。因此，要建立水资源环境经济核算体系不能只局限于水利部一个部门，需要加强与各部门的协调合作，促进水资源环境经济核算的有力开展。

三、依托水资源环境经济核算，持续开展价值量核算研究

通过分析，初步总结出该领域存在的主要问题体现在三方面：①从联合国到欧盟乃至

我国的水资源环境经济核算框架体系，还未经过实际操作层面的检验，核算方法和账户是否符合管理需求还有待验证；②在水资源价值量核算方面，我国水资源环境经济核算对水资源价值、水资源耗减成本、水环境退化成本等方面开展了拓展研究，校正了水资源价格偏低的问题，但是如何将水资源耗减和水环境退化产生的影响纳入国民经济核算中，形成考虑负效应的核算体系还需要进一步深入研究；③水资源环境经济核算的目标是为水资源管理和综合环境经济核算服务，如何利用水资源环境经济核算体系更合理地为水资源综合管理提供支撑作用，如何将水资源环境经济核算与综合环境经济核算衔接也是需要进一步研究的问题。

开展水资源环境经济核算的一个重要目标是将水资源开发利用引起的资源和环境问题纳入国民经济指标分析中，将资源和环境成本纳入经济系统是目前的一个热点和难点，须在水资源价值量核算方面开展深入研究，以推动水资源环境经济核算工作的有效开展，推动与国民经济核算的融合。

四、以水资源综合管理为导向，开展新形势下的涉水政策应用研究

水资源环境经济核算的另一个重要目标是为水资源综合管理提供技术支撑，一方面要根据水资源管理需求，建立服务于实际管理的水资源环境经济统计核算平台；另一方面要以水资源统计核算体系为基础，进一步进行拓展分析研究，凝练指导性指标和政策方向，为最严格水资源管理制度提供指导。

五、实现水资源资产负债表与水资源核算的系统性关联

在可持续发展背景下，我国正着手构建国家资产负债表，以客观评价我国在某一时点的财富状况。全口径的国家资产负债表需要将自然资源作为非金融非生产性资产纳入核算体系中。探索编制包括水资源在内的自然资源资产负债表不仅可促进建立生态文明评价制度，把资源消耗、环境损害、生态效益纳入经济社会发展评价体系，也是完善国家资产负债表及相应统计制度的重要内容。作为 SNA 的基本核算单元，国家资产负债表早已融于 SNA 体系中；而无论是自然资源资产负债表之于 SEEA，还是水资源资产负债表之于 SEEAW，则需要加大力度开展相关研究，除完成自然资源资产负债表及水资源资产负债表的编制工作外，还须实现自然资源资产负债表及水资源资产负债表与 SEEA 和 SEEAW 的系统性关联。同时，作为未来水权制度中基本水权益实体（water entity）的水核算平台，水资源资产负债表将在水资源转换或水权交易中发挥巨大作用。

第十三章 智慧流域

第一节 智慧流域起源与时代背景

一、智慧流域驱动因素

（一）智慧流域是建设生态文明的战略选择

生态文明是现代社会的高级文明形态。面对资源约束趋紧、环境污染严重、生态系统退化的严峻形势，党的十八大明确要求更加自觉地珍爱自然，更加积极地保护生态，努力走向社会主义生态文明新时代，将生态文明提到关系人民福祉、关乎民族未来的长远大计高度，树立尊重自然、顺应自然、保护自然的生态文明理念，把生态文明建设融入经济建设、政治建设、文化建设、社会建设的全过程和各方面。生态文明是继原始文明、农业文明和工业文明后的一种高级文明形态，是社会文明演变发展的历史继承和提升，是对传统农业文明和工业文明的反思与超越，倡导的是人与自然的协调发展。

生态文明建设需要智慧流域发挥战略支撑作用。党中央之所以将生态文明建设提升到“五位一体”的高度，是因为生态环境已经影响到人民生活和生存，受到社会的普遍关注。资源约束趋紧、环境污染严重、生态系统退化的严峻形势已成为我国经济可持续发展的瓶颈。数据显示，我国近30%的国土面积分布在大江大河流域，横贯不同的行政区域，流域承载着密集的城镇、工矿企业和众多的人口，是我国经济发展的核心地带，流域内的水资源、土地资源、生物资源、矿产资源等为国民经济的可持续发展提供了源源不断的资源支撑和驱动力。流域是生态文明建设的基本单元，是生态文明建设过程中的摇篮和“孵化器”。如果没有健康的流域支撑，生态文明将是无源之水。因此，维护健康的流域是生态文明建设的重要路径和基石，是实现中华民族伟大复兴的通道。随着生态文明理念不断深入，健康的流域管理发挥战略作用，流域管理向智慧化方向转变成为信息化发展的终极趋势，是践行“节水优先、空间均衡、系统治理、两手发力”治水思路，保障水安全和生态文明战略实现的重要抓手。

（二）智慧流域是社会融合发展的重要支撑

信息社会已成为社会发展的主流形态。随着科学技术的不断进步，信息社会已成为社会发展的主流形态，信息社会将信息化贯穿到了生产生活的各个方面，使信息化走向了“智慧”，并使生产力得到了提升。据统计，目前发达国家 1/2 以上从业人员从事与信息相关的工作。照此推算，未来 10 年人们的全部工作中将有 4/5 与信息有关。信息社会已经显现出以下重要特征：一是信息网络泛在化，高速、宽带、融合、无线的信息基础设施将联通所有人或物。二是社会运行智能化，精细、准确、可靠的传感中枢将成为社会运行的要素。三是经济发展绿色化，高效、安全、便捷、低碳的数字经济将蓬勃兴起。四是人们生活数字化，科学、绿色、超脱、便捷的数字化新生活将变成现实。五是公共服务网络化，虚拟化、个性化、均等化的社会服务将无所不在。六是公共管理高效化，精细管理、高效透明将成为公共管理的必然趋势。随着信息社会的快速发展，社会各行各业都在发生改变，从社会网络、生产模式到管理方式与服务手段，这对流域发展及服务方式都产生重要影响，智能化、一体化、协同化成为流域发展的新趋势，智慧流域的到来是必然趋势。

智慧化理念促进了智慧流域的发展。IBM 首次提出的“智慧地球”新理念，感应器逐步被装备到电网、铁路、桥梁、隧道、公路、建筑、大坝、油气管道等各种物体中，并且被普遍连接，形成物联网。物联网与现有的互联网整合起来，实现人类社会与物理系统的整合。智慧地球的核心是更透彻的感知、更全面的互联互通和更深入的智能化。自“智慧地球”概念提出以来，各种智慧化应用与创新得到不断推广，智慧化理念的不断深入对我国智慧流域的发展也起到了积极推动作用。智慧流域是智慧地球建设过程中不可缺少的重要部分，通过智慧流域的发展，可以更有力地承担建设、保护和改善生态系统的重大使命，有效改善森林锐减、湿地退化、土地沙化、物种灭绝、水土流失、干旱缺水、洪涝灾害、气候变暖、空气污染等生态危机。智慧地球是一种低碳、绿色、和谐的发展模式，完全契合了我国构建生态文明、建设美丽中国的发展战略。随着智慧地球理念的不断深入，我国智慧流域的建设是必然趋势。尤其是在我国新型工业化、信息化、城镇化、农业现代化融合发展战略的促进下，流域智慧化的道路将加快推进、创新发展。

（三）智慧流域是流域转型升级的现实需求

近年来，流域信息化有力支撑了生态流域建设，流域信息化全力促进了流域产业发展，流域信息化着力引领了生态文化创新，流域信息化大力提升了流域执政服务水平。总之，信息化促进了流域智慧转变。从信息到智慧，从数字流域到智慧流域，信息化在流域管理中的应用已经从零散的点的应用发展到融合的全面的创新应用。一是智慧流域创新服务，以“民生优先、服务为先、基层在先”的服务理念，用更全面的互联互通促进信息交互、服务多元化，极大地提升政府服务水平和基层参与管理的深度，从而有效支撑服务型政府的构建；二是智慧流域创新平台，用更透彻的感知摸清水资源和生态环境状况、遏制生态危机、共建绿色家园，用更深入的智能监测预警事件支撑生态行动、预防生态灾害，从而打造一体化、集约化的发展平台；三是智慧流域创新管理，以智能建设生态流域、提速民生事业，用更智慧的决策掌控精细管理、处置应急事件、促进协同服务，实现最优化的创新管理。

经过多年的努力，流域信息化快速发展，流域管理水平不断提高，流域生态文明建设也取得了一定成果。但是，智慧流域在未来发展过程中仍将面临较大的挑战：一是信息共享和业务协同程度低，二是新技术应用支撑能力不足，三是感知体系不完善，四是数字鸿沟依然存在。目前存在的各种问题，不仅制约了流域管理发展，而且影响了国家发展大局，如果不加快流域发展模式转型升级，将影响美丽中国的创建。因此，需要全面加快流域信息化建设，促进流域管理转型升级，实现流域智慧化发展。今后的流域将实现高度智能化——信息化引领、一体化集成、智慧化创新。

（四）智慧流域是主动寻求变化的结果

随着人类社会的发展，流域管理思想也发生着巨大变化，从传统管理方式不断向重视生态、兼顾生态与经济的协调发展转变，从而构建更加适应社会发展需要的流域模式，这需要充分利用现代科学技术和手段，提高全社会广泛参与保护和培育流域资源的积极性，高效发挥流域的多功能和多重价值，以满足人类日益增长的生态、经济和社会需求，现实的需要为智慧流域的发展提供了契机。

目前，信息技术革命主要经历了三个阶段，即计算机的产生与发展、互联网的产生与发展、物联网的产生与发展。信息技术革命是近代历史上所发生的重要科技革命，计算机技术开辟了智能化时代；互联网技术使信息传播途径成功升级，实现了信息分享无处不在、信息传递精准定位、信息安全便捷可保；物联网、云计算、移动互联网等新一代信息技术实现了互联互通、快速计算、便捷应用等。牢牢把握新一轮信息技术革命的机遇，充分利用现代信息技术的强力作用，将为社会发展不断创造奇迹。

现代信息技术在流域发展中发挥了重要作用。随着现代信息技术的逐步应用，通过对流域的全面有效监管，能实现流域资源状况的实时、动态监测和管理，获取流域资源基础数据，实现对流域资源与社会、经济、生态环境的综合分析，对流域发展态势进行详细分析，对流域演化情况进行预测和模拟。

新一代信息技术为智慧流域的发展提供重要支撑。随着云计算、物联网、下一代互联网等新一代信息技术变革，以及智慧经济的快速发展，信息资源日益成为流域发展的重要因素，信息技术在流域发展中的引领和支撑作用进一步凸显。目前，信息技术在流域基础设施建设、流域资源监测与管理、流域政务系统完善、流域产业发展等方面已得到广泛应用，对智慧流域的发展起到重要推动作用。

与智慧流域密切相关的是目前的数字流域。数字流域是伴随地理信息系统和虚拟现实技术产生的概念，强调将各种数据与地理坐标联系起来，以图形或图像的方式来展示。然而仅提供三维、航空和地面多视角等多维位置服务的数字流域已经不能适应大信息量、高精度、可视化和可量测方向的发展趋势，以及不能满足数据生产、加工、服务内容和更新手段提出的自动化、实时性和智能化的更高要求。智慧流域的提出意味着一种与数字流域不同的视角，它以物体基础设施和 IT 基础设施的连接为特色，数字代表信息和信息服务，智慧代表智能、自动化与协同，注重人的个性体验和发展。数字流域以信息资源的应用为中心，智慧流域以自动化智能应用为中心，虽然两者有关联与交集，但是所强调的内涵不同。智慧流域不但具有数字流域的特点，更强调人类与物理流域（现实流域）的相互作用，实现流域物理世界中人与水、水与水、人与人之间的便利交流，与数字流域巧妙结合，构建“数字流域-物理流域-人类社会”三元体系的联合互动模式，突出其作为新一代流域变革理念的特色和生命力。

二、智慧流域概念解析

（一）概念界定

“智慧”的理念最早起源于 IBM 提出的“智慧地球”这一概念，其理论基础是互联网进化论。具体来说，“智慧”的理念就是通过新一代技术的使用使人类能以更加精细和动态的方式管理生产和生活的状态，通过把传感器嵌入和装备到全球每个角落的供电系统、供水系统、交通系统、建筑物和油气管道等生产生活系统的各个物体中，使其形成的物联网与互联网相联，实现人类社会与物理系统的整合，尔后通过超级计算机和云计算将物联网整合起来。此后这一理念被世界所接纳，并作为应对金融海啸的经济增长点。在此基础上，全世界以城市智慧化建设作为智慧地球建设的切入点和体现形式，掀起了智慧城市建设的浪潮。智慧城市被认为有助于促进城市经济、社会与环境、资源协调可持续发展，缓解“大城市病”，提高城镇化质量。

基于国际上的智慧城市研究和实践，“智慧”的理念被解读为不仅仅是智能，即新一代信息技术的应用，更在于人体智慧的充分参与。推动智慧城市形成的两股力量，一是以物联网、云计算、移动互联网为代表的新一代信息技术，二是知识社会环境下逐步形成的开放城市创新形态。一个是技术创新层面的技术因素，另一个则是社会创新层面的社会经济因素。

综合上述对智慧化理念的解读，不管是智慧地球，还是智慧城市，主要体现为物的智能和人的智慧，前者是指信息技术的发展，后者是人的创新能力的发展，两者相互促进，相辅相成，缺一不可。正是两者的结合，使管理对象，如地球、城市等，呈现出智慧化的形态，保持可持续发展。因此，智慧理念的构成有三要素：物（客体或准主体）、技术（手段）、人（主体）。人通过创新，使技术得到进步，技术进步使物具备了智能化，正是物的智能化，使人类居住的生态环境、社会经济与自然资源协调发展。

经过上述分析，参考智慧地球的定义，借鉴智慧城市等相关领域的概念定义，在此给出智慧流域的定义：将新一代信息技术充分运用于流域综合管理，把传感器嵌入和装备到流域的自然系统和人工系统中，泛在互联形成“流域物联网”，通过超级计算机和云计算将“流域物联网”整合起来，以大数据、流域系统模型、虚拟地理环境等为支撑，完成数字流域、物理流域和人类社会的无缝集成，通过充分利用人类的开放创新精神，实现以更加智慧、精细和动态的方式进行流域规划、设计、建设和运行的“全生命周期”管控，使人类社会与生态环境永续和谐，达到能够智慧化高效运行的可持续发展的流域形态。

简单地说，智慧流域是指充分利用云计算、物联网、大数据、移动互联网等新一代信息技术，融合人类个体和群体智慧，通过感知化、物联化、智能化、社会化的手段，形成流域立体感知、管理协同高效、生态价值凸显、服务内外一体的流域发展新模式。

（二）概念辨析

1. 智慧流域与数字流域的关系

数字流域是指基于宽带网络通信基础设施和计算资源基础设施推进城市信息化建设，数字流域可以看作是智慧流域的初级形态。我国多数流域信息基础设施建设亟待加快，但

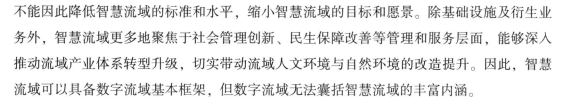

不能因此降低智慧流域的标准和水平，缩小智慧流域的目标和愿景。除基础设施及衍生业务外，智慧流域更多地聚焦于社会管理创新、民生保障改善等管理和服务层面，能够深入推动流域产业体系转型升级，切实带动流域人文环境与自然环境的改造提升。因此，智慧流域可以具备数字流域基本框架，但数字流域无法囊括智慧流域的丰富内涵。

依据李德仁院士对“数字城市”与“智慧城市”两者关系的解读，可以认为数字流域存在于网络空间（cyber space）中，虚拟的数字流域与现实的物理流域相互映射，是现实生活的物理流域在网络世界中的一个数字再现。智慧流域则是建立在数字流域的基础框架上，通过无所不在的传感网将它与现实流域关联起来，将海量数据存储、计算、分析和决策交由云计算平台处理，并按照分析决策结果对各种设施进行自动化控制。在智慧流域阶段，数字流域与物理流域可以通过物联网进行有机的融合，形成虚实一体化的空间（cyber physical space）。在这个空间内，将自动和实时地感知现实世界中人和物的各种状态和变化，由云计算中心处理其中海量和复杂的计算与控制数据，为人类生存繁衍、经济发展、社会交往等提供各种智能化的服务，从而建立一个低碳、绿色和可持续发展的流域。

智慧流域的发展与早期的信息基础设施以及数字流域的建设一脉相承，但智慧流域阶段更注重信息资源的整合、共享、集成和服务，更强调流域管理方面的统筹与协调，时效性要求也更高，是信息化流域和数字流域建设进入实时互动智能服务的更高阶段，同时是工业化和信息化的高度集成。

李成名在《从数字城市走向智慧城市》一文中，从测绘地理信息的角度分析了数字城市与智慧城市的区别与联系。他认为，与数字城市相比，智慧城市将从“两式四化”发展到“4S四化”。在数字城市阶段，两式即“分布式、一站式”，数据不集中，采取分布式存储逻辑式集中，通过平台对用户提供一站式的服务”；四化即“数字化、网络化、空间化、协同化”，各种信息首先表现为数字化，在网络上在线运行，当然专题信息是分布在空间上的，同时在两式的支撑下，政府及其各部门实现业务的协同处理。在智慧城市阶段，4S即“基础设施即服务（laaS）、平台即服务（PaaS）、软件即服务（SaaS）、数据即服务（DaaS）；四化即“鲜活化、虚拟化、代理化、灵性化”，集成物联网智能感知的实时信息，通过虚拟化方式进行数据、软件功能、平台和基础设施的共享，依托“代理”宿主寄存各类资源，通过智能组合方式，按需为用户提供服务。

2. 智慧流域与其相关概念的关系

流域是以水系划分的地理区域，在地理上属于区域层面。在此层面上，数字区域、数字城市都应该包含在内。但它在领域中又属于专业层面，尤其是水利专业层面，目前在流域管理层面上，也只有水利部派出的各个流域水利委员会。此外，由于“流域”一词对一般人员来说比河流（或由自然水系和人工水系组成的水网）抽象，智慧流域不像智慧河流（或智慧水网、智能水网）那样单纯，它所涉及的不仅仅是河流（或水网）本身，而是流域面上的方方面面，尤其是社会、经济和环境等方面，与水利以外的领域有很多交叉与重叠。但是，水利工作者的关注点又往往在流域内的具体水利问题上，在考虑时容易偏向“智慧水利”（或智慧水务、水联网）。智慧水利是智慧流域在水利中的应用体系，包括水利的各种专业应用，如智慧电站、智慧水务、智慧水资源、智慧水环境等。与此类似，智慧环保是智慧流域在环保中的应用体系。智慧流域并不等于以水系划分的区域上的智慧水利或智慧环保，当然也不是水系划分的区域上的智慧区域。但是，流域作为一个具有明确边界的地理单元，它以水为纽带，将上、中、下游组成一个普遍具有因果关系的生态系统，是实现资源和环境管理的最佳单元。因此，智慧流域有明显的特点和重要性，专业性也比较强，绝非智慧区域之类可以取而代之，是介于智慧地球与智慧城市间的一个重要区域层次。

（三）智慧流域内涵和特征

1. 智慧流域内涵

智慧流域是智慧地球的重要组成部分，是未来流域创新发展的必由之路，是统领未来流域工作、拓展流域技术应用、提升流域管理水平、增强流域发展质量、促进流域可持续发展的重要支撑和保障，它既是信息时代现代流域发展的新目标，又是实现流域科学发展的新模式，是信息技术与流域发展的深度融合。智慧流域与智慧地球、美丽中国紧密相连；智慧流域的核心是利用现代信息技术，建立一种智慧化发展的长效机制，实现林业高效高质发展；智慧流域的关键是通过制定统一的技术标准及管理服务规范，形成互动化、一体化、主动化的运行模式；智慧流域的目的是促进流域资源管理、生态系统构建、绿色产业发展等协同化推进，实现生态、经济、社会综合效益最大化。

智慧流域的本质是以人为本的流域发展新模式，不断提高流域生态和民生发展水平，实现流域的智能、安全、生态、和谐。智慧流域主要通过立体感知体系、管理协同体系、生态价值体系、服务便捷体系等来体现智慧流域的智慧。其内涵包括以下几个方面：

（1）流域感知体系更加深入

通过智慧流域立体感知体系的建设，实现空中、地上、地下、水中感知系统全覆盖，可以随时随地感知各种流域信息。

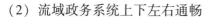

（2）流域政务系统上下左右通畅

通过打造国家、流域、省、市、县一体化的流域政务系统，实现流域政务一体化、协同化，即上下左右信息充分共享、业务全面协同，并与其他相关行业政务系统链接。

（3）流域建设管理低成本、高效益

通过智慧流域的科学规划建设，实现真正的共建共享，使各项工程建设成本最低，管理投入最少，效益更高。

（4）流域民生服务智能更便捷

通过智慧流域管理服务体系的一体化、主动化建设，使政府、企业、居民等可以便捷地获取各项服务，达到时间更短、地点准确、质量更高。

（5）流域生态文明理念更深入

通过智慧流域生态价值体系的建立及生态成果的推广应用，使生态文明的理念深入社会各领域、各阶层，使生态文明成为社会发展的基本理念。

2. 智慧流域特征

（1）智慧流域的理念特征

智慧流域的理念特征包括以人为本、协同整合、创新驱动和可持续发展。

①以人为本

是强调智慧流域要从以管理为中心向以服务为中心转变，把人的需求和发展放到首要位置，着力突出公众在智慧流域中的主体地位。无论是政策的设计还是公共服务的供给，都要响应公众诉求，满足民生需求，把提升公众的满意度和幸福感放在首位，使公众的意愿得到充分尊重和体现。

②协同整合

整合是智慧流域的主要形式。智慧流域建设要从条块分割的信息化模式向协同整合的模式转变，实现以流域为单元的“大系统整合”。通过跨部门的信息资源共享、业务管理协同、联合政策制定，提高流域综合规划能力、管理能力、运行效率，实现资源更有效的配置，提升流域承载力。

③创新驱动

流域发展要从依赖资源、资本驱动向依赖知识、科技驱动转变。要充分发挥创新主体的作用，依靠政府、企业、公众共同推动，在技术、机制、商业模式、服务方式上进行创新，提升流域发展的质量。重视用户创新、开放创新、公众创新等新形势，鼓励政府开放数据，通过社会参与、节省政府开支、增加服务供给实现多方共赢的模式创新。

④可持续发展

智慧流域的长远目标是实现整个流域的可持续发展。流域可持续发展在维持流域系统的生态、环境和水文整体性的同时，充分满足大流域当代及未来的社会发展目标，按发展阶段层次性地提高流域的安全度、舒适度和富裕度。流域的可持续发展要求流域的人口、资源、环境、生态、经济协调发展，在社会主义市场经济体制不断完善的条件下，使流域的安全度、舒适度和富裕度不断得到提高。流域可持续发展不仅要满足当代人的需求，而且要满足子孙后代的需求，根据流域的自然地理条件（安全度），协调人类与自然之间的关系（舒适度），最终实现经济增长和社会进步（富裕度）。

（2）智慧流域的技术特征

智慧流域的技术特征包括：智慧流域建立在数字流域的基础框架上；智慧流域包含物联网、云计算和大数据；智慧流域面向应用和服务；智慧流域与物理流域融为一体；智慧流域能实现自主组网和自维护。

①智慧流域建立在数字流域的基础框架上

数字流域将流域中各类信息按照地理分布的方式统一建立索引和模型，为数字化的传感和控制提供基础框架。智慧流域需要依托数字流域建立的地理坐标和流域中的各种信息（自然、人文、社会等）之间的内在有机联系和相互关系，增加传感、控制以及分析处理功能。

②智慧流域包含物联网、云计算和大数据

在有了基础框架后，智慧流域还需要进行实时的信息采集、处理分析与控制，如同人除躯干外，还需要触觉、视觉等用于采集信息，需要大脑处理复杂的信息，需要四肢来执行大脑的控制命令。物联网和云计算就是实现这些功能的关键。物联网和云计算的核心和基础是互联网，其用户端延伸和扩展到了任何物品和物品之间，使它们之间进行信息交换和通信，弹性地处理和分析。智慧流域中的物联网、云计算和大数据应该包括以下四个方面：①智能传感网。利用射频识别（RF1D）和二维码等物联设施随时随地获取物体的信息和状态。②智能安全网。通过在互联网、广播网、通信网、数字集群网等各类型网络中建立各类安全措施，将物体的信息和状态实时、安全地进行传递。③云计算智能处理。在云端采用各种算法和模型，以大数据技术为支撑，实时对海量的数据和信息进行分析和处理，为实时控制和决策提供依据。④智能控制网。采集的信息经过云端智能处理后，根据实际情况实时地对物体实施自动化、智能化的控制，更好地为流域提供相关服务。

（3）智慧流域面向应用和服务

智慧流域中的物联网包含传感器和数据网络，与以往的计算机网络相比，它更多的是以传感器及其数据为中心。与传统网络建立的基础网络适用于广泛的应用程序不同，由微型传感器节点构成的传感器网络则一般是为了某个特定的应用而设计的。它通过无线或有线节点，相互协作地实时监测和采集分布区域内的各种环境或对象信息，并将数据交由云计算进行实时分析和处理，从而获得相近而准确的数据和决策信息，并将其实时推送给需要这些信息的用户。

（4）智慧流域与物理流域融为一体

在智慧流域中，各节点内置有不同形式的传感器和控制器，可用以测量温度、湿度、位置、距离、土壤成分、移动物体的速度大小及方向等流域中的环境和对象数据，还可通过控制器对节点进行远程控制。随着传感器和控制器种类和数据量的不断增加，智慧流域将流域与电子世界的纽带直接融入现实城市的基础设施中，自动控制相应流域基础设施，自动监控流域的水量、水质等，与现实流域融为一体。

（5）智慧流域能实现自主组网和自维护

智慧流域中的物联网需要具有自组织和自动重新配置的能力。单个节点或局部节点由于环境改变等因素出现故障时，网络拓扑应能根据有效节点的变化而自适应地重组，同时自动提示失效节点的位置及相关信息。因此，网络还具备维护动态路由的功能，保证不会因为某些节点出现故障而导致整个网络瘫痪。

3. 智慧流域的功能特征

智慧流域的功能特征包括更通达的水网、更精细的管理、更全面的感知、更泛在的互联、更深度的整合、更个性的服务、更智慧的决策、更智能的管控、更协同的业务、更生态的发展。

（1）更通达的水网（连通化）

充分有效借助自然水循环形成的自然河湖水系，通过人工运河、调度工程等水利工程的直接连通和区域水资源配置网络的间接连通，构建多功能、多途径、多形式、多目标，适合经济社会可持续发展和生态文明建设需要的蓄泄兼筹、丰枯调剂、引排自如、多源互补、生态监控的河湖水系连通网络体系。

（2）更精细的管理（精细化）

采用流域与区域管理相结合的管理方式，依据水循环的特性，结合现有的流域水资源及规划的水资源分区、水质迁移转化特征，将相关人、地、物进行网格化，创新管理模式，对流域实现精细化的管理。

（3）更全面的感知（感知化）

充分利用物联网技术中各种空、天、地表、地下、水中等传感设备，构建空天地一体化监测网络，作为智慧流域的“五官”，对“自然-社会”二元水循环及其伴生过程的各个环节以及相关的软硬件环境运行状态的参数信息进行全方位采集，使获取的信息要素更全、精度更高、时效性更强。

（4）更泛在的互联（互联化）

利用各类宽带有线、无线网络和移动网络等与通信技术中水与水、人与水、人与人的全面互联、互通、互动，为管理各类随时、随地、随需、随意应用提供基础条件。宽带泛在网络作为智慧流域的“神经网络”，极大地增强了智慧流域作为自适应系统的信息获取、实时反馈、随时随地智能服务的能力。

（5）更深度的整合（一体化）

基于云计算技术，充分发挥云计算虚拟化计算、按需使用、动态扩展的特性，以最大限度地开发、整合和利用各类信息资源为核心，推进实体基础设施和信息基础设施的整合与共享，构建智慧流域基础支撑环境，实现软硬件集中部署、统建共用、信息共享，从而提升信息化基础环境的充分运用。

（6）更个性的服务（个性化）

智慧流域通过云计算技术将基础设施、应用支撑平台、软件、数据等各种资源以云端服务按需供应的方式提供给政府、企业和公众；并通过各种固定或移动终端设备，借助于高速互联互通的计算机网络和通信技术，根据政府、企业和公众不同用户的需求，将系统运行中的常规信息、应急信息、处理后的信息和决策信息，以位置服务的形式快速有效地传递给用户。

（7）更智慧的决策（智慧化）

智慧流域让所有的事物、流程及运行方式都具有更深入的智能化，政府、企业和公众获得更加智能的洞察。基于云计算和大数据，通过智能处理技术的应用实现对海量数据的存储、计算与分析，并进入综合集成法（综合集成研讨厅），通过人的“智慧”的参与，将专家体系、知识体系与机器体系有机组合，发挥综合系统的整体优势去解决问题，大大提升决策支持的能力。基于云计算平台的大成智慧工程，构成智慧流域的“大脑”。

（8）更智能的管控（智能化）

智能化是信息社会的基本特征，也是智慧流域运营的基本要求，利用物联网、云计算、大数据等方面的技术，进行快捷、精准的信息采集、计算、处理等。在应用系统管控方面，体现为各种传感设备、智能终端、自动化装备等管理服务的智能化。智慧流域的智能调控包括决策信息指令的自动执行以及基于多元传感设备及高速传输网络的各种水网控制工程的智能调控。决策信息指令的自动执行是利用集中控制方式实现对防洪、水源、城乡供水、城市排水、生态河湖等控制工程的远程调控；水网控制工程的智能调控指整个控制工程系统能够以调度指令和水安全作为边界条件，在不受干扰的情景下，实现自动、高效、安全、有序的自感知、自组织、自适应、自优化的调控。

（9）更协同的业务（协同化）

信息共享、业务协同是流域智慧化发展的重要特征，就是要使流域规划、管理、服务等各功能单位之间，以及政府、企业、居民等各主体之间，在流域管理、灾害监管、产业振兴、移动办公和流域工程监督等流域政务工作的各环节实现业务协同，在协同中实现流域的和谐发展。

（10）更生态的发展（生态化）

生态文明是智慧流域的本质性特征，就是利用先进的理念和技术，进一步丰富流域自然资源、开发完善流域生态系统、科学构建流域生态文明，并融入整个社会发展的生态文明体系之中，保持流域生态系统持续发展强大。从而形成生态优化、产业绿色、文明显著的智慧流域体系，进一步做到投入更低、效益更好，展示综合效益最优化特征。

四、智慧流域基本构成

从智慧流域的定义、内涵、特征分析，抽取其本质要素，智慧流域的基本构成包括流域系统、智能感知、智能传输、智能计算、智慧管控。流域系统是智慧流域的核心和关键要素，智慧流域的终极目的就是打造一个美丽流域，达到人水和谐的状态。通过智能感知获取流域的自然环境和社会经济多尺度全要素信息，然后利用智能计算对获取的所有信息进行处理，再利用人的智慧和物的智能相结合，制订有益于流域发展的方案或措施，最后将其作用于流域自然环境和社会经济。为了检验方案或措施的有效性，利用智能感知获取调整状态的流域信息，再利用智能计算对这些信息进行处理，智慧管控利用从定性到定量综合集成各种信息支撑决策，对流域状态是否达到预计目标进行综合判断；若没有达到目标，则再进行方案或措施的调整，从而通过智慧流域这个闭环系统的自适应运行，使流域运行达到智慧化状态。闭环系统的运行离不开信息的快速传输，只有通过四通八达的“信息高速公路”，才能使人类社会、流域系统、物体系统达到有机融合，因此智能传输是智慧流域的重要组成部分。

通过类比人类神经系统，流域系统是组成人的躯干和四肢，智能感知是听觉/视觉/感觉/运动等系统，智能传输就类似于神经网络系统，智能计算类似于人的大脑，智慧管控就是通过大脑信息指令的发出，对流域系统的改造。李成名认为，一个智慧化的系统应包括像人类感官一样的实时信息感知设备，像人类神经系统一样的信息与指令双向传输网络系统，像人类大脑一样的云计算中心，像人类行为器官一样的应对与处置专题系统。

（一）流域系统

流域是人类生活的主要生境，对人类生存与社会发展起着重要支撑作用。随着我国人口的快速增长以及经济的迅猛发展，流域自然资源遭受严重破坏，生态环境持续恶化，多种环境资源危机共存且日益严重，并呈现出流域性特征，使流域社会、经济、生态可持续发展面临重大挑战。突出表现在：流域性复合型水污染问题在众多流域日益突出；水资源短缺问题从干旱地区季节性缺水转变为普遍的季节性缺水与水质型缺水并存的局面；流域内生物多样性降低、湿地破坏、生物群落退化等生态问题凸显，并呈现“局部改善、整体退化”的总体格局；在全球气候变化的影响下，水灾害与突发事件的频率、强度以及风险都在进一步加剧。我国自然生态与环境先天脆弱性及经济持续高速发展，导致这些本应在不同发展阶段出现的流域危机在短期内集中呈现与爆发，各种问题相互作用、彼此叠加，使流域资源、环境与生态问题越来越复杂化与多样化，人与自然、人与社会之间的矛盾日益尖锐与突出。而在我国要以稀缺的水资源、有限的水环境容量和脆弱的水生态，承载不断扩展的人口规模和高增长、高强度的社会经济活动，面临着比世界上任何处于同一发展阶段的国家都要复杂、严峻的流域性问题与前所未有的压力。

流域水问题的系统性、复合性、多样性、突发性和严峻性等特征要求基于复杂性科学的视角，站在流域社会、经济、自然复合系统的层面对其进行分析，以清晰、全面认识其成因与复杂性，进而用科学方法进行管理。

流域社会、经济、自然复合系统是以人为主体、要素众多、关系错综复杂、目标功能多样的复杂开放巨系统，具有复杂的时空结构与层次结构，呈现整体性、动态性、非线性、适应性以及多维度等特性。水是流域系统的纽带，具有多重属性。它既是一种自然资源，又是物质生产资源，同时是一种生活资源。而人作为系统中最活跃的要素，具有一定的经济行为和社会特征，通过资源开发与利用等社会经济行为将资源和环境紧密联系在一起，人的广泛参与及其有限理性造就了流域系统的高度复杂性。

构成流域复合系统的三个不同性质的系统——自然系统、经济系统与社会系统，各自又是复杂自适应系统，有特殊的结构、功能和作用机制，而且它们自身的存在和发展又受其他系统结构、功能的制约。

1. 流域自然系统是一个完整的生态系统

具有自组织、自调节与自生长的能力，是复合系统形成的基础。系统内部存在着复杂的非线性反馈机制，并与社会经济系统存在物质、能量与信息的交换，以生物与环境的协

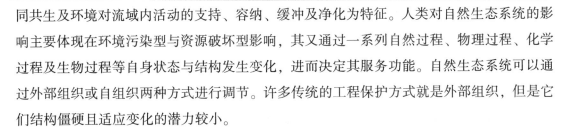

同共生及环境对流域内活动的支持、容纳、缓冲及净化为特征。人类对自然生态系统的影响主要体现在环境污染型与资源破坏型影响，其又通过一系列自然过程、物理过程、化学过程及生物过程等自身状态与结构发生变化，进而决定其服务功能。自然生态系统可以通过外部组织或自组织两种方式进行调节。许多传统的工程保护方式就是外部组织，但是它们结构僵硬且适应变化的潜力较小。

2. 流域经济系统以资源为中心

经济活动主要由市场机制与宏观反馈控制机制进行调节。市场机制是以经济内在本体机制，市场把流域内外各种经济活动与需求紧密联系在一起，对资源配置和经济运行起着重要的自调节作用。而宏观反馈控制机制体现在政府通过行政手段与经济政策对经济系统进行宏观调控与干预。流域内经济结构本身就是在市场机制与宏观反馈控制机制相互作用下形成的。其中，宏观反馈控制机制与资源环境压力是对经济系统的约束；而市场机制的作用过程是在前两者作用下，系统内微观主体受价格、供求与竞争等影响，不断调整其经济行为，逐步自组织、自适应的过程。单纯依赖政府直接干预或市场自我调节都是过于简单的做法，因此在实践中两者之间的力度把握与时机选择是相当复杂的问题。

3. 流域社会系统以人为中心

流域系统的基本功能是满足人类生活的需求。在市场机制逐步健全的今天，人类生活用品绝大部分是从经济系统中获取的，因而人类物质与文化需求是推动经济发展的根本动力。人类在改变其生存环境与生活质量的过程中，直接或间接地对自然系统产生了影响。所以，社会系统在复合系统中起主导作用，其主体的价值取向与行为方式主要受到文化系统、价值观等内化因素与法律规范、经济刺激等外部因素的影响，只有对主体价值取向等有很好的规范才能保证流域经济、自然的健康发展。

在这三种机制及其相互作用下，流域系统表现出强烈的整体性、动态性、涌现性等特点。如人类追求经济发展与社会稳定带来的资源过度开发与污染物排放，使流域生态状况恶化，并严重影响生态系统自我调节与自适应能力；而自修复能力降低导致其环境容量同步下降，加速恶化趋势。同时，经济发展与人口膨胀致使水资源需求量及水污染排放量同步扩大，而污染引发的水质恶化进一步加剧水资源短缺。流域生态持续退化，不但造成区域生存与发展的自然条件退化，而且造成大范围生态失衡，加剧了灾害风险和生态危机，使经济难以持续增长并引发社会不稳定。人类筑堤修坝、围湖造田、超采地下水等经济活动或抵御灾害的行为，一方面使生态环境的脆弱性更加显著，尤其是大量水利工程设施使流域被人为地渠道化、破碎化，污染物净化能力、水生生物生产能力等不断下降；另一方面人类自身抗灾能力日益下降。进而，在多重因素影响下，流域灾害层出不穷和快速增长，并以诱导型自然灾害为主。

总之，流域系统中社会、经济、环境、资源相互联系、相互制约和相互作用，构成了人与自然相互依存、共生的复合体系，具有强大的交互反馈能力。流域水危机从表面上看是由于各种水问题相互影响、彼此叠加而愈演愈烈，但是从本质上讲，人的社会生活与经济生产等对流域系统产生的干扰已不再是对流域自然过程的简单干扰，而是社会过程、经济过程与自然过程交织作用的集中体现。

（二）智能感知

智慧流域环境下，人类获取信息的途径、方式、来源都将越来越丰富，如同一个人通过眼睛、耳朵、鼻子、皮肤等无时无刻不在感知着周边环境，接收着繁多的信息。立体感知就是要应用包括卫星遥感、卫星定位、地球对地观测和物联网在内的新一代数据采集手段，建立覆盖资源环境、社会经济等各领域的更加发达的观测传感器网络，在任何时间、任何地点，以任何方式来感知流域各种不同时空尺度上的自然、经济和人文现象与事件。

物联网改变了人类感知事物的方式，这得益于传感器技术的迅猛发展。

传统的环境监测、地质勘探、地震监测手段中人工参与的比重较大，这样的监测显然效率低下、准确度不高，并且成本高。不同类型传感器的发展就像人类的五官一样，更加逼真、智能地采集信息，如光敏传感器（视觉）、声敏传感器（听觉）、气敏传感器（嗅觉）、化学传感器（味觉）及压敏、热敏、流体传感器（触觉）等不同类型传感器的不断开发和大力应用，将为环境、地质、地震、减灾应急等众多领域提供更多信息采集的手段，并且能够大大提高信息采集的范围和准确度。从生活层面来看，“无所不在”的传感器充斥在我们的生活中，例如电视遥控器、空调遥控器、声控灯、电脑鼠标、测温仪、电饭煲、火警报警器等。不得不说，传感器的发展正在改变着我们的生活、生产方式。

传感器能够测量周边环境中的热、红外、声呐、雷达和地震波信号等，从而探测包括温度、湿度、噪声、光强度、压力、土壤成分，移动物体的大小、速度和方向等物质现象。利用传感器技术，建立环保、交通、水利、地震、气象等监测站点，将大大扩展人类感知事物的范围。

综合观测是对地球系统的大气圈、水圈、冰雪圈、岩石圈、生物圈五大圈层的物理、化学、生物特征及其变化过程和相互作用开展长期、连续、系统的观测。综合观测是由地基、空基、天基气象观测系统有机结合、优势互补构成的全面、协调和可持续的集成系统。

观测系统按照传感器所处的位置可分为地基观测、空基观测、天基观测。地基观测是指传感器在地球表面的观测，主要由地面气象观测、地基气候系统观测、地基遥感观测、地基大气边界层观测、地基中高层大气和空间天气监测、地面移动气象观测等组成。空基观测是指传感器在地球表面以上、中层大气及以下的观测，主要由气球探测、飞机探测、火箭探测组成。天基观测是指传感器在中层大气之外的观测，主要由低轨卫星和高轨卫星以及相应的地面应用系统组成。

智慧流域环境下的立体感知是多种技术综合的感知。通过各类传感器技术，感知物体和过程的多种要素，射频识别技术对物体进行识别；卫星导航定位技术感知物体位置；M2M 物物数据通信技术以及互联网、电信网、电视广播网三网的融合和技术的发展，将各种感知信息接入网络进行综合分析等。多种技术综合应用将最终实现对各类物体、过程的智能化感知、识别、管理和控制。

传感器技术、射频识别技术、GPS 等技术的综合实现信息获取。传感器技术主要是从自然信息源获取信息，并对其进行处理（交换）和识别，获取信息靠各类传感器，如各种物理量、化学量和生物量的传感器，传感器就像人类的感觉器官，感知着周围环境。射频识别技术能够识别物体的身份及属性的存储，有助于传感器对信息的感知，采集重要的标识信息。GPS 是具有海、陆、空全方位实时三维导航与定位能力的卫星导航定位系统，具备全天候、高精度、自动化、高效益等显著特点，对移动物体的信息采集具有重要作用。传感器技术、射频识别技术和 GPS 等技术的综合将实现静态、动态物体的全天候、全方位的信息获取，与自动控制技术的综合能够实现对物体的管理和控制。

（三）智能传输

无线传感器网络（WSN）技术、Wi-Fi 和 GPRS 等技术综合实现信息汇聚。无线传感器网络技术是将一系列空间上分散的传感器单元通过自组织的无线网络进行连接，从而将各自采集的数据通过无线网络进行传输汇总，以实现对空间分散范围内的物理或环境状况的协作监控。Wi-Fi 是基于接入点的无线网络结构。GPRS 是基于 GSM 移动通信网络的数据服务技术。无线传感器网络技术、Wi-Fi 和 GPRS 与传感器相结合，能够实现感知信息的汇聚。

互联网、通信网、4G 网、广电网等网络融合实现信息传输，互联网、通信网、4G 网、广电网等不同类型的网络，能够将多种方式、多种手段、多种途径感知的信息，通过有线、无线等方式进行传输。各种网络的融合以及综合利用，更加有助于卫星平台（气象卫星、大气卫星、测绘卫星和环境与减灾卫星等）、低空平台（无人机、飞艇、气球等）、地面传感器（大气、温度、湿度等）等全方位、全天候所感知的信息与地面数据服务系统间的良好传输与交互。

物联网和对地观测等各种技术和功能的融合与协调，将实现一个完全可交互的、可反馈的感知环境。无论从时空尺度，还是从精准度等方面讲，都将进入一个多层、立体、多角度、全方位和全天候感知的新时代，最终实现智慧流域的立体感知。

（四）智能计算

智慧流域环境下，人类通过多维立体感知所获取的海量信息，需要经过如同大脑般判断、思考的处理过程，持续不断地创造出新的想法，最终才能为我们提供决策支撑。智能计算就是这样一个过程，即利用高性能计算机、海量存储、数字仿真模拟、时空模型分析、数据仓库、业务智能、GIS、SOA、计算与存储虚拟化等最先进的 IT 技术，构建具有专业化信息处理、标准化数据服务和智能化计算服务特点的集约化云计算数据中心，提供高效、高性能的计算能力和信息模型，为科技创新、产业升级、政府决策和社会发展等各个方面提供专业化、标准化和规模化的数据与计算服务。

1. 云计算为智能计算提供支撑条件

智能计算将云计算技术与成熟的信息模型相结合，云计算技术将提供与地理位置无关、与具体设备无关的通用的超算能力，成熟的信息模型能够实现对现实的反演，只有云计算技术所创造的基础支撑与信息模型相辅相成，才能达到智能计算的效果。这样的智能计算能够自主判断资源的可用性，合理优化地调配计算资源，具备一定的自组织能力，能够智能地实现数据挖掘和知识发现。

云计算为智能计算提供超算能力。我们目前处于一个数据时代，海量的数据正以指数级飞速增长，对海量数据的有效利用才是实现数据真正价值的有力途径。云计算技术的发展将会实现对海量数据的存储、计算、服务、应用。云计算的最大优势在于其打破了人类传统的计算模式，形成了一种基于互联网的超级计算模式，这无论是在计算速度、准确度，还是在计算方法上都将是质的飞跃。从各种传感器、摄像头、分析设备以及先进测量工具得到的大量数据浩如烟海，若缺少设备和缺乏技术来存储、筛选、加工处理这些“数据宝藏”，将是对实现数据价值的极大浪费。为了将这些“数据宝藏”有效地利用起来，少不了对其进行计算、加工、处理，云计算技术的发展在一定程度上为海量数据的计算提供了基础支撑，因此智能计算将离不开云计算技术，云计算技术将为智能计算提供支撑条件。

信息模型的参与将使计算更为智能。如果说云计算技术为智能计算提供基础支撑，使得智能计算具备了超算能力的条件，那么对于计算本身，即信息的处理、加工、分析归纳、总结，应在基础支撑之上，结合已成形的信息模型，通过再计算创建新的信息模型，以达到决策支持的目的。智能是解决客观实际中某一问题的能力，而具有这种能力一般需要具备一些知识，如客观实际问题的背景知识，问题本身的专业知识，解决问题的一般策略知识，把问题进行分析、选择、归纳、总结的一般方法知识等。对这些知识的合理存储、组织、分析、加工处理，并能够满足决策支持的需要，这将是未来智慧流域环境下的智能计算的体现。就对地观测活动而言，航天航空各类装载传感器以及地面的接收装置每时每刻都将产生庞大的数据，对海量数据的处理、建立处理模型又将依赖于数据类型、分辨率、波段数和影像特征等多种因素，并且需要满足多时空谱多源海量数据提取与变化分析的需求。智能计算应利用云计算技术，综合考虑对地观测传感网条件下的多维、多尺度、高动态、多耦合等复杂的数据与信息关系，结合先验知识以及现有的较为单一的信息提取与数据处理方法模型，发展多时空谱特征数据的一体化融合模型与方法，实现对多源观测数据的协同处理。由此可见，基于云计算技术并且结合了信息模型的计算将能够实现数据的挖掘以及有助于新知识的发现，使得计算更高效、更智能。

2. 智能计算将提供更科学的决策支持

智能计算打破了专业领域各自计算的单一模式，其与现有的领域信息模型相结合，在借助云计算技术所提供的超算能力的情况下，能够推算出虚拟仿真模型，为决策支持提供有力依据，具备一定的前瞻性，能够实现对未来的预测。

智能计算的最终目的是提供科学的决策支持，决策支持的背后必然得益于烦琐、精准的海量计算。支持决策的数据、模型、知识，决策的演变过程是与海量、烦琐的计算离不开的，数据到模型再到知识的转变，是大量数据、多种模型综合计算的结果。随着人工智能、机器学习等加入，结合专家经验，直到决策的形成，将是智能计算的又一新的提升。

智能计算所提供的决策支持将不仅仅局限于决策支持系统的发展，它将从目前互联网中各类数据、模型的海量计算延展到物联网下更丰富的数据、模型、知识的超能计算，它不仅能够为各级用户提供决策能力，还能使独立的物体具备自决策的能力，大到工厂、房屋、汽车、飞机等，小到桌椅、水杯、钥匙等，使得每一个物体都具备一个像人脑那样的计算中心，能够对所需信息进行自获取、自组织、自处理，并且可以按照一定的规律和方法形成决策。可想达到这样效果的智能计算将不仅会对提高计算速度、存储容量提出要求，更主要的是对数据的筛选判断、加工处理、模型组建、知识形成提出更高标准、更高要求。因此，云计算技术与高智能信息模型的发展将为智能计算提供决策支持。

3. 面向用户的智能计算服务

智能计算将以云计算等全新技术的全面发展为基础，在“信息云”“存储云”“服务云”等的逐渐实现中，将智能计算中的计算数据、信息模型、决策支持等的计算资源封装成服务向用户提供。

智慧流域环境下，智能计算所能提供的无论是惊人的计算速度、超大的存储容量，还是按需的知识、智能的决策，都是以服务的形式提供的。对于用户而言，他不必知道他所做的决策，其信息从哪里来，将存储于哪里，怎么演变而来，为什么会是这样的决策，他只须享受这个决策所呈现的效果。这就像电一样，用户不需要知道电是怎么来的，从哪个发电厂来的，怎么制造出来的，谁向他提供的等问题，他只需要确定他需要照明，因此按了电源开关甚至是都不用自己手动去触摸开关，也许只是一个意念，灯就会亮起来。照明这样的结果背后，一切的操作、计算都将对用户透明，也可以说这种计算的结果是为用户提供一种照明服务。智能计算就是这样以一种服务的形式向用户提供计算服务，以达到智能决策的效果。

智能计算以服务的形式给人们提供计算服务，为了达到更好的服务效果，应提供一个和谐的人机交互环境，具备便捷化、人性化、个性化等特点。便捷化是指任何服务的提供都是建立在方便获取的前提下，智能计算既然将延展到物联网范畴，这就使得人们获取智能决策的途径更加方便快捷，更易于理解和操作。人性化是指允许人通过说、写、表情、动作甚至是意念与机器、智能物体进行对话，具备大容量的记忆和存储功能，能够总结和归纳人的经验自主推断，预测下一步的决策；同时，具有贴心的提示和辅助功能，能够根据使用者的使用情况及状态控制和调整其工作内容和日程安排等，并进行提示或通知。个性化是指具备一定的学习能力，可以记住其使用者的喜好和习惯，帮助使用者自动快速地收集、整理周边的信息，扩展人们的思维方式。

（五）智慧管控

智慧流域环境下的政府、企业、个人之间的协同服务的实现是以网络技术、信息技术为基本手段，融合物联网、云计算等新型技术，对政府、企业、个人的业务模式、管理模式、服务方式进行优化与扩展，对单一业务、单一领域的各类服务进行整合，结合工作流机制、集成技术、接口技术等具体技术，最终向用户提供集中或者一站式的各类业务协同服务，并为各政务部门之间的业务协同提供协同平台。

智慧管控的协同服务模式为：智慧流域环境下的政府、企业、个人的业务协同服务首先是数据的共享，通过物联网传感器技术、对地观测技术等手段全方位、全天候立体感知获取数据，在提供数据的同时借助网络通信技术，完成所获取数据的流畅传输，基于云计算技术形成地理信息云、政务信息资源数据云等，依托各类网络实现数据在政府、个人、企业之间的真正共享；其次，业务协同服务的创建与提供，在政务信息资源数据云环境下，在国家各省、市、县各部门、各行业相关部门已创建的各类业务服务的基础上，创建满足用户新需求的新业务服务，并且综合协同服务范围和服务内容，整合和集成服务，完成业务协同服务的创建与注册；最后，协同应用的建立，基于全国各省、市、县各部门、各行业相关部门各自的职能以及各部门提供的各类政务信息资源服务以及业务协同服务，采用政务协同工作平台技术、数据交换和系统集成技术和安全保密技术等机制，建立跨部门、多领域的协同应用，并向用户提供统一入口。

智慧管控的协同服务平台是以业务为核心、信息为基础、计算为过程、技术为支撑，面向政府、企业、个人的业务协同平台。首先，业务协同架构，真正从个人、企业、政府部门的实际需求角度梳理出政府各职能部门、各企业主要业务之间的相互作用关系，围绕业务目标，有效地组织和编排不同业务流程，使得各类业务能规范化、流程化，并且支持基于服务流配置满足各类业务需求，实现业务层面的协同配置；其次，建立和维护信息架构，即明确各部门、各行业、各领域的实际业务处理的信息对象及信息流，通过信息架构实现从业务模式向信息模型的转变、业务需求向信息功能的映射、基础数据向信息的抽象等；再次，建立计算架构，基于云计算技术是更好地完成各类信息智能计算的实现手段，明确政务信息资源数据云服务能力与计算资源之间的对应关系，建立丰富的信息库、知识库、决策库；最后，技术支撑，即面向政府、企业、个人的业务协同服务平台所必需的支撑环境，包括软硬件系统和各类机制，以及实现平台建设的各类技术，即组件技术、封装技术、服务技术、注册技术、流程技术、管理技术、检索技术、集成技术、质量保证技术等具体技术。

（六）智慧流域通用模型

根据智慧流域的概念、内涵与特征，提炼出智慧流域建设的通用模型，主要由六部分组成：二元水循环（Dualistic Water Cycle）、软硬件基础设施（Infrastructure）、服务（Service）、政府（Government）、企业（Business）、公众（Public），简称 DISGBP。政府、企业、公众是水务管理的主体，二元水循环是流域管理的客体，软硬件基础设施是主体和客体互联的纽带，服务是连接的方式，主、客体之间通过智慧服务进行协调形成良好的互动，从而降低行政成本，提高水资源、社会经济、生态环境的综合效益。DISGBP 模型强调智慧服务的核心地位，基于物联网、云计算和大数据等新一代信息技术，可以将服务分为资源服务、数据服务、功能服务、模型服务。

在这个模型中，更加强调政府、企业、公众三者的协作，以及三者与水循环的互动，它们通过基于物联网和云计算的智慧服务形成良好的沟通。智慧流域模型是全要素、全时段、全覆盖的智能化的流域管理新模式，它依赖智能化的手段，围绕提供优质、高效的服务，充分调动政府、企业（社会单位）、公众（社区）三者之间的和谐互动，推动水循环和谐畅通，实现流域管理智能化与业务管理网格化的结合，实现条块资源的整合与联动，建立政府监督协调、企业规范运作、公众广泛参与的联动机制。

在该模型中，软硬件基础设施是物，政府、企业和公众是人，这四者之间存在多种相互关联的关系。这些关系都是通过智慧服务进行关联的，每种关系在模型中都表现为一系列智慧流域模型具体的服务，而各种具体的服务之间又可能相互结合形成更高层次的服务和更复杂的关系，最终形成一个立体交叉的智慧服务体系。

其中，硬设施包括遍布各处的各类感知设备、云计算基础设施、移动终端及各类便民信息服务终端等；软设施包括政策法规、标准规范、工作机制和保障措施、创新人才培养等。物联网技术通过部署传感器、视频监控设备、卫星定位终端和射频识别读写设备，实现对流域诸要素运行状态的实时感知，通过传感网及时获取并安全传输各类感知信息，进行智能化识别、定位、跟踪、监控和管理。云计算技术是通过基础设施云服务、平台云服务和应用软件云服务，实现信息化的统筹、集约建设。移动通信技术是通过智能移动终端，打破时间、空间的限制，为政府、企业和公众提供按需无线服务。大数据技术是对基础数据、综合数据、主题共享数据和实时感知数据等进行智能处理，围绕某项专题或某个领域，为政府、企业和公众提供融合化、关联性信息。

智慧流域应用信息技术，对流域运行要素进行实时感知、智能识别，实时获取流域运行过程中的各类信息，并对信息进行加工整合和多维融合。宏观、中观和微观新信息相结合，分析和挖掘信息关联，面向各级政府、政务工作人员、企业和社会公众等各相关服务对象，提供按需服务，形成反馈协调运行机制，实现流域运行诸要素与参与者和谐、高效的协作，达到流域运行最佳状态。

面向政务领导，要以仪表盘、指示灯等形式，使其看到各类决策服务信息，包括流域运行全景视图和专题关联视图等，并可以通过宏观信息进一步看到中观、微观信息。面向社会公众和企业，要通过信息亭、智能移动终端、信心板、互联网网站、数字电视等多种渠道，使其看到关联服务信息，实时享受便捷、个性化服务。面向政府工作人员，要以图表、空间图层、街等信息展现形式，进行实时化、精细化业务监管和超前预警预测，实现“信息随时看，监管及时做”。

智慧服务通用框架设计流程具体描述如下：

1. 确定服务范围

根据政府服务的重点领域和相应的服务职能，对面向企业和公众的服务事项分别进行梳理，确定用户需求的范围。

2. 建立流程标准

明确服务事项后，对其进行细分，梳理各项服务的具体流程，结合用户需求，立足已有的信息资源和技术手段，以智慧服务本质为依据，从各项服务中抽取共性特征，制定统一的流程优化标准。

3. 选择最优方案

从流域管理的实际情况出发，寻求最适合流域管理发展、与水资源管理发展战略保持一致的最优服务方案，同时建立服务绩效评估体系，促进服务水平的持续改进。

第二节 智慧流域体系架构和关键技术

一、智慧流域体系架构

（一）总体框架

智慧流域是基于数字流域，应用云计算、物联网、移动互联网、大数据等新一代信息技术发展起来的，不仅具有数字流域的特征，而且具有感知化、一体化、协同化、生态化、最优化的本质特征，这也是区别于数字流域的地方。它依托数字流域技术将流域中的人和物按照地理位置进行组织，通过物联网获取并传输数据和信息，将海量实时运算交由云计算进行处理，并将结果反馈到控制系统，通过物联网进行智能化和自动化控制，最终让流域达到智慧状态。

智慧流域注重系统性、整体性运行，强调人的参与性、互动性，体现人的智慧，追求高级生态化的目标，实现投入少、消耗少、效益大的最优化战略。在基础设施方面，主要体现在技术先进，各部门能够共建共享，实现流域内人与水、水与水之间相互感知；在数据管理方面，体现在通过流域信息资源整合改造和开发利用，建立各种类型的数据库，实现各种流域业务应用系统、流域政务信息资源共享，使流域信息资源开发利用最佳；在服务支撑方面，体现在通过流域云、大数据、智能决策平台等重要支撑平台和系统，实现海量数据的智能处理、智慧决策等；在智慧应用方面，通过先进的技术、创新的理念和现代科学管理相结合，为智慧流域运营发展提供一体化管理和主动化服务。

智慧流域的核心是以一种更智慧的方法通过利用以物联网、云计算、大数据、移动互联网等为核心的新一代信息技术来改变政府、企业和公众相互交往的方式，对于包括民生、环保、公共安全等在内的各种需求做出快速、智能的响应，提高流域运行效率，为居民创造更美好的流域生活。从功能角度来讲，智慧流域体系架构应包含“六横二纵一环”：“六横”含实体水圈层、立体感控层、网络传输层、数据活化层、服务支撑层、智慧应用层；“两纵”含标准规范体系和信息安全体系；“一圈”含高效运行保障体系（运维体系）。这些要素相互联系、相互支撑，形成一体化的闭环的运营体系，服务于流域的规划、设计、建设和运行等全生命周期的管理。

1. 实体水圈层

实体水圈层是智慧流域的实体基础，是以水循环为纽带，由水资源系统、生态环境系统和社会经济系统等自然系统和人工系统组成的复杂开放巨系统，它是天然水循环自然系统进化的产物，是气候系统与生物圈、岩石圈长期相互作用的结果，同时为其他众多的生态系统平衡、经济社会系统的发展和环境保护提供基础；同时是智慧流域感知和管理的对象。为了实现精细化管理，将水圈层网格化。智慧流域利用先进信息技术将人类社会、实体流域和数字流域高度融合，充分发挥物的智能和人的智慧，服务于流域的“规划、设计、运行、建设”全生命周期发展过程，优化水圈发展格局，使水资源、生态环境与社会经济耦合系统协调发展，实现生态文明流域的目标。

2. 立体感控层

立体感控层是智慧流域的信息基础，主要进行信息采集、简单处理及数据传输，为智慧流域的高效运营提供基础信息，实现人与水、水与水之间的相互感知。立体感控层中的感知体系主要是利用3S及北斗导航技术、自动识别技术、多媒体视频技术、物联网、移动互联网等技术建立感应层，通过立体的“四维”感应，实现对流域全面感知、深度感知。信息自动获取设施主要指位于智慧流域信息化体系前端的信息采集设施与技术，如遥感技术（RS）、视频识别技术（RFID）、GPS终端、传感器（Sensor）以及摄像头视频采集终端等，实现位置感知、图像感知、状态感知等。

立体感控层负责对流域环境中各方面的数据进行感知和收集，对采集的信息进行处理和自动控制，并通过通信模块将数据定向汇聚到合适的位置。立体感控层由感知对象子层、感知单元子层、传感网络子层、接入网关子层等组成。

感知对象主要是流域中的“物”，比如需要监测的水文水资源要素、监测设施和设备、被监控的人，甚至在遥感测绘中的流域地表被感知的对象等。

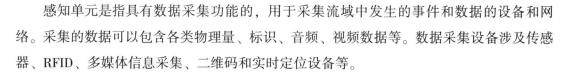

感知单元是指具有数据采集功能的，用于采集流域中发生的事件和数据的设备和网络。采集的数据可以包含各类物理量、标识、音频、视频数据等。数据采集设备涉及传感器、RFID、多媒体信息采集、二维码和实时定位设备等。

传感网络是由传感设备组成的传感网，包括通过近距离无线通信方式组成的无线传感网以及其他的传感网。在智慧流域体系中要求每个感知设备都能够寻址，都可以通信，都可以被控制。

接入网关主要负责将感知层接入到智慧流域网络传输层中，可以进行协议转换、数据转换、多网融合及数据汇集等工作，这取决于感知层和网络层采用的技术。

3. 网络传输层

网络传输层是智慧流域信息传输的高速公路，是未来智慧流域的重要基础设施，由大容量、高带宽、高可靠性的光纤网络和全城覆盖的无线宽带网络，组成“宽带、无线、泛在、融合”的智慧一体化网络，为实现流域智慧化奠定良好的基础。网络传输层包括基础网络支撑层和基础设施网络层。基础网络支撑层是融合网络通信技术的保障，包括无线传感网、点对点（Peer-to-Peer，P2P）网络、网格计算网、云计算网，这些网络通信技术为流域的互联互通奠定了基础；基础设施网络层主要包括 Internet 网、无线局域网、移动通信网络等。信息高效传输设施指有线及无线网络传输设施，主要包括通信光纤网络、3G 无线通信网络、重点区域的 WLAN 网络等，以及相关的服务器、网络终端设备等，实现各种信息流的双向传递和网状交互。以多网结合的模式，建设高质量、大容量、高速率的数据传输网络，为数据互联互通、开放共享、实时互动提供可靠通道。

网络传输层是利用物联网、传感网、新一代互联网等新型网络技术，负责对智慧流域中的感知数据进行传递、路由和分发。

4. 数据活化层

数据活化层是智慧流域的信息仓库，为智慧流域的高效运营提供丰富的数据源，全面支撑智慧流域的各项应用。数据层主要是通过基础数据库工程的实施，规范流域信息分类、采集存储、处理、交换和服务的标准，建成基础数据库，实现数据的共建共享、互联互通，为智慧流域建设打下坚实的基础。数据集成管理主要是借助于数据仓库技术，分类管理组成“智慧”的数据库系统，涉及空间数据与属性数据库、栅格数据与矢量数据库、资源数据与业务数据库以及面向应用的主题数据库；在数据集成管理的基础上，借助云计算技术，通过共享服务层为应用系统提供数据信息与计算服务。

活化层是智慧流域技术体系中数据管理的核心层，负责将海量流域数据进行分类和聚集，通过数据关联、数据演进和数据养护等技术，实现对数据的活化处理，向服务层提供活化数据支持。

5. 服务支撑层

服务支撑层是智慧流域科学、高效运营的关键，是智慧流域的中枢，主要包括地理信息平台、流域云平台、决策支持平台等，为智慧流域的应用系统提供科学、智能、协同、包容、开放的统一支撑平台，负责整个系统的信息加工、海量数据处理、业务流程规范、数表模型分析、智能决策、预测分析等，为实现流域资源监测、应急指挥、智能诊断提供平台化的支撑服务和智能化的决策服务。模型是智慧流域建设的核心，它通过构建以大气水—地表水—土壤水—地下水“四水”转化为基本特征的天然水循环系统、人工取用水系统以及伴生的环境、生态系统区域模型，再现区域的历史，预测区域的未来，为解决国民经济中迫切需要解决的诸如防汛减灾、水量调度、水资源保护、水土保持、工程管理等问题提供现代化工具。

该层对底层的数据和活化服务将进一步地封装，为智慧流域上层应用的开发提供复用和灵活部署的能力，其功能涵盖了云平台、大数据处理、虚拟仿真、公共数据引擎等平台与服务等。

6. 智慧应用层

智慧应用层是智慧流域建设与运营的核心，主要进行信息集成共享、资源交换、业务协同等，为智慧流域的运营发展提供直接服务。它位于智慧流域体系架构的最顶端，不同规模、不同发展类型的流域可以选择、开发适合自身特点的不同智慧应用，行业特性较强。通过集成各种信息基础设施，建设面向一体化管理的信息集成系统，实现各种业务管理的高度集成与服务，提供智慧化决策以及智能化远程调控；同时，系统能够面向政府、企业和公众以各种固定或移动信息终端提供弹性服务。以数据采集体系获取的水务信息为基础，通过模型分析计算、数据挖掘分析处理、预测预报等智慧化作业，并借助各类先进的信息技术构建专业的水务信息管理系统，提升对基础水务信息的处理和管理能力。业务支撑体系主要包括水利、环保等相关领域的业务管理。

7. 标准规范体系

标准规范体系是智慧流域建设和运营的重要支撑保障体系，主要包括智慧流域总体标准、信息资源标准、应用标准、基础设施标准。智慧流域总体标准是标准化体系的基础标准，是其他标准制定的基础，主要包括智慧流域信息标准化指南、智慧流域信息术语、智慧流域信息文本图形符号和其他综合标准。智慧流域信息资源标准主要包括流域信息分类与编码、流域信息资源的表示和处理、流域信息资源定位、流域数据访问、目录服务和元数据等标准。智慧流域应用标准主要包括智慧流域信息资源业务应用流程控制、流域资源

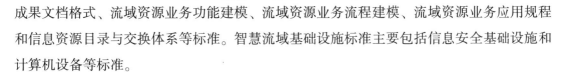

成果文档格式、流域资源业务功能建模、流域资源业务流程建模、流域资源业务应用规程和信息资源目录与交换体系等标准。智慧流域基础设施标准主要包括信息安全基础设施和计算机设备等标准。

8. 信息安全体系

信息安全体系是智慧流域建设与运营的重要保障。智慧流域信息安全体系内容包括物理安全、网络安全、系统安全、应用安全、数据安全五部分。物理安全主要包括机房内相同类型资产的安全域划分；网络安全主要是保护水利基础网络传输和网络边界的安全，包括网关杀毒、防火墙、入侵检测等几个方面；系统安全是通过建设覆盖流域全网的分级管理、统一监管的病毒防治、终端管理系统，第三方安全接入系统、漏洞扫描和自动补丁分发系统；应用安全是在水利内外网建立水利数字证书认证中心，与国家电子政务认证体系相互认证，各级水利部门内外网建立数字证书发证、在线证书查询等证书服务分中心，信息体系可以有效实现数据的保密性、完整性；数据安全主要是解决流域资源数据丢失、数据访问权限控制等。

9. 高效运行保障体系（运维体系）

智慧流域建设需要在遵循国家有关法律法规的基础上，在智慧流域建设运营过程中，制定出台更具针对性的智慧流域制度体系。如建立健全日常事务、项目建设实施、信息共享服务、数据交换与更新、数据库运行、信息安全、项目组织等管理办法和制度，为智慧流域建设保驾护航。

运维体系是智慧流域建设的根本保障，建立完善的智慧流域运维体系，将对水利系统提高绩效、构建智慧型流域起到至关重要的作用。按照“统一规划，分级维护”的原则，智慧流域运维体系主要由运维服务体系、运维管理体系、运维服务培训体系、评估考核体系等部分构成。为保障智慧流域建设的有序开展和高效能运行，应当在政策、机制、资金、技术、标准、人才、安全等七个方面予以保障，建立健全智慧流域建设的保障体系，为智慧流域的建设、管理、运行、维护与发展全方位保驾护航。

（二）业务框架

要开展智慧流域建设，必须对智慧流域的业务构成进行统一规划，自下而上将总体业务构建分为四个层次。

1. 基础业务

智慧流域将物联网与互联网系统完全连接和融合，通过传感器将各项基础设施连接起来，能够对运行进行实时监测。因此，首先利用网络基础设施按照一定的标准分成若干单元，把人、地、物、事、组织等内容全部纳入其中，对每个单元的部件和事件巡查，提供流域的网络化、精细化管理。

2. 行政审批

在公共服务方面，由于各种行业都在开展信息化建设，不同部门之间缺乏协调，往往各自为政，政府信息资源缺乏整合，产生了大量信息孤岛，部门之间的审批难以协同。因此，需要连通各个孤立的系统，整合各部门的资源，建立“一站式”公共服务，将一系列行政事务进行整合和管理优化，全面提升公共服务的效率和质量。

3. 智慧服务

针对流域面临的具体问题，提出智慧解决方案。通过对各类信息资源的开发整合和利用，科学计算，优化配置，推进实体技术设施和信息设施的整合共享，提升管理与运行能力，让管理中各项功能彼此协调运作，使得管理的关键基础设施组件和服务更互联、高效和智能。

4. 高效能运行管理

高效能运行管理可概括为日常运行状态和突发事件应急处理状态。日常状态下，智慧流域系统对各智慧服务子系统的运行进行协调指挥，促进统一协同处理，保障智慧流域的宏观运行。应急处理状态下，流域管理部门更需要统一协调，协同开展工作。通过多部门协作、多资源调配，实施综合指挥，能够快速应对各种突发问题，妥善处置，进而使系统科学、高效地综合运行。

（三）功能框架

系统功能的需求分为四类，即信息有效、管理有措、应急有策和决策有助。

1. 提供信息服务，做到信息有效

信息的准确性、及时性和完整性是业务管理、决策支持及应急响应功能有效发挥的根基兼核心。流域管理信息的获取方式有直接监测和间接监测两类，直接监测是利用监测设备对水务管理所需要的水情、雨情、工情、台风、墒情、水质、水保等信息进行自动监测或人工监测；间接监测就是在直接监测的基础上，以科学的模型计算体系为依托，采用统计模型或数学模型的方法，获取业务管理、决策支持及应急响应所需的业务信息。信息不管是来自直接监测，还是间接监测，保证其有效性是最根本的，否则智慧流域系统会发出“愚蠢”的指令和做出“错误”的行为。

2. 提供业务管理，做到管理有措

在充分掌握全面有效信息的基础上，能为防汛管理、水资源管理、水环境管理和水生态管理提供支撑。防汛管理包括调度指令实施管理、防汛人员信息管理、防汛部门信息管理、防办文档管理、抢险队伍信息管理、防汛物资管理、防汛组织管理、防汛经费管理以及防汛值班管理；水资源管理包括水源管理、供水管理、用水管理、排水管理以及污水处理与回用；水环境管理包括水功能区监督与管理和入河排污口管理；水生态管理包括水生态系统保护与修复管理和水土保持管理。

3. 提供应急响应，做到应急有策

应急响应对应急预案实施的保障能力体现在为各个应急环节提供科学支撑和技术支持。应急响应一方面作为突发事件信息的“汇集点”，在大量突发事件中快速有效地整合、分析、提取危险源和事件现场的信息；另一方面作为应对突发事件的“智能库”（包括数据库、预案库、模型库和决策技术库），提供不同条件下突发事件的科学动态预测与危险性分析，判断预警级别并快速发布预警，进而作为整个应急指挥决策的“控制台”，逐步落实应急预案，调整决策和救援措施等，实现科学决策和高效处置。如为确保人民群众的饮水安全，必须建立反应敏捷、启动及时的应急机制。在居民饮用水水源依靠主要江河、湖泊、水库供水的条件下，必须有完善的监测设备，一方面要经常观测主要江河、湖泊、水库水体的水质变化，随时能够启动应急响应机制；另一方面，一旦发生问题，要能够做到在最短时间内掌握灾情信息，以建立应对重大突发性水污染事件的有效机制，显著提升应对重大突发性水污染事件的能力。

4. 提供决策支持，做到决策有助

流域管理的目标是保护和改善水体质量并且实现水资源的可持续利用。随着对水利用问题认识的深入，流域管理目标已经从传统的疏浚通航、洪水治理、生态保护、水产养殖等单目标管理发展到目前强调生态、经济、社会综合功能的多目标可持续流域管理。具体来说，流域综合管理既要满足不断增长的社会经济发展要求，又要持续保护河流生态和景观；既要统筹兼顾水质、自然保护、生态、防洪、航运、工业、矿业、农业和旅游业等，又要公正协调不同利益集团的要求。由于流域生态环境的复杂性、多尺度性和多目标性，决策支持系统（Decision Support System，DSS）作为高性能的模拟和可视化工具，在帮助流域管理者确定管理目标、设计管理方案、综合评价流域状况等方面具有不可替代的作用。它面对半结构化的决策问题，以管理科学、计算机科学、行为科学和控制论为基础，以计算机技术、人工智能技术、经济数学方法和信息技术为手段，是一种支持中、高级决策者决策活动的人机系统。它能为决策者迅速而准确地提供决策需要的数据、信息和背景资料，可帮助决策者明确目标、建立和修改模型、提供备选方案、评价和优选各种方案、通过人机对话进行分析、比较和判断，从而为正确决策提供有力支持。在流域管理方面，大多数决策支持系统通过地理信息系统收集数据，并且能够以方案预算和模型耦合为基础，对不同管理方案产生的水文、生态和经济后果进行跨学科的多标准分析。它通过对流域（包括地表水、地下水、水量、水环境、取排水等）的动态监测、数据采集、实时传输和信息存储管理，结合特定流域的社会、经济、人口、环境等因素和生活、工农业等对水资源的需求，实现对流域水资源的远程调配控制和智能管理，以支持流域水资源日常管理办公自动化。

二、智慧流域建设模式

通过解析智慧流域框架，提出智慧流域建设模式如下：

第一，通过各种与流域管理密切相关的感应器和专业探测器，利用传感技术获取地球及其相关事物的数据和信息，包括与日常生活、企业规划、政府决策和科学研究等密切相关的数据。如通过温度、湿度、噪声等感应器获取环境相关数据；通过条形码、磁卡、无线射频技术获取食物及产品的数据；通过星载、机载、船载的专业传感器获取资源环境、国土监控、地球空间几何信息等专业信息；通过嵌入式传感器获取微观领域的信息等。

第二，采用通信技术（特别是移动无线通信技术）、计算机技术、数据库技术和网格计算等技术对数据进行传输、集成，并利用云计算技术建立虚拟数据中心对数据和信息进行管理。

第三，采用模式识别、人工智能、数学领域所支持的通用算法模型、各专业领域的专业模型和方法对数据识别、处理提取有用的信息，对信息进行集成、分析、挖掘，获得所需要的知识。

第四，通过硬件集成和制造、软件的开发、个性化服务的订制、相应的商业化和非商业化运作模式，把知识转化为适应需求的各种服务模式和产品，为最需要的人在最适宜的时间和地点提供最适宜的灵性服务。

三、智慧流域运行机制

智慧流域就是实时的数据获取、普适的数据通信和集成、智能化的数据处理及面向需求的智能化服务。具体是指采用遥感和嵌入式感应技术，对物体进行感应和量测，获得物体的静态和动态实时数据，通过互联互通的网络进行数据的通信和传输，在虚拟的数据中心进行数据的集成，并采用专业模型进行数据的处理、分析、挖掘和预测，最终实现面向政府机构、行业应用和个人生活的智能化服务。这是一个由客观物体到数据、数据到信息、信息到知识、知识到决策和服务的过程。其核心是信息处理，技术载体是网络，关键是智能化，目标是服务，即实现以最便捷的方式给最需要的人提供最需要的服务。

智慧流域通过各种网络通信手段和终端设备以及云计算平台建设，能够提供模型服务和数据服务，更重要的是智慧流域还能提供流域管理全生命周期的功能服务。智慧流域的功能服务实现了流域的智能化管理和自动化控制，发挥了其拟人化操控流程，提供了智慧化的管理手段。

流域管理的智能化和自动化要求信息“双向”流动。信息从传感设备获取，最终将处理后的信息传送给传感设备，实现对流域的闭环管理。按这种信息传递模式，智慧流域提供的功能服务包括智能感知、智能仿真、智能诊断、智能预警、智能调度、智能处置、智能控制。

（一）智能感知

智能感知就是利用各种信息传感设备及系统，如无线传感器网络、射频标签阅读装置、条码与二维码设备、遥感监测和其他基于物-物通信模式的短距无线自组织网络，构建覆盖主要水监测对象的智能感知网络体系，并建立这些传感设备之间的标识和联通，实现对二元水循环过程中水量、水质、水情、工情等各种信息全覆盖、全天候的时空无缝监测、监控和采集。如利用各种监测和监控技术对主要水源地的水质、水量变化，流域和城市水流线路中水质、水量变化，供水系统中管道的取用排水量和渗漏量，固定断面的污染物种类和浓度，大坝变形参数，堤岸的渗漏参数等进行实时监测。通过优化布设传感器对自然水循环和社会水循环过程进行实时监控，为科学、精确、动态的流域管理提供完备的数据支持。

（二）智能仿真

智能仿真就是综合虚拟现实技术、云计算技术、遥感技术和数值模拟技术，将真实的涉水情况搬入计算机。在计算机中建立与现实相对应的可交互控制的虚拟环境，并将各种影响安全的信息进行实时仿真，从而实现对流域工程的可视化展示与管理。通过建立基于云计算技术的数值仿真平台，主要包括分布式水文模型、水源区面源污染模型、水动力水质生态数值仿真模型、城市管网和洪水预报模型等，实现对降水径流过程、污染物迁移转化过程、城市管网供水过程、生态需水过程、泥石流淹没过程以及洪水演进过程的数值仿真，同时与虚拟现实系统实时交互，将模拟结果通过可视化技术实时展现在虚拟场景中，为流域综合管理提供基础。

（三）智能诊断

在建立水质水量综合诊断指标体系的基础上，结合感知的水量、水质和水情、工情信息，采用专家系统、神经网络、模糊理论等方法进行信息的深度挖掘，对各种水安全风险因子进行智能识别。经过综合诊断，识别出供水对象所面临的水量短缺和水质恶化的高度风险区域，利用在线观测、移动观测设备对这些区域进行实时跟踪监控，一旦发生安全风险事件，开展以追踪溯源为核心的智能诊断，自动判断安全隐患或突发性事件发生的地点、类型、性质。

（四）智能预警

智能预警是在智能诊断出的高风险突发性事件的基础上，分析水安全事件的特点，根据集成到智能仿真平台中的分布式水量水质模型、河网水量水质水生态模型、洪水预报模型、生态需水模型等对诊断出的突发性水安全事故进行模拟，预测预报事故的演变规律，定量给出事故的影响范围和深度。根据事故所隶属的等级以及直接危害或间接危害的程度，通过虚拟现实与可视化技术将事故的危害程度直观表现在三维虚拟环境中，同时利用各种电子终端自动联合发布相关的预警信息。

（五）智能调度

智能调度是根据水安全事件的诊断与预警，运用智能计算方法形成可行的调度方案，利用智能仿真技术进行多种调度方案的模拟分析，并实现对方案的跟踪管理。对高风险区域，事先制订应急调度预案。对没有发生在高风险区域的事件，可以参考邻近位置预案集和应急调度预案集，生成可行的应急调度方案；由感知系统获取的数据实时传递给智能仿真系统和智能诊断与预警系统平台，诊断突发事件的类型，计算影响范围和程度，进而制订实时应对方案，并对方案的实施效果进行实时评估、实时调整与改进，尽量将水安全事件的负面影响降到最低。

（六）智能处置

智能处置是应对突发水安全事件提出相应的处置措施及方案。当仅仅通过水质水量联合调度无法满足水安全的要求时，必须对其进行相应处置。如突发的水污染极端事件造成供水风险和生态风险，仅仅采用闸门的联合调控或者分质供水不能有效地应对风险的产生，首先将其影响限定在一定范围内，然后可以采用化学的方法、物理的方法或生态的方

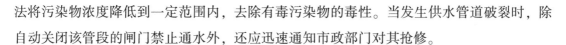

法将污染物浓度降低到一定范围内，去除有毒污染物的毒性。当发生供水管道破裂时，除自动关闭该管段的闸门禁止通水外，还应迅速通知市政部门对其抢修。

（七）智能控制

智能控制就是充分利用各个智能子系统的应用信息，优化各种不同类型控制建筑物和设备（如闸门、泵站机组、发电机组）的自适应控制算法，建立所有控制性建筑物和设备的智能控制模型。在此基础上，利用智能仿真模型以及各个监控站点信息的相互智能感知，建立区域内所有控制性建筑物和设备的联合控制模型。联合控制模型能够以水量调度系统下达的水量分配方案为目标对区域内所有控制性建筑物和设备进行统一控制，并以当前河道或流域状况作为反馈修正对闸、泵的控制达到区域闭环的效果，实现系统运行数据和设备状态的智能化监控。在满足调度目标的同时确保输水河道以及输水建筑物安全，达到统一调度方式安全水量分配。

四、智慧流域支撑技术

（一）数字流域相关技术

“数字流域”的概念最早源于阿尔·戈尔提出“数字地球”时提到的数字化的虚拟地球场景。通过技术融合，可使其较好地融入互联网，为人类提供服务。其中，数字流域作为数字地球的重要区域层次及组成部分，成为数字化应用和研究的热点。

具体来说，数字流域是一个覆盖整个流域的无缝信息模型，把分散在流域各处的各类信息按流域的地理空间坐标组织起来，这样既能体现出流域中的自然、人文、社会等各类信息的相互关系，又能便于按人类理解的地理坐标进行检索和利用。数字流域可以理解为流域在数字世界中的一个副本，它包括全部流域相关资料的数字化、地理化和可视化。数字流域按表现形式可以分为以文本形式提供的信息点、二维数字流域平面（包括流域二维地图和遥感影像图等）、三维数字流域空间、四维时空数字流域空间。

数字流域相关技术涵盖流域空间信息的获取、管理、使用等方面，数字流域建设的具体需求也推动着相关技术逐步发展和成熟。数字流域从数据获取、组织到提供服务的技术如下：

1. 天空地一体化的空间信息快速获取技术

天空地一体化的空间信息观测和测量系统已具雏形，空间信息获取方式也从传统人工测量发展到太空星载遥感平台、全球定位导航系统，再到机载遥感平台、地面的车载移动测量平台等。空间信息获取和更新的速度越来越快，定位技术将由室外拓展到室内和地下空间，多分辨率和多时态的观测与测量数据日益剧增。数字流域具有监测各种分辨率空间信息的能力，如降水、蒸（散）发、径流、土地类型、水工建筑物、滑坡和泥石流等流域信息。3S 是 RS（遥感）、GPS（全球定位系统）、GIS（地理信息系统）这 3 项相互独立而在应用上又密切关联的高新技术的总称，是空间技术、传感器技术、卫星定位导航技术和计算机技术、通信技术相结合，多学科高度集成的对空间信息进行采集、处理、管理、分析、表达、传播和应用的现代信息技术。北斗卫星导航系统是中国正在实施的自主研发、独立运行的全球卫星导航系统，是继美国 GPS 和俄罗斯 GLONASS 之后的第三个成熟的卫星导航系统。北斗卫星导航系统可在全球范围内全天候、全天时为各类用户提供高精度、高可靠定位、导航、授时服务，并具短报文通信能力，已经初步具备区域导航、定位和授时能力，定位精度优于 20 m，授时精度优于 100 ns。北斗卫星导航系统在水利方面具有广阔的应用空间，为流域资源监测及安全管理等提供重要支撑作用。北斗卫星导航系统可以同时提供定位和通信功能，具有终端设备小型化、集成度高、低功耗和操作简单等特点。

2. 海量空间数据调度与管理技术

面对数据容量不断增长、数据种类不断增加的海量空间数据，PB（Peta Byte）级及更大的数据量更加依赖于相关数据调度与管理技术，包括高效的索引、数据库、分布式存储等技术。

3. 空间信息可视化技术

从传统的二维地图到三维数字流域，数字流域的空间表现形式由传统的抽象的二维地图发展为与现实世界几近相同的三维空间，使得人类在描述和分析流域空间事物的信息上获得质的飞跃。包含真实纹理的三维地形和流域模型可用于流域规划、生态分析、构成虚拟地理环境等。

4. 空间信息分析与挖掘技术

数字流域中基于影像的三维实景影像模型，可构成大面积无缝的立体正射影像，用于自主的实时按需量测，以挖掘有效信息。

5. 网络服务技术

通过网络整合并提供服务，数字流域作为一个空间信息基础框架，可以整合集成来自网络环境下与地球空间信息相关的各种社会经济信息和生态环境信息，然后通过 Web Service 技术向专业部门和社会公众提供服务。

6. 数字流域模型技术

随着经济发展和人口增加，水资源短缺引发了一系列生态环境问题，加之全球气候变化，进一步增加了未来流域水资源演变的不确定性，干旱与洪涝灾害发生频率增加，水生态及水环境的脆弱性加剧，这一系列与水相关的问题成为当前全球关注的焦点。然而不论水问题的表现形式如何，都可归结于水循环过程的演化，因为水循环承载着每一滴水的形成和转化，同时又与水生态、水环境、水社会、水经济等过程相伴生，且具有作用与反作用关系。因此，如何合理利用好每一滴水，协调好水循环过程中水资源、水生态、水环境、水社会、水经济五大系统间的相互作用关系，维持健康的水循环，直接关系着流域/区域的可持续发展。

基于水循环过程进行水资源的规划与管理，是研究复杂水问题和实现水资源可持续开发利用的基本途径，也是现代水文水资源学研究的重要内容。自然界周而复始的水循环运动是产生地球淡水资源的根本动因，也是联系大气圈、生物圈、土壤与岩石圈等其他圈层的纽带，伴随大气降水、截留、融雪、蒸（散）发、下渗、产流（地表径流、壤中流、地下径流）、坡面汇流、水库（湖泊）调蓄和河道汇流九大水循环过程与水量转换，牵动着陆地表层系统其他物理、化学和生物过程的演化，如泥沙、水质和生态等过程。人类社会经济系统的演变也同样与水循环过程休戚相关。受气候和下垫面变化的影响，陆地水循环要素的时空变异性极其突出，很多国家的水资源时空分布严重不均。多数流域的降水集中在汛期，与农业生产需求不一致，加上水土、水热条件的不匹配严重制约了社会经济的发展。为此，人类兴修水利工程（如水库、闸坝和调水工程等）试图改变水资源的不均匀分布，以便更有效地利用水资源。由于缺乏对水循环大系统整体过程的足够认识，难以综合考虑水与气候、水与生态、水与环境、水与社会、水与经济等多种过程的联系与反馈作用，特别是缺乏支撑多种过程综合和系统集成研究的模拟平台，所以许多管理与规划决策往往“顾此失彼”，在兴利的同时带来了更大的生态与环境灾害，这反过来又制约着经济社会的发展，使我们面临严峻挑战。因此，为研究单一传质或过程采用的“分离”方法，要转向多过程多传质耦合的“综合”方法，来实现水循环及其伴生水过程的综合模拟。已经证明采用偏微分方程组（PDEs）的方法可求解多物理场现象，为综合模拟提供了技术支持。由于人类活动的参与性，天然河流已变成人工天然河流，满足单目标的分散模型已不足以反映各种工程与非工程措施所引起的河流复杂响应。流域管理的多目标和精细化，愈加突出自然过程、生态环境和经济社会的综合模拟，愈加需要全过程、全要素的动态定量模拟预报。为此，要从“水-土-气-生-人”复杂系统集成的角度出发，运用交叉集成的流域模拟模型和管理模型，构建流域数学模拟系统，实现水-生态-经济多场耦合。

（二）智能传感器技术

智能传感器（Intelligent Sensor）是具有信息处理功能的传感器。智能传感器带有微处理机，具有采集、处理、交换信息的能力，是传感器集成化与微处理机相结合的产物。一般智能机器人的感觉系统由多个传感器集合而成，采集的信息需要计算机进行处理，而使用智能传感器就可将信息分散处理，从而降低成本。与一般传感器相比，智能传感器具有以下三个优点：①通过软件技术可实现高精度的信息采集，而且成本低；②具有一定的编程自动化能力；③功能多样化。智能传感器的功能是通过模拟人的感官和大脑的协调动作，结合长期以来测试技术的研究和实际经验而提出来的。智能传感器是一个相对独立的智能单元，它的出现对原来硬件性能的苛刻要求有所减轻，而靠软件帮助可以使传感器的性能大幅度提高。在信息存储和传输功能方面，智能传感器通过测试数据传输或接收指令来实现各项功能。如增益的设置、补偿参数的设置、内检参数的设置、测试数据的输出等。在自补偿和计算功能方面，智能传感器的自补偿和计算功能为传感器的温度漂移和非线性补偿开辟了新的道路。这样，可放宽传感器加工精密度要求，只要能保证传感器的重复性好，利用微处理器对测试的信号进行软件计算，采用多次拟合和差值计算方法对漂移和非线性进行补偿，就能获得测量结果较精确的压力传感器。在自检、自校、自诊断方面，采用智能传感器情况则大有改观，首先自诊断功能在电源接通时进行自检，诊断测试以确定组件有无故障。其次，根据使用时间可以在线进行校正，微处理器利用存在EPROM（可擦除可编程只读寄存器）内的计量特性数据进行对比校对。在复合敏感功能方面，智能传感器具有复合功能，能够同时测量多种物理量和化学量，给出能够较全面反映物质运动规律的信息。在智能传感器的集成化方面，由于大规模集成电路的发展使得传感器与相应的电路都集成到同一芯片上，而这种具有某些智能功能的传感器叫作集成智能传感器。

（三）物联网技术

物联网（Internet of Things，IOT）就是“物物相连的互联网”，是通过智能感知、识别技术与普适计算、泛在网络的融合应用，首先获取物体/环境/动态属性信息，再由网络传输通信技术与设备进行信息/知识交换和通信，并最终经智能信息/知识处理技术与设备实现“人-机-物”世界的智能化管理与控制的一种“人物互联、物物互联、人人互联”的高效能、智能化网络，从而构建一个覆盖世界上所有人与物的网络信息系统，实现物理世界与信息世界的无缝连接。物联网是互联网的应用拓展，以互联网为基础设施，是传感网、互联网、自动化技术、计算技术和控制技术的集成及其广泛和深度应用。物联网主要由感知层、传输层和信息处理层（应用层）组成，它为智慧流域中实现“人-机-物”三元融合一体的世界提供最重要的基础使能技术与新运行模式。物联网用途极其广泛，遍及交通、安保、家居、消防、监测、医疗、栽培、食品等多个领域。作为下一个经济增长点，物联网必将成为智慧流域建设中的重要力量。

（四）计算技术

云计算（Cloud Computing，CC）是一种新兴的共享基础架构的方法，可以将巨大的系统池连接在一起以提供各种 IT 服务。在智慧流域建设中，云计算在海量数据的处理与存储、智慧流域运营模式与服务模式等方面具有重要作用，可以支撑智慧流域的高效运转，提高流域管理服务能力，不断创新 IT 服务模式。云计算主要包括三个层次的服务：基础设施级服务（LaaS）、平台级服务（PaaS）、软件级服务（SaaS）。云计算作为新型计算模式，可以应用到智慧流域决策服务方面，通过构建高可靠智慧流域云计算平台为流域管理智能决策提供计算和存储能力，其扩展性可以极大地方便用户，使其成为智慧流域的核心。智慧流域云计算平台的虚拟化技术及容错特性保证了其存储、运算的高可靠性。对于海量的流域资源数据的存储，需要使用云计算存储，将网络中不同类型的存储设备通过应用软件集合起来协同工作，共同对外提供数据存储和业务访问功能。利用云计算的并行处理技术，挖掘数据的内在关联，对数据应用进行并行处理。LaaS 层提供可靠的调度策略，是智慧流域云计算得以高效实现的关键。

（五）大数据技术

大数据（Big Data，BD）指的是所涉及的资料量规模巨大到无法透过主流软件工具，在合理时间内达到获取、管理、处理，并整理成帮助管理者经营决策的资讯。大数据技术的战略意义不在于掌握庞大的数据信息，而在于对这些含有意义的数据进行专业化处理。

大数据可分成大数据技术、大数据工程、大数据科学和大数据应用等领域。目前，谈论最多的是大数据技术和大数据应用，即从各种各样类型的数据中，快速获得有价值的信息。大数据技术是超大容量、多样性、时效性高的数据与采集它们的工具、平台、分析系统的总称，主要包括大数据的存取、挖掘、管理、处理技术，解决智慧流域庞大的结构化、半结构化和非结构化数据快速存取、挖掘、管理、处理，是支持智慧流域各业务进行有效智慧决策和预测的基础技术。目前，大数据技术已经应用到安全管理、金融等领域，随着互联网行业终端设备的应用、在线应用和服务，以及垂直行业的融合等，互联网行业急需大数据技术的深度开发和应用，并且将快速带动社会化媒体、电子商务的快速发展。其他的互联网分支也会紧追其后，整个行业在大数据的推动下将会蓬勃发展。随着信息技术在水利行业的应用及水利管理服务的不断加强，大数据技术在水利领域的应用也是不可或缺的，包括系统信息共享、业务协同与云计算的高效运营，以及资源监测、应急指挥、远程诊断等管理服务。

（六）虚拟现实技术

虚拟现实（Virtual Reality，VR）是以计算机为核心，结合相关科学技术，生成与一定范围真实环境在视、听、触感等方面高度近似的数字化环境，用户借助必要的装备与数字化环境中的对象进行交互作用、相互影响，可以产生亲临对应真实环境的感受和体验。VR是人类在探索自然、认识自然过程中创造产生，逐步形成的一种认识自然、模拟自然，进而更好地适应和利用自然的科学方法和科学技术，具有Immersion（沉浸）、Interaction（交互）、Imagination（构想）的3I特征，其目的是利用计算机技术及其他相关技术复制、模仿现实世界或假想世界，构造近似现实世界的虚拟世界，用户通过与虚拟世界的交互，体验对应的现实世界。VR技术将计算机从一种需要人用键盘、鼠标进行操纵的设备变成了人处于其创造的虚拟环境中，通过感官、语言、手势等比较自然的方式进行交互、对话的系统和环境，从根本上改变了人适应计算机的局面，创造了计算机适应人的一种新机制。VR通过沉浸、交互和构想的3I特性能够高精度地对现实世界或假想世界的对象进行模拟与表现，辅助用户进行各种分析，为解决面临的复杂问题提供一种新的有效手段。以虚拟现实理念/虚拟现实技术为核心，基于地理信息、遥感信息以及赛博空间网络信息与移动空间信息，发展出了具有地学特色的虚拟地理环境，用于研究现实地理环境和赛博空间的现象与规律。

（七）移动互联网技术

移动互联网是移动通信技术与互联网融合的产物，是一种新型的数字通信模式。广义的移动互联网是指用户使用蜂窝移动电话、平板电脑或者其他手持设备，通过各种无线网络，包括移动无线网络和固定无线网等接入到互联网中，进行语音、数据和视频等通信业务。随着无线技术和视频压缩技术的成熟，基于物联网技术的网络视频监控系统，为水利工作提供了有力的技术保障。基于4G、5G技术的网络监控系统须具备多级管理体系，整个系统基于网络构建，能够通过多级级联的方式构建一个全网监控、全网管理的视频监控网，提供及时优质的维护服务，保障系统正常运转。

（八）综合集成研讨厅技术

从定性到定量的综合集成方法是钱学森从现代科学技术体系的高度，在深入思考开放复杂巨系统之间协同工作解决现实问题时，以“实践论”为立足点，将“整体论”与“还原论”结合起来。之后，钱学森又在更深层次的支撑平台进行思考，提出了从定性到定量的综合集成研讨厅体系（Hall for Workshop of Metasynthetic Engineering，HWME）。

简单地说，综合集成研讨厅是由人与计算机系统构成的一个解决复杂问题的社会团体。在这个团体中，人与人、计算机与计算机、人与计算机进行密切合作，各尽所能，对它所面临的问题进行综合集成。这种综合集成的意义不同于目前流行的“集成”，它不仅仅是由简单的多种模块所组成，而是根据问题在某时刻的需要，在系统理论意义下动态构成社会团体的若干个子集，在不断的信息交流过程中求得解（一般是局部解）。系统具有“进化”的特征，它可以不断成长，不断提高，其关键之处在于：每一个瞬间系统所构成的小团体也许是不同的，系统构成是动态的。

综合集成研讨厅由三部分组成：专家体系、机器体系和知识/信息体系，其中：①由参与研讨的专家组成的专家体系，是研讨厅的主体，是决策咨询求解任务的主要承担者；②由专家所使用的计算机软硬件及为研讨厅提供各种服务的服务器组成的机器体系，具有高性能的计算能力、数据运算和逻辑运算能力，在定量分析中发挥重要作用；③由各种形式的信息和知识组成的知识/信息体系，包括与决策咨询相关的知识、信息和问题求解的知识、信息。以信息网络为基础的综合集成研讨体系具有较强的可操作性，同时在运行过程中产生着创造思维，对于这一体系所服务的社会系统而言，涌现着社会智能。正是这种创造思维、涌现智慧的平台，对于个人和群体形成了创造的环境，造就了“社会智能”的产生。

（九）业务流程优化技术

业务流程优化指通过不断发展、完善、优化业务流程，从而保持企业竞争优势的策略，包括对现有工作流程的梳理、完善和改进。在流程的设计和实施过程中，要对流程进行不断的改进，以期取得最佳的效果。对现有工作流程的梳理、完善和改进的过程，即称为流程的优化。流程优化不仅仅指做正确的事，还包括如何正确地做这些事。为了解决企业面对新的环境、在传统以职能为中心的管理模式下产生的问题，必须对业务流程进行重整，从本质上反思业务流程，重新设计业务流程，以便在衡量绩效的关键（如质量、成本、速度、服务）方面取得突破性的改变。

业务流程优化要坚持立足于企业战略目标，基于企业现存的流程困惑，立足于企业自身的能力设计、体系的自我完善与改进等原则。其方法如下：首先是现状调研。业务流程优化小组的主要工作是，深入了解企业的盈利模式和管理体系、企业战略目标、国内外先进企业的成功经验、企业现存问题以及信息技术应用现状。管理目标和现存问题两者间的差距就是业务流程优化的对象，这也是企业现实的管理再造需求。以上内容形成调研报告。其次是管理诊断。业务流程优化小组与企业各级员工对调研报告内容协商并修正，针对管理再造需求深入分析和研究，并提出对各问题的解决方案。以上内容形成诊断报告。最后是业务流程优化。业务流程优化小组与企业对诊断报告内容协商并修正，将各解决方案细化。

具体的业务流程优化的思路是：总结企业的功能体系；对每个功能进行描述，即形成业务流程现状图；指出各业务流程现状中存在的问题或结合信息技术应用可以改变的内容；结合各个问题的解决方案即信息技术应用，提出业务流程优化思路；将业务流程优化思路具体化，形成优化后的业务流程图。

五、智慧流域评估模型

从智慧流域内涵特征和框架结构分析中，提炼出智慧流域的五大关键要素，分别是服务（Service）、管理和运营（Management&Maintenance）、应用平台（Application platform）、资源（Resource）和技术（Technology）。五大要素的英文首字母正好构成单词“SMART”，故称之为 SMART 模型。

结合智慧流域的发展理念，不难得出五大要素之间的关系。服务是智慧流域建设的根本目标，管理和运营是服务水平提升的核心手段，应用平台是实现流域智慧化运行的关键支撑，资源和技术是智慧流域建设的必要基础。由此确定出 SMART 模型的层次结构：五大要素以流域发展战略目标为导向，服务位于顶层，体现出智慧流域建设的本质是惠民，要求将公众服务需求的满足放在首位；管理和运营紧随其后，是智慧服务的重要支撑和保障；应用平台是智慧流域实现协同运作的信息化手段；资源和技术位于底层，是智慧流域建设的基础条件。

作为智慧流域评估的理论模型，根据评估侧重点不同，SMART 模型可划分为投入层、产出层和绩效层。其中，投入层主要考察智慧流域在资源和技术方面的投入情况；产出层重点考虑智慧流域建设过程中所产生的应用平台的支撑能力；绩效层重点考察智慧流域在社会服务、管理和运营等方面所呈现的效果。三大层级可综合评估智慧流域的整体建设水平。

（一）SMART 模型的服务

服务的产生源于需求，而需求的发展在很大程度上受到流域发展水平的影响。从数字流域，再到智能流域和智慧流域，公众的服务需求层次逐步实现了从量变到质变的飞跃。在流域的最初管理阶段，计算机开始应用但普及率并不高，公众的服务需求主要停留在公平地享受到尽可能全面的服务；在数字流域阶段，随着信息的数字化、信息系统的应用，公众的需求从服务数量上升到服务质量；在智能流域和智慧流域阶段，移动网络覆盖率和智能终端渗透率的提高，激发出公众对服务方式和服务内容的更高要求。

根据不同发展阶段的流域需求变化规律，提取出服务需求层次结构。流域的服务需求共分为六个层级，从底层的均等化到顶层的个性化，各层次的具体含义如下：①均等化；②全面化；③准确化；④及时化；⑤多样化；⑥个性化。

首先，从层级的逻辑关系来看，六种需求向阶梯一样逐级递升，但这种次序不是完全不变的。比如及时性和准确性，在应急管理服务领域，预警信息发布的及时性和准确性同样重要。其次，流域发展的每个阶段都有服务需求，某层的需求得到满足后，更高层级的服务需求才会出现，未被满足的需求往往是最迫切的。最后，最高层的服务需求与低层级需求得到满足后的发展方向。以智慧流域为例，智慧流域的服务应同时满足均等、全面、准确、及时、多样、个性六大需求。

（二）SMART 模型的管理和运营

智慧流域的管理和运营是一个过程，而不是单纯活动的集合，是指政府、企业、科研机构、用户等参与的从规划、建设、运营维护到监督的一个完整的过程，该过程具备资源集约、公正透明、协同配合、决策支持、监督评价等特征。智慧流域的管理和运营应立足于流域的宏观管理，包括智慧流域规划管理、运营管理和监督评价管理三个组成部分。

规划管理是智慧流域管理和运营的前提。规划管理具有全局性、前瞻性、持续性等特征，是以国家、流域的相关规划、政策法规为依据，对重大项目和重大工程进行的人力、资金、物资的计划、组织、协调和控制。

运营管理是智慧流域管理和运营的关键。运营管理涵盖了水利、环保、国土、交通、电力、能源等多个领域，涉及运营管理模式、盈利模式、运营效果等具体内容。考虑到智慧流域建设的规模，在建设模式上采用政府主导、企业建设、社会各界共同参与的方式。因此，在运营模式方面，采用企业运作、服务社会的模式；在盈利模式方面，可探讨公众增值应用、广告运营等多种组合方式；在运营效果方面，引入第三方机构，通过公正公开的评估，促进管理效果的持续提升和改进。

监督评价管理是智慧流域管理和运营的保障。监督评价管理强调公众参与流域具体的管理活动。政府相关部门应建设完善的监督评价渠道，建立配套机制，及时接收来自社会各界的反馈，根据反馈意见有针对性地提高管理水平。

计划、组织、协调、控制是管理和运营活动的主要职能，也是智慧流域管理的重要组成部分。智慧流域的建设切忌一哄而上的盲目建设，必须认真地准备和严密地组织。第一，对流域发展的现状有一个清晰的认识，评估流域所处的发展阶段，考察是否具备建设智慧流域的必要条件；第二，立足于流域发展的现状，确定智慧流域建设的具体目标和重点任务，并对任务进行分解；第三，成立专门的智慧流域建设领导小组，权责明确，调动一切可调动的资源；第四，建立有效的沟通渠道，协调智慧流域参与各方的关系；第五，建立监督机制，做好智慧流域建设的控制工作。

智慧流域管理和运营四大职能的最终效果表现在对时间、成本和质量的管理上。在时间管理方面，制订年度滚动计划，确保阶段性目标的顺利实现；在成本管理方面，预算的制定须经过严格的调查论证，除特殊情况外，实施过程严格按照预算进行；在质量管理方面，制定统一的质量评估标准和奖惩机制，定期考核。

（三）SMART 模型的应用平台

应用平台建设是智慧流域服务和管理的实现手段，与流域服务管理所涉及的各个领域密切相关。狭义的应用平台主要包括各个领域能实现智能处理的信息系统，广义的应用平台还包括面向企业和个人的、整合领域内部资源或跨领域资源的、能够提供统一管理服务的软硬件环境。

应用平台具有统一性、开放性、安全性等典型特征，其建设的根本目的是要实现信息资源的互联互通。在总体框架设计上，应用平台应抛开具体的业务功能特征，在总体框架上保持一致，以保证子系统之间信息的交换和共享，促进机构间的协作。以信息资源的流转方向为依据，应用平台通用框架应从接入、传输、应用、支撑四个方面规定通用的标准和规范。

应用平台的接入层应满足用户接入方式的多样化，支持个人电脑、智能终端、自助终端、虚拟桌面等多种接入方式，实现信息的随时随地查询和推送；传输层致力于通过互联网、无线网、传感网、融合网等各种网络渠道，保证信息流通的准确性、及时性和稳定性；应用层由一系列子系统构成，包括运用管理子系统、安全管理子系统、业务处理子系统、辅助决策子系统等，强调系统的物联能力、云计算能力、行业能力和泛在能力；支撑

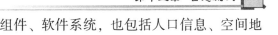

层位于底层，既包括支撑系统运行的通用技术组件、软件系统，也包括人口信息、空间地理信息、法人信息、宏观信息等信息资源。

应用平台与智慧流域服务管理密切关联，涵盖了流域服务管理的各个领域。就我国流域应用平台的发展现状来看，各个领域基本都有独立的信息系统，但各个系统都处于封闭和孤立状态，无形中增加了运维成本，也不利于提高服务效率。因此，在智慧流域建设的过程中，一方面要完善已有的分领域信息系统的功能，提高系统的可靠性；另一方面，相关的领域之间要建立起统一的应用平台，打破条块分割和信息孤岛，提高公众服务水平。

（四）SMART 模型的资源

资源可分为自然资源、基础设施资源和信息资源三大类。资源的开发和利用是智慧流域建设的基础。自然资源包括土地、能源、水资源等天然存在的资源。基础设施资源主要包括网络基础设施、服务终端、防灾减灾设施等流域基础设施和公众服务设施。

自然资源在总量上是一定的，也是当前限制流域发展的重要因素。智慧流域的建设，其着力点是如何发挥好基础设施的作用，整合利用信息资源，实现自然资源的优化配置和高效利用，建设资源节约型、环境友好型、流域持续发展的高效信息化社会。

基础设施资源，尤其是网络基础设施，包括各种传感网、有线宽带网和无线网络，是智慧流域建设的物质基础。信息资源的整合和利用是实现流域智慧管理和智慧服务的前提条件。当前流域管理活动中普遍存在资源分散、标准不统一等问题，造成信息共享和交换困难重重。因此，亟须进行有效的数据元管理，制定统一的交换标准和流程优化标准，为智慧流域建设打造良好的信息资源基础。

智慧流域建设的战略目标是为了满足公众更高层级的服务需求。政府正是流域服务的主要提供者，这就决定了智慧流域的重点资源主要是与政府的服务管理活动相关的信息资源，包括国家基础信息资源和政务信息。

（五）SMART 模型的技术

科学技术是第一生产力。信息技术的应用改变了人们的生产生活方式，创造了新的产业，推动了经济社会的共同发展，是流域发展中重要的推动力量。根据 SMART 体系，在智慧流域的建设过程中，技术的作用主要体现在如何提升应用平台的运作效果。如果将智慧流域的所有应用看成一个统一的大系统，那么系统的感知层、传输层、应用层和终端层，均需要通过不同的技术手段实现。而这些技术中，尤以下一代互联网技术、新一代移动通信技术、云计算、物联网、大数据、智能网络终端以及宽带网等信息技术最为关键。

感知层的关键技术：物联网技术及下一代互联网技术。在智慧流域背景下，与流域服务管理相关的物体之间将不再是孤立的个体，而是相互作用，形成一张物物相连的网络。物联网技术可广泛应用于智慧水利、智慧环保、智慧电力、智慧交通、智慧林业等诸多领域，实现信息的实时监控、采集、追溯等。而要实现物联网的规模应用，则需要借助下一代互联网技术来提供更丰富的网络地址资源，两大技术共同实现整个流域的智慧感知。

传输层的关键技术：新一代移动通信技术和宽带网。新一代移动通信技术使得服务随时随地接入成为可能，移动上网的速度、质量均得到极大的改善。宽带网使得网络的承载能力更大、速度更稳定。新一代移动通信技术和宽带网优势互补，共同为公众提供移动、泛在、稳定、高速、安全的网络环境，确保网络的任意接入以及信息资源及时准确地传输。

应用层的关键技术：云计算和大数据。智慧流域多个应用系统之间存在信息共享、信息交互的需求，云计算能够将传统数据中心不同架构、品牌和型号的服务器进行整合，通过云操作系统的调度，向应用系统提供统一的运行支撑平台。此外，借助于云计算平台的虚拟化基础架构，能够实现基础资源的整合、分割和分配，有效降低单位资源成本。面向智慧流域中各类数量庞大的大数据，尤其是空间、视频等非结构化的大数据，应积极面对挑战，通过充分发挥云计算的优势并重点研究数据挖掘理论，对大数据进行有效的存储和管理，并快速检索和处理数据中的信息，挖掘大数据中的信息与知识，充分发挥大数据的价值。

终端层的关键技术：智能终端。智能终端是服务对象与服务提供者之间的桥梁，解决了智慧流域应用的“最后一公里”问题。通过智能手机、平板电脑、自助终端等各种类型的智能终端，为用户提供多样化的服务渠道，满足用户在任何时候、任何场合享受流域提供的各种服务的需求。

综上，以 SMART 模型为依据，可以初步理清智慧流域的建设要求，主要体现在以下几方面：①构建全面感知的流域基础环境，实现流域环境完备智能。流域环境完备智能是指流域的感知终端、信息网络等基础设施具有能够全面支撑流域公众、企业和政府间的信息沟通、服务传递和业务协同，人才培养，资金使用，自然资源利用，环境保护等各方面造就流域巨大的创新潜力和可持续发展能力。②实现协同集约的流域管理。这就要求政府部门实现网络互联互通、信息资源按需共享、业务流程高效协同，为政府决策提供基础支撑，大幅度提升管理效率。③提供高效便捷的民生服务。流域便捷的民生服务，是指公众具备应用信息与通信技术的意识与能力，应用网络与电脑、手机各类终端设备，熟练获取各类社会服务，提升生活质量，实现流域和谐、公众幸福。

六、智慧流域应用模式

（一）在防洪减灾中的应用

当流域可能发生特大洪水时，根据卫星传感器传送的云层信息，采用区域气候模式预测可能的降雨量，将其作为输入条件，利用云计算和云存储技术读取网络上模型所利用的下垫面条件，启动陆面过程模型和数据同化技术对整个流域的洪水进行实时的计算，将模型计算结果、洪水淹没过程和制订的防洪预案与调度方案及可撤离路线通过可视化手段展现在三维虚拟场景中，然后通过网络将这些信息以文字、图片、视频图像、语音等多种方式实时发送到流域内居民的手机、电脑等终端设备中。在洪水突发过程中，采用沿程传感器和射频标签将测站名称和水位信息传递给模型实时滚动修正，同时将监控探头和遥测设备观测的洪水淹没范围传递给决策中心，供决策者参考。此时，洪水的暴发有可能影响大坝和堤防安全，利用射频标签、传感器、监控探头将大坝变形、位移、裂缝信息传递给决策者，决策者根据这些信息判断可能溃堤的位置，并以电视、电脑、手机等通知居民做好抢堵溃口的准备。信息及时沟通在很大程度上能够提高防洪减灾的科学性和有效性。

（二）在抗御干旱中的应用

智慧流域能够利用由无线传感器组成的天地一体化系统，对降水、风速、温湿度、蒸发、土壤墒情等资料进行智能监测和采集，实时监测地下水位的变化和土壤墒情，避免以前人工操作布置监测点的时空局限性和数据采集的不连续性，充分发挥天地一体化优势，能够全天候 24 h 连续不断地进行信息采集，实现对干旱发生的前兆、过程、危害程度的全程定量监测；对干旱造成的各类损失进行评估；根据天地监测结果和区域气候模式，对未来的影响范围、持续时间、强度变化等进行预报预警。同时，对干旱区范围内的水库进行实时监测，计算水库可能的存储水量，由此制订水库联合调度方案，以应对干旱所带来的水危机。干旱是个全局性问题，不仅仅涉及政府部门，也应该发挥群众的智慧。以前仅靠电视作为宣传终端，而智慧流域则使用手机、电脑、传感器、射频标签实现了人与人、人与水、水与水之间的互联互通。在干旱来临时，智能系统根据监测数据分析出可能发生的灾害结果并将其反馈给决策者和人民群众，尽量避免或者降低干旱所带来的影响以及减小灾害波及范围。

（三）在防治污染中的应用

智慧流域系统通过遥感传感器和地面观测设施对河流、湖泊、水库、饮用水源地、地下水观测点、近岸海域等流域内的现场水质进行连续自动监测，客观地记录水质状况，及时发现水质的变化，进而实现对水域或下游进行水质污染预报，达到掌握水质和污染物通量，防治水污染事故的目的。水质量检测传感器将感知的水质参数传递给环境管理部门进行水质评价，然后由环境管理部门将评价结果通过多种方式（如E-mail、短信、网站等方式）进行发布；并装置报警传感器，在某种污染物浓度超过阈值时，由水质量检测传感器自动与报警传感器和控制供水传感器相连，通过流域物联网，启动报警装置并自动关闭供水管网。

若突发污染事件，智慧流域系统根据污染源处的传感器测得污染物种类和浓度信息，通过多种用户终端通知水域周围或者下游居民存储一定的水量做备用，做好应对措施：污染源传感器经过流域物联网与供水管网和排水管网建立智能连接，并将相关水质信息传递给环境管理部门进行水质信息分析，用相应的水质评价模型和污染物动态模型对水质进行评估和对污染物的运移过程进行预测预报，以便制订出应急预案。采用沿程监控探头和沿程污染物浓度测量传感器，实时跟踪监测水质信息，并将当前的画面实时传输给管理部门或者当地群众，发挥大众智慧来解决面临的水质问题。

（四）在水资源管理中的应用

智慧流域在社会水循环中的作用主要体现在以取水、输水、供水、用水、排水、回用水等环节为监控对象，通过点（水源地、取用水口、入河排污口、地下水监测井等）和线（河流、水功能区等）的装备传感器、射频标签，并借助遥感卫星监测动态水情信息，掌握面（行政区、水资源分区和地下水分区等）的情况；通过取用水户的取水和排水数据、行政分区的入境水量和出境水量数据、地下水数据等的互相智能校核，以及监测信息、统计信息、流域及区域水循环模型等数据信息的互相智能校验，为实行“总量控制，定额管理”提供支撑，实现对水资源的科学调配和精细管理；在准确掌握水资源状况的基础上实现社会水循环过程（取水—输水—供水—用水—排水—回用水）与自然生态系统中的天然水循环（降雨—蒸散发—产汇流—入渗）的合理匹配，为实现水资源的优化配置、高效利用和科学保护，以及社会、经济、自然的可持续协调发展提供技术支撑。

第三节 智慧流域展望和应用设想

一、智慧流域展望

（一）智慧流域发展策略

1. 以标准化为纲，促进系统建设规范化

智慧流域体系的建设与发展必须加快制定统一的信息标准规范，大力推进标准的贯彻落实。对多年的数据进行整合，梳理出明确规范的编码体系和数据规则，再通过对历年业务数据的收集和整理，归纳并建立统一规范的数据标准和信息管理体系。各业务系统的建设应遵循统一的标准规范。

各级部门的智慧流域体系建设应以数据中心建设为契机，开展信息化地方标准的研制工作。在进行标准体系建设时，要考虑与国家或行业信息化标准的结合，并结合地方信息化的现状，重点进行数据和管理规范的建设。

2. 以数据流为轴，提高信息资源共享的水平和能力

应严格遵循行业标准和信息化标准，以多维、立体化的思维模式，从数据库架构升级、数据结构改善、数据字典规范化、数据内容核准与筛选四个方面入手，对原有数据库架构和数据结构进行升级改造，确保数据的准确性、唯一性。全力打造出科学完善的数据模型体系，为监测信息化的高级应用提供根本的数据保障和技术支持。

通过数据中心建设，形成各级部门的信息资源目录体系；推动数据共享机制的建立，构建信息资源共建共享技术指引；逐步形成各级部门的信息统一编码规则和元数据库数据字典。

在数据中心建设过程中，应开展信息资源规划，以流域全生命周期管理等为主线，进行数据的梳理整合，构建全域数据模型。在国家或行业化分类标准的约束下，生成全域数据模型。全域数据模型主要用以指导支撑各级部门的相关领域各类业务系统数据模型的设计，逐步深化并持续改进。

3. 以顶层设计为本，破解业务系统建设偏失

将智慧流域体系建设涉及的各方面要素作为一个整体进行统筹考虑，在各个局部系统设计和实施之前进行总体架构分析和设计，理清每个建设项目在整体布局中的位置，以及

横向和纵向关联关系，提出各分系统之间统一的标准和架构参照。

可引入先进成熟的联邦事业架构（Federal Enterprise Architecture，FEA）、电子政府交互框架（e-Govemment Interoperability Framework，e-GIF）、面向电子政务应用系统的标准体系架构（Standard and Architecture for e-Govemment Application，SAGA）等理论框架为指导，对各级部门的相关领域业务系统进行分析，确保智慧流域体系方向正确、框架健壮，确保各业务系统边界明确、流程清晰。同时，项目建设不应急于求成，而要按照“再现—优化—创新”三段式发展，循序渐进地推动各项业务应用系统的标准化和规范化，最终达到通过信息技术支持行政管理机制创新和变革的效果。

4. 以流程规范为重，通过整合与重构推进业务协同

传统管理方式中的职责不清、工作流程随意性大是制约信息化发展的重要管理因素。智慧流域离不开业务流程的优化。从某种程度上讲，智慧流域伴随的流程再造过程，是变“职能型”为“流程型”模式，超越职能界限的全面改造工程。如果管理业务流程不能事先理顺，不能优化，就盲目进行信息系统的开发，即便一些部门内部的流程可以运转起来，部门间的流程还是无法衔接。

各级部门的智慧流域体系建设，应充分重视业务流程的梳理和规范化的作用，以标准、规范的工作流程逐渐替代依赖个人经验管理环境事务的方式。一方面，对已有的应用系统要进行深入整合，实现重点业务领域的跨部门协同；另一方面，随时适应各级部门的组织体系调整，重构一些重大综合应用系统，特别是面向公众的一些社会管理、公共服务的系统，提高公共服务能力和社会化管理水平。

（二）智慧流域推进路径

智慧流域是水利现代化和数字流域发展的高级阶段，以物联网、云计算、移动互联网等新一代信息技术为基础，通过更深入的智慧化、更全面的互联互通、更有效的交换共享、更协作的关联应用，实现流域自然资源更丰富、流域生态系统更安全、流域绿色产业更繁荣、流域生态文明更先进。智慧流域建设是一项长期性、系统性工作，须分步骤、分阶段扎实推进。依据各工程项目的紧迫性、基础性、复杂性、关联性等，建设智慧流域分基础建设、展开实施、深化应用三个阶段。

1. 基础建设阶段

本阶段主要是编写智慧流域规划，出台智慧流域建设的相关政策，安排扶持资金等，并局部开展智慧流域的探索实践工作。在现有流域信息化成果基础上，选择基础性强的流域大数据工程、流域云建设工程、下一代互联网提升工程、流域应急感知系统、流域环境

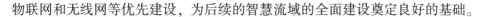

物联网和无线网等优先建设，为后续的智慧流域的全面建设奠定良好的基础。

2. 展开实施阶段

在本阶段，智慧流域建设全面展开，汇聚各方力量，加大人、财、物方面的投入，积极鼓励企业、公众参与智慧流域建设。本阶段以智慧流域基础设施为基础，完成智慧流域各个行业平台工程建设，智慧流域建设的步伐明显加快，智慧流域框架体系基本形成。

3. 深化应用阶段

经过展开实施阶段，智慧流域建设有了量的积累，需要各个部分走向相互衔接、相互融合，实现质的飞跃。本阶段主要建设整合所有软硬件基础设施，构建智慧化系统工程，智慧流域的应用效果和价值逐步显现，其竞争力、集聚力、辐射力明显增强。

（三）智慧流域保障措施

1. 强化组织领导，健全工作机制

组建以各级水利主管部门主要领导为组长的智慧流域建设工作领导小组，统筹领导智慧流域建设工作，负责研究、决策和解决智慧流域建设中的重大问题。领导小组下设办公室，承担领导小组的日常工作，负责具体组织实施或牵头协调、监督智慧流域建设的重大项目及相关工作。建立上下联动的智慧流域建设工作机制，形成国家、流域、省、市、县五级智慧流域组织体系。切实形成自上而下、比较完善的智慧流域工作机制。加强分工协作，完善相关配套条件，加大协调服务力度，加快形成有利于智慧流域建设的合力。

2. 创新投入模式，引导多元参与

智慧流域建设处于高起点起步、跨越式发展的战略机遇期，迫切需要大量的资金投入和稳定的资金来源，保证各项工程的顺利实施。加强智慧流域建设和运维的资金保障，加快建设以政府投资为主、社会力量广泛参与的资金保障机制。流域、省、市、县水利主管部门要加大财政资金投入力度，在年度投资预算中安排智慧流域建设专项资金，用于支持智慧流域各工程项目建设。在市场化效益明显的领域，积极吸纳社会投资，加快智慧流域建设步伐。鼓励和引导具有管理、技术和资金优势的企业、社会机构参与智慧流域建设项目投资或提供运行维护服务，积极为智慧流域发展营造良好的配套服务环境。加强与气象、环保、农业、旅游等相关部门的沟通交流，提高智慧流域关注度，建立长效的数据共享和交换机制，为更好地服务用户提供有力支撑。

3. 加强项目管理，强化监督考核

结合智慧流域建设的实际需要，加强对重点项目的督察考核，建立“事前有计划、事中有管控、事后有评估”的项目管理机制。重视对重大项目的立项、招投标、资金使用、项目验收、效果评价等环节的监督管理，规避各种潜在风险和不利因素，确保智慧流域安全、规范、有效建设及运行。建立健全智慧流域建设与运行考核评估机制，由智慧流域建设领导小组及其办公室牵头制定各专项计划和重大项目的目标管理与考核办法。定期对各专项计划及重点项目的资金使用、执行进度、实施成效等进行检查、评价，出具考核意见，并落实到相应的责任人和责任单位，确保智慧流域建设扎实、稳步推进。

4. 统一标准规范，促进信息共享

加快制定智慧流域建设相关制度与标准体系，出台智慧流域建设重点项目管理办法等，并在智慧流域建设运行实践中不断完善优化，保障信息资源有效开发利用、网络平台和体验中心高效运行、信息系统互联互通。深入整合原有数据库、信息系统和服务平台，以减少信息孤岛、杜绝重复建设为原则，建立涵盖日常监管、信息反馈、风险防控、资源利用和政务工作各环节的实时信息共享长效机制，为智慧流域建设保驾护航。

5. 加强基础研究，提高技术水平

信息技术发展快，软硬件更新快，业务需求变化快，必须认真研究并及时把握水利信息化发展规律，加强水利信息化基础研究和科研能力建设。要认真分析研究下一代网络、第三代移动通信等新兴信息技术给水利工作带来的影响，结合水利工作特点，及时或超前提出水利信息系统建设和升级方案，保证水利信息化的先进性和适度超前性，为水利工作提供有力支撑。要结合水利业务和信息化的特点，建立相对完善的标准体系，促进网络互联互通、应用协同互动和信息共享利用。

6. 注重人才培养，深化合作交流

智慧流域建设集多项高新技术于一体，技术含量高，建设难度大。应注重提高水利工作者的素质，聘请专家普及信息化知识、开展技能培训。面向偏远林区和老少边穷地区开展形式多样的信息化知识和技能教育服务，提高基层信息技术应用能力。建立和完善人才机制，创建培养人才、吸引人才、用好人才、留住人才的良好环境。加强与国外的合作交流，学习国外智慧流域建设的成功经验和做法，促进智慧流域建设的优势互补和共同发展。积极开展与其他行业的交流，吸收先进技术和管理经验，不断提高智慧流域建设水平和新技术应用能力。

二、智慧流域典型应用设想与初步实践

依据智慧流域理论框架和技术体系，提出在流域管理及行业管理中的一些应用设想和初步实践，主要包括太湖智慧流域、南水北调智慧水网、上海智慧水务、浙江智慧水务以及太湖智慧湖泊建设的初步实践。

（一）太湖智慧流域应用设想

1.“智慧太湖”总体目标

“智慧太湖”建设的总体目标是：通过先进的传感和监测技术，实现各类水信息的全面实时感知；建成整合的太湖流域多业务融合通信网络，实现网络全面互联和信息实时共享；通过先进的控制方法以及先进的决策支持系统，实现高度智能的调度和业务协同，最终实现“实时感知水信息、准确把握水问题、深入认识水规律、高效运筹水资源、有力保障水安全”的流域水利现代化的目标，为形成与流域经济社会发展相适应、与涉水行业发展相协调的流域综合治理和管理格局提供强大的信息化技术支撑。

2.“智慧太湖”技术架构

“智慧太湖”建设是一个长期的持续过程，涉及太湖流域管理体制机制、组织管理流程、技术支撑条件和资金投入等多个方面的创新。结合目前太湖流域管理的现实基础，围绕太湖流域管理局的职能定位和重点工作，“智慧太湖”总体技术架构由两个纵向体系和四个横向技术层构成。两个纵向体系包括通信传输体系、安全保障体系。通信传输体系主要由有线、无线无边界网络的建设标准，完善的有线数据通信骨干网、覆盖太湖重点区域的无线网络等构成；安全保障体系由信息安全保障、组织保障、制度保障以及投资保障等要素构成。四个横向技术层包括感知层、支撑层、应用层和展现层。通过从下而上的技术应用层次，在已有但分散、独立的信息化基础上，横向整合感知、通信能力，数据存储、分析、处理能力，打通各类业务系统形成的信息孤岛，形成各类业务互通共用的信息基础平台和应用支撑平台，构建起“智慧太湖”的核心业务体系。主要技术要求包括以下几个方面。

（1）构建云计算中心

“智慧太湖”技术架构通过优化复用已有的感知和互联基础网络，完善数据共享、支撑平台的设计。以“智慧太湖”云计算中心为基础，把零散、割裂的应用服务进行整合，改变目前应用服务独立运行的模式，形成应用关联、精准、实时的高效服务运行模式，提升各项业务应用水平。整合现有系统，实现各类实时信息与管理信息的集成，建立“智慧太湖”信息一体化平台。

（2）统一技术标准

“智慧太湖”技术架构实施的重点工作是整合、集成现有的各子信息系统，搭建统一的运行平台，规范、整理、合并各种基础数据，逐步建立集中、统一、开放式中心数据库，实现各信息系统的无缝连接。通过模块化设计思想，在主模块中预留各种标准接口，随时根据业务发展的需要进行系统对接，最大限度地提高工作效率、规范管理、降低运营成本和提高服务质量，为管理和决策提供及时、准确的信息服务和技术手段。

（3）确保系统安全

“智慧太湖”技术架构也从物理安全、网络安全、应用安全、硬件安全、软件安全、数据与文档安全、运行管理安全等多方面设计全局范围内的信息安全技术体系，完善“智慧太湖”网络出口和接入安全检测体系，提高网络监控能力，确保信息资源不受侵害、信息系统安全高效运行。

“智慧太湖”总体技术架构是统筹兼顾流域、区域水利的建设和管理要求，使各类水利信息资源得到充分共享，信息化技术应用于业务系统的深度和广度得到显著拓展，形成服务于流域水利、城市水务等多种对象的太湖流域信息资源网络，为流域防洪减灾、水资源管理与保护、水土保持和水生态修复、岸线水域管理等提供全面支撑和技术保障。

（4）“智慧太湖”实施策略

“智慧太湖”构想的实现不仅要靠技术创新，更需要理念、机制体制创新，要整合流域各方力量，总体规划，合力推进，分步实施。重点需要考虑如下四个方面的实施策略。

①创新共享机制

为确保实现信息资源共享，必须创新流域、区域的共建共享机制。按照“分级建设、共建互通、共同受益”的原则和《太湖流域管理条例》中“统一规划布局、统一标准方法、统一信息发布”的要求，太湖流域管理局与流域地方政府共同建立太湖流域监测体系和信息共享机制，通过签署框架协议、合作备忘录等形式，明确流域管理机构与区域内其他相关单位分工建设、数据交换、业务协同的具体内容，确定数据的交换时机及共享方式等，合理划分数据共享、交换的权利义务，实现共同受益的目标。在共建共享框架下，流域、区域内所有水情、雨情、工情、墒情、旱情、灾情、水质、气象信息整合共用，实时汇聚至“智慧太湖”云计算中心；环境保护、国土资源、住房和城乡建设、交通运输、农业、渔业、林业、气象等有关部门，按信息采集频率及时互换信息，并在同一个平台上（“智慧太湖”云计算中心基础信息资源数据库）同步更新。

通过流域内互通的无边界网络和“智慧太湖”云计算中心，流域和区域使用同一张网、同一个数据中心，实现互联互通、分级访问。建立全流域的目录服务，实现流域数据的有效检索、发布、管理等功能。根据数据的不同类型，按照“常用数据集中存储，短期关注数据分散存储，其他数据定期交换”的原则进行数据的存储和管理，形成具有流域特色的信息交换与共享机制，做到分散和集中相统一，合理调配流域水信息资源。

②坚持“五统一”原则

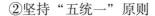

“智慧太湖”规划应重视顶层设计，整体规划，统筹兼顾，在水利部总体部署下，坚持“统一技术标准、统一运行环境、统一安全保障、统一数据中心和统一门户”原则，夯实信息化基础设施，深化业务系统，加强信息资源共享，完善保障环境。加快项目推进工作，优先选取重点项目实施建设，分步实施，推进“智慧太湖”的尽快落地。

③加强人才和技术储备

“智慧太湖”的规划建设结合了物联网、云计算、大数据等当今前沿思想和技术，需要重视关键技术的基础研究和人才储备。建立技术培训制度，明确对不同层次的建设管理、专业技术和运行维护人员进行专业理论和实际操作技能的培训；建立健全人才激励机制，创建一个有利于信息技术人才发展的良好环境，制定吸引、稳定信息化人才的政策、措施，建立起一支掌握和运用信息技术应用的骨干技术队伍；积极探索创新的管理理念和工作思路，引领“智慧太湖”的全面建设。

④重视推广应用

管理信息系统的生命力很大程度上取决于应用。一方面，要加强应用培训，加大信息系统的应用推广力度；另一方面，管理信息系统并非一成不变，而是要随着管理模式、管理方法的变化而变化，还必须对信息系统进行不断完善。

“智慧太湖”是太湖流域水利现代化的目标，是在新的技术条件下实现流域管理信息化、现代化的综合性建设，必将极大促进太湖流域水利管理、服务能力的提升，为流域水利工作提供充足的技术保障、数据支撑和管理手段，全面提升水利服务太湖流域经济社会发展的能力和水平，实现人水和谐的美丽太湖梦。

（二）南水北调智慧水网的应用设想

1. 建设背景

全球气候变化和人类活动影响加剧了水资源安全风险，对强化水资源安全保障能力和优化水资源配置格局提出了更高要求。

伴随着国家防汛抗旱指挥系统和国家水资源管理系统的两大骨干水利信息化工程体系建设，水行政主管部门逐渐对自然水循环和社会水循环的水量信息实施了动态监测和综合管理，这些信息化基础设施和应用系统建设为水网工程的数字化和智能化管理奠定了基础和提供了经验。我国现有水网工程水环境监测能力主要是针对地表水环境质量监测建设的，满足不了饮用水水质监测的及时性、全面性、准确性的技术要求。如缺少反映饮用水安全的生物毒性、重金属和有机物指标，难以适应水网工程中水质高标准要求。自动监测网布控缺乏应急监测网，自动监测数据传输网络单一，数据传输速度不足，数据存储能力不足，难以适应水网工程水质监控及时性的监测要求。水网工程跨地域、跨气候带、高标准水体的水环境评价和水质模拟预测技术尚不完善，难以实现实时监测、模拟与预报，以及水质科学、高效和实时管理。因此，亟须加强水质在线监测、水质传输网络、水质预报和风险预警的建设。

物联网理念随智慧地球概念提出并受到世界广泛关注。一些发达国家纷纷出台物联网发展计划，进行相关技术和产业的前瞻布局，我国也将物联网作为战略性的新兴产业予以重点关注和推进。不同领域的研究者对物联网所基于的起点各异，对物联网的描述侧重于不同的方面，短期内还没有达成共识，比较有代表性的概念是：物联网指通过信息传感设备，按照约定的协议，把任何物品与互联网连接起来，进行信息的交换和通信，以实现智能化识别、定位、跟踪、监控和管理的一种网络，是在互联网基础上的延伸和扩展。物联网总体架构分为感知层、传输层、应用层，具有全面感知、可靠传送、智能处理等特征，被抽象出的信息功能模型包括信息获取、信息传输、信息处理、信息施效等功能。物联网技术契合了水安全保障的国家重大需求，具有水质保障要求的太湖流域在国内率先推出了“感知太湖，智慧水利”的物联网应用示范工程，已取得初步效果，但若要推广应用尚有许多问题亟待克服。

水网工程水质监控系统具有刚刚兴起的物联网特征，属于流域智能调控体系的范畴，也是智慧流域理论方法与关键技术在水网工程中的应用实践，具体表现为水质监测仪器自动化设备组成感知层，基于无线网络和互联网的监测数据传输、运行状态数据传输的信息化系统组成传输和网络层，以水质评价、水动力和水化学预测模型、污染风险预警模型为核心的模型化系统组成应用层，构成河湖连通工程水质调控自动化、信息化、智能化、业务化的物联网系统，服务于提高水质监测系统的机动能力、快速反应能力和自动测报能力，实现重点地区、重点水域的水质自动监测，突发污染水域的应急监测，提高监测信息数据传输和分析效率，从而满足各级管理部门及社会公众对水质信息的需要，以及满足对突发、恶性水质污染事故的预警预报及快速反应能力要求。

2. 智慧水网总体框架

物联网综合了传感器技术、嵌入式计算技术、现代网络及无线通信技术、分布式信息处理技术等，能够通过各类集成化的微型传感器间的协作，实时监测、感知和采集各种环境或监测对象的信息，通过嵌入式系统对信息进行处理，并通过随机自组织无线通信网络以多跳中继方式将所感知的信息传送到用户终端。

物联网的架构可分为三层：感知层、网络层和应用层。感知层以 RFID、传感器、二

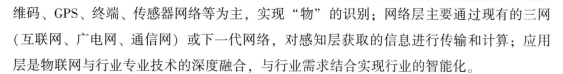

维码、GPS、终端、传感器网络等为主，实现“物”的识别；网络层主要通过现有的三网（互联网、广电网、通信网）或下一代网络，对感知层获取的信息进行传输和计算；应用层是物联网与行业专业技术的深度融合，与行业需求结合实现行业的智能化。

蒋云钟等提出了基于物联网的流域智能调控技术框架，研究了物联网与流域水资源调控系统建设的集成模式。水网水质水量智能调控及应急处置系统属于流域智能调控系统体系的范围，只是将应用对象从传统的流域扩展到水网工程。因此，借鉴该研究思路，确定物联网在水网水质水量智能调控及应急处置系统体系中为三层架构。

（1）感知层（实时感知）

主要包括 RFID，水质水量传感器网络等，将浮标、固定监测台站、移动监测车（船）、卫星遥感、水下仿生机器人、视频监控等大量的感知节点散布在监测区域内，这些感知节点自适应组网形成水质监测传感网络，实时在线感知获取与快速传输水质信息，负责采集与监测对象相关的数据，包括水域的温度、pH 值、浊度等常规参数，并将其协同处理后的数据传送到汇聚节点，即水质监测站（汇聚节点）的水质监测设备和系统，提升对区域监测对象的监测能力。

（2）网络层（水信互联）

作为将传感器网络采集到的数据传输到数据中心的通道，可根据具体应用需求，采用有线或无线等多种方式，可通过 CDMA、GPRS、Wi-Fi、ADSL 等多种数据传输方式，整合不同技术，提供解决方案，将数据传输至应用层。

（3）应用层（智慧决策）

分为数据中心、应用支撑平台、水质监测业务三个部分。数据中心采用云存储管理方式统一设计水质监测数据体系，形成水质信息资源数据中心，包括基础数据、业务数据（含历史数据和实时数据）、决策分析数据等。应用支撑平台提供构建运行支撑、应用安全管理、工作流管理、数据共享交换、RFID 中间件、GIS 支撑平台、内容管理、流域虚拟现实仿真平台等功能，为上层应用提供统一支撑，并支持对原有业务系统的全方面整合。应用层根据传感器位置、数据采集时间等信息综合分析监测数据共同组成的水资源监测体系，实现对水源地水质、水污染的监测，从而对被监测对象实现综合感知，并利用多模块嵌入技术集成复杂多类型水域水动力水质多维耦合模拟组件、复杂水域大尺度水体水污染事件水质水量快速动态预测组件、水污染风险源危害等级评估与水质安全评价诊断组件、水污染风险预警组件、水质水量多目标优化调度组件、突发水污染事件多尺度多类型多目标应急处置组件，形成基于物联网的水网工程水质水量智能调控及应急处置系统，实现水网工程立体智能感知、智能仿真、智能诊断、智能预警、智能调度、智能处置、智能控制等的水质水量智能调控及应急处置服务功能。

3. 智慧水网关键技术

水网工程的水质水量智能调控及应急处置系统建设需要解决的关键支撑技术包括以下几种：

（1）水网水质传感网的多载体监测组网与实时传输技术

针对多种水质监测形式，需要重点研究适用于水质水量联合调控及应急处置与水质应急监测的不同水质监测站（监测断面）自主筛选和水质信息自动提取模式，以及移动水质监测车（船）、水下仿生机器人监测仪的智能调度与数据远程在线提取和自我定位的自适应组网技术。研究站房式、浮标式、移动水质监测、水下仿生机器人监测、水文在线监测组成的多类型载体水质监测台站的通信网元动态组网技术，以及同一载体或不同载体中多种水质监测仪器之间的异质网元动态组网技术。研究以通信基站为主和 GPRS、CDMA 为辅的无线通信网等局部动态自治和网络融合中异质网元的互联互通技术，以及多元水质信息融合与自治机制技术。研究应急状态下的动态组网技术，实现水质监测数据无线传输至监测中心。将采集到的数据、图像以及视频等多媒体信号封装在 IP 数据包内通过无线网络实时传输，在数据链路层实现 GPRS 网络、宽带虚拟专网 VPN、宽带因特网等多种网络选择和优化是实现现场水质采集系统与远程监控中心实时传递的关键。

（2）水网海量水量水质数据的智能存储与多模块无缝对接技术

由于感知层水质监测仪器的多样性、监测指标的多元化，使得检测采集接口获得的数据存在命名、格式和结构上的异构问题，不能直接对其直接存储或处理，需要对异构数据进行预处理，解析源数据和目标数据的映射关系，因此要研究异构数据的分析、融合和规范化技术。监测站与监控中心传递的数据包括监测数据、GIS 矢量图、遥感影像、视频、文档等多元信息，数据量大，且数据处理实时性要求高，研究海量数据高效压缩技术、分布式数据存储技术、混合多级索引技术，建立智能搜索引擎是提高数据库存储效率、降低网络传输量和快速检索的关键。水质水量智能调控与应急处置系统由水质监测数据采集、水质水量耦合模拟预测模型、水质诊断评价模型、水质预警模型、水质水量调度模型、水质应急处置模式、智能控制模型、GIS 应用系统、三维虚拟仿真、视频会商等多模块组成，多模块之间的数据交换、模块连接方式和功能调用模式是重点研究的关键技术。

（3）水网复杂多类型水域水动力水质多维耦合模拟技术

水网工程包括深水水库、河道型水库、河流、湖泊、长距离输水干渠等多类型大空间尺度水域。上述典型水域由于地形特征和控制方式不同，其内在的水动力和水质过程呈现不同的特征和规律，掌握上述规律是制订合理水质安全保障调控方案的基础。因此，针对不同类型的水域特征，构建不同维数的水动力水质模型组件群，然后将其耦合形成适用于复杂多类型水域的统一模拟模型，实现复杂人工调控下水动力水质的快速和高精度仿真。

（4）水网污染风险源危害等级评估及水质安全评价诊断技术

根据污染源污染物危害的严重程度、污染源中污染物进入水网工程中库群及重点水系的概率大小和可能数量，确定污染风险源危害等级。综合考虑不同典型水域的水污染类型和污染特征，建立面向水网工程的污染风险源数据库，构建面向水网工程的多类型水污染的水质安全评价诊断技术，为水质水量多目标联合调控和应急处置决策制定提供技术支持。

4. 智慧水网功能体系

水网工程水质水量智能调控及应急处置系统的功能主要包括智能感知、智能仿真、智能诊断、智能预警。

（1）智能感知

水质水量智能调控及应急处置系统的基础是在水网工程沿线区域布设传感器节点实现对供水、输水、配水等环节的水质水量要素参数的实时动态感知。系统要建设服务于水网工程的多载体（站房式水质自动监测、浮标式自动监测、移动式水质自动监测、遥感监测、水下仿生机器人监测、现场视频监测等）水质常规和应急相结合的具有自适应组网功能的监测系统。

①站房式水质远程在线监测系统是一种基于自动监测分析的水质分析系统，可全天候、连续、定点地观测水文、水质等内容。主要由站房、采样设施、水样处理系统、分析仪器设备（多参数在线测定仪、高样酸盐指数在线测定仪、总磷在线监测仪、在线重金属测定仪、综合毒性在线测定仪、藻类在线测定仪）、预报通信传输系统、供电供水及附属设施组成。②浮标和浮动平台监测系统是一种现代化监测手段。采用浮标观测技术，可全天候、连续、定点地观测气象、水文、水质等内容，并实时将数据传输到岸站。水质浮标和浮动平台主要由浮体、监测仪器（多参数水质仪、营养盐仪、气象仪、水文动力学仪）、集成单元、数据传输单元、供电单元（电池组和太阳能供电系统）、系泊装置、保护单元（GPS、灯标、报警系统）组成。③应急自动监测车（船）系统是一种可移动的现场水质监测手段，具有站房式水质远程在线监测系统、浮标和浮动平台监测系统的双重特点，根据不同监测目的，装备自动配置化学分析检测仪、多参数水质仪等设备。

（2）智能仿真

智能仿真主要包括水网工程河库渠水质水量耦合模拟和快速预测功能。

水网工程典型水域水动力水质耦合模拟是利用建立的耦合模型，基于水库群的调度规程和不同水文汇入特征，模拟库群不同尺度联合调度方案和不同汇入边界条件下的水动力变化过程，研究多尺度联合调度下的上游库群及重点河流水动力变化规律。利用建立的基于水动力模拟的污染物输移和水质模拟模型，模拟库群多时间尺度联合调度方案和不同汇入边界条件下的水质过程，分析库群调度下近坝深水库区、上游河道型库区、支流回水区库弯等典型水域水体水质响应，分析库群调控下水网工程的水质演变规律。

水网工程长距离输水污染物运移与水质模拟是利用建立的水网工程水动力水质耦合模型，模拟水网工程在不同输水时段、不同污染条件、不同输水流量和闸阀联动控制模式下的污染物运移扩散过程和生化演变过程，总结输水控制模式下明渠、倒虹吸、暗涵、内排段和外排段等不同典型渠段对水质的影响机制，分析完善的输水控制模式下水网工程水质演变规律。

水网工程水污染事件的水质水量快速预测是以现有的输水供水调度方案为基础，在水质水量监测与智能诊断结论的基础上，基于水质模拟模型建立水网工程污染物运移模型，考虑水网工程总干渠的复杂调控方案，包括输水控制模式、输水时间、渠段位置、环境条件及控污设施等内容，按照数值模拟—数据挖掘—数据整合—预测的顺序，结合关联分析、聚类分析和智能预测技术，建立复杂人工控制条件下的水网工程水质水量快速预测模型，实现水网工程水质预警及应急调控决策服务信息的快速获取。

水网工程水污染事件污染团跟踪预测是在水污染事件发生以后，根据水污染事件的特征、水动力水质数值模拟结果，以及应急监测成果，确定水污染事件的排放类型、主要特征污染物因子、污染负荷排放过程及总量，利用水质模拟模型模拟污染团在复杂水文和水动力条件下的输移、转化和削减过程，依据水污染事件特征污染物的安全阈值，跟踪超标污染团的运动轨迹，并模拟分析水污染事件的影响范围和影响程度，重点关注水污染事件对调水区邻近水域的水质安全的威胁，为正确制订突发性水污染事件的应急处置方案提供技术支持。

（3）智能诊断

智能诊断主要包括水网工程污染风险源诊断、水网工程水质安全评价诊断等功能。

水网工程污染风险源诊断是从地表水污染、地下水污染、大气污染、外源性化学污染和内源性微生物污染等污染来源角度，基于国家职业卫生监测资料、水质资料、水质调查及国控监测点数据，通过深入的数据分析和挖掘，结合现场污染源调查和污染源解析、分析生物学检测方法，摸清水网工程污染风险源和特征污染物，建立污染源风险数据库；基于污染源风险数据库，结合污染源产生污染的概率、污染源中潜在污染物的毒性特征、污染源距离水网工程的距离，应用危险度评价模型，对污染风险源危害等级做出诊断评估，为水质健康评价提供基础。

水网工程水质安全评价诊断是在建立包括本地污染物种类、污染水平、地表水标准、生活饮用水标准、生产用水标准等水质污染物环境和健康危害风险数据库的基础上，针对本地污染种类、类型、水平，特别是针对微量持久性有机污染物和重金属，利用水环境健康风险评价模型，根据以最大无作用剂量或者最小有害作用剂量确定的污染物阈值，评价污染物固有危害和环境危害以及健康危害风险及其特征。

（4）智能预警

在智能仿真和智能预测水质快速预报模型、智能诊断事件危害判定模型和预警分级模型的基础上，建立具有浓度场预测、风险场判定、预警区域分级划定、预警信息可视化功能的“四步三模型”突发性水污染事件预警模型；结合 GIS 技术，研发水网工程突发污染事件的多目标、多级别、多尺度动态预警技术；采用远程过程调用技术、中间件技术、GIS 二次开发技术等，编写封装污染预警模型组件。针对水网工程沿线可能存在的交通运输引起的突发性水污染事件，以及大气降尘污染、地下水渗透污染、沿程与交叉河流超标准洪水形成的面源污染等水质安全隐患，结合水网工程周边地区的社会经济环境特点，利用智能诊断功能，以判定突发性污染事件的发生概率为目标，以水网工程各段覆盖区域的经济结构、工业布局、基础设施状况等为影响因子，在归结的总结前期各类突发性事件因果、时空关系的基础上，构建风险评估指标体系；建立潜在风险源危险品特征数据库和全程水文水动力水质参数系统数据库，提出水质安全监测预警模式，基于智能仿真和智能预测功能，构建突发水污染预警模块，为实现快速预警定位与甄别提供技术支持。

（三）上海智慧水务应用设想

1. 建设背景

上海地处太湖流域和长江流域的下游，位于长江三角洲的前缘，滨江临海，海网水系密布，具有感潮河口、平原河网的自然地理特征。城市运行保障涉水行业包括水利、供水、排水、交通港口、环境保护、市容绿化、气象水文、海洋海事等，网格化管理与服务体系包括水系河网、供水管网、排水管网、气象海洋与水文监测网、水上交通网等。依托和发挥上海的区位优势、行政体制集约化改革优势、城市信息化的基础设施优势，上海涉水事务信息化发展完全有能力进一步提高。

经过长期的积累和发展，上海城市运行管理涉水事务信息化建设在基础设施、数据资源、综合管理、协同服务、综合应用等方面取得了长足发展，基本建立了水务、市政、交通、港口、市容、绿化、土地、气象、海洋、海事等多个领域的基础数据库，信息化应用项目的规模、层次、能级不断提升。基于网络环境的信息化应用系统彼此互联较为普遍，集成度也越来越高。先后建成了城市网格化管理信息系统、水务公共信息平台、交通综合信息平台等一批应用水平高、效果显著的信息化应用项目，形成了一批跨系统、跨行业、跨地域的信息化应用系统，从而对提高城市管理能力和水平发挥了积极作用。

其中通过数字水务的建设，水务数据中心已经汇聚整合了气象、海洋、海事、水文、水利、供水、排水等多行业（部门）的数据，积累了各类基础设施信息、实时信息、业务管理信息、政务信息、元数据信息，实现了水务信息资源的集成交换、集中存储、分级管理和分层维护，服务于防汛保安、水资源调度、水环境整治多任务应用。

虽然上海水务信息化发展已取得进展，但是还存在信息采集不适应现代水务管理需求，业务流转和跨部门协同支撑不足，行业标准和管理规程尚不健全，基层应用与行业管理不协调等问题。

围绕城市发展的总体目标要求，聚焦城市运行的涉水事业发展、涉水事务管理、涉水行业服务，其信息化规划设计要从城市信息化现状和需求出发，理清思路、科学规划，提出城市涉水事务信息化发展规划及其顶层设计框架。

2. 规划理念

智慧水务就是运用物联网、云计算、无线宽带互联等技术，通过互联的网络把江河湖海水文水资源监测站网、供排水生产处理厂站和输配水管网、水利闸站设施水系河网运行网以及水务事务服务网的智能化控制传感器连接起来，依托机制创新整合共享气象水文、海洋海事、水文环境、市容绿化、建设交通等领域信息，结合涉水事务网格化、条段化的精细管理，组成基于各行业数据中心“云”的应用系统，对感知的信息进行智能化的处理和分析，对包括电子政务、电子商务、城市管理、生产控制、环境监测、交通、公共安全、家庭生活等各个领域、各种需求提供智能化的支持，并支撑涉水事务跨行业协同管理，为社会公众提供无所不在的个性化服务。

随着信息领域技术的快速发展，信息化建设的系统模块化、结构扁平化、业务流程化趋势将愈加明显，从而更好地支撑跨行业、跨领域业务的全面感知、反应灵敏、所需应变的协同应用。

各基层单位、各行业管理部门、各跨行业管理服务机构按照业务需求建立和配置监控、监测和监管站点设施设备，并按照统一分配的 IP 地址接入标准接口的感知能动互联网——物联网，配置存储这些站点数据的数据库服务器及其控制站点行为的应用服务器，加入基于互联的数据库群，按照业务需求和安全权限从数据库群的资源目录中重组虚拟专用数据库——数据云，通过云计算技术支撑再造业务流程的应用系统。

3. 规划建设任务

（1）基础网络

智慧水务的发展，应围绕城市涉水事务的业务需求，逐步升级改造基于智能技术的监测监控网络平台，搭建基于云计算技术的集群数据平台，完善基于三网融合和无线宽带互联等技术的泛在互动服务平台；重点在完善感知化监测监控、深化网格化精细管理、开展动态化预警评价、强化协同化行政办事、提供个性化服务等领域有创新突破；构建水系统监测监控、水安全预警指挥、水资源配置调度、水交通运行保障、水环境整治监管、水行政协同服务系统，进一步有力支撑政府转变职能、行业强化监管和社会公共服务。

发展智慧水务，要建设水监控网系统、水数据云系统和水服务网系统三大基础网络系统。

（2）综合协同业务系统

基于智慧水务的基础网络，可以建设六大综合协同业务应用系统，主要包括水安全智能指挥系统、水资源智能调度系统、水交通智能服务系统、水环境智能监控系统、智慧水务电子政务系统和智慧水务电子商务系统。

（四）浙江智慧水务应用设想

1. 项目背景

当今世界，高新技术的发展正不断地影响和改变着人们的工作和生活方式，以物联网、云计算、移动互联网为主要标志的新一代信息技术，已逐渐成为推动当今世界经济、政治、文化等各个领域发展的强大动力。这一特征，被人们概括为“智慧地球”“信息社会”“智慧时代”等。

2. 建设目标和原则

台州市智慧水务总体目标是，通过试点项目建设，增强台州市整体的防汛防台、水资源开发利用、水生态环境保障、城乡供排水以及对公众服务的能力，提高水务建设管理和服务水平；以试点项目建设促进取水、供水、排水等相关涉水资源整合，为建立和完善台州市防洪防台抗旱减灾体系、水资源合理配置和高效利用体系、水资源保护和河湖健康保障体系、城乡供水和排水保障体系，健全水务科学发展的体制机制和制度体系提供智慧保障，并通过试点为全省智慧水务建设积累经验，建立示范。

为确保智慧水务试点建设成效，保证项目顺利实施，项目建设应遵循以下原则：

（1）以人为本，服务至上

把以人为本、服务至上作为开展智慧水务建设试点工作的出发点和落脚点，更加注重水务保障和改善民生，提升服务能力，促进城乡公共服务均等化。

（2）突出特色，体现共性

从试点区域的实际情况出发，既要着眼试点区域智慧水务的地区特色，切实提升试点区域水务智慧化水平，也要放眼全省智慧水务的共性需求，为智慧水务的推广提供经验。

（3）注重标准，培育产业

同步开展标准化设计，形成智慧水务建设的业务标准，为应用推广提供基础条件；以应用促发展，以应用促创新，突破核心技术，带动相关产业发展，培育新兴产业，壮大龙头企业，培育新的经济增长点。

（4）综合防范，保障安全

健全网络与信息安全保障体系，关注试点项目各市场主体的权益、运营秩序和信息安全，增强抵御风险和自主可控的能力。

（5）总体设计，分步实施

按照“一揽子”解决问题的思路，加强科学规划，统筹协调，全面、系统地进行智慧水务总体框架设计，明确建设目标和建设任务，分步实施，协调推进。

3. 建设内容和预期成果

（1）建设内容

智慧水务试点项目建设内容可简单概括为 1 个中心、2 个平台和 4 大支撑体系，简称“124”结构体系。

①1 个中心

建立智慧水务运行服务中心。该中心是相关单位联合办公、协同管理、资源共享和一个口子对外的管理服务中心，各单位之间建立“资源共享、业务协同、标准统一、服务一体”的协同机制，统一承担开发建设、系统集成、运营维护和完善提升等建设和运营职能，提供专业网络服务和业务支撑服务，同时为智慧台州提供技术积累和服务。

②2 个平台

第一，信息管理平台。

信息管理平台是水务部门各级业务应用系统的基础支撑平台，主要完成对水务信息的汇集、处理、整合、存储与交换，形成综合水信息资源。通过提供各类信息服务，实现水信息资源的开发利用，实现规范信息表示、共享信息资源、改进工作模式、降低业务成本和提高工作效率的目标。

第二，指挥调度平台。

指挥调度平台是智慧水务信息化系统的监控、决策和指挥中心，在监控中心汇集展示水务信息、运行状况等，集中提供信息共享和服务，为会商、决策和指挥提供全面支撑。

③4 大支撑体系

A. 数据采集体系

通过合理规划，建设全面覆盖的智能终端设施，采集各类数据，提供可靠的基础数据来源。借助物联网技术，建设足够数量和密度、类别更加丰富的信息采集和监测站点，自动获取各类原始信息，内容包括水雨墒情监测、工情监测、水生态监测、水资源监测和供排水管网监测等。

B. 网络传输体系

以多网结合的模式，建设高质量、大容量、高速率的数据传输网络，为数据互联互通、开放共享、实时互动提供可靠通道。内容包括计算机网络、GPRS 网、卫星网、4G 网等。

C. 业务支撑体系

以数据采集体系获取的水务信息为基础，通过模型分析计算、数据挖掘分析处理、预测预报等智慧化作业，并借助各类先进的信息技术构建专业的水务信息管理系统，提升对基础水务信息的处理和管理能力。业务支撑体系主要包括防汛（台）抗旱决策支持、水资源管理、水生态环境监测保护、水务工程安全管理和城乡供排水监测调度五项业务管理。

防汛（台）抗旱决策支持：以提高防汛（台）抗旱应急能力为目标，利用监测数据，准确分析评估汛情、旱情、灾情和工情，实现实时监测、趋势预测、会商决策支持，并采取相应的调度措施，确保区域水安全。

水资源管理：通过水资源信息的实时采集、传输、模型分析，及时提供水资源决策方案，并快速给出方案实施后的评估结果等，以确保实现水资源的统一、动态和科学管理，做到防洪与兴利、水库水与河道（网）水、常规水与非常规水、地表水与地下水、当地水与外调水、水量与水质之间的联合调度与管理，确保水资源与经济社会、生态环境之间的协调发展，以支撑经济社会可持续发展。

水生态环境监测保护：通过建立面向水生态水环境的管理系统，将水环境相关技术方法和现代数据库技术、网络技术、计算机可视化技术融为一体，为相关部门及有关人员提供包括水生态及水环境评价结果、水环境预测结果的信息查询服务，提供形象直观的监测数据和分析结果，为水生态会商决策提供基础信息支持。

水务工程安全管理：依托监测站网提供的实时数据，通过历史数据分析、实时数据监测、调查等措施，对水库、水电站、水闸、堤塘、供排水管网泵站等水务工程建设和运行实行智慧化管理，直观反映工程建设过程及完成情况，以准确评估工程运行情况、建设进展情况和存在的问题，采取相应的措施，确保工程安全。

城乡供排水监测调度：通过对水源地、水厂供水量、管网压力、城市下立交及城乡易积水区域的实时信息采集传输和模型分析，及时掌握供排水状况，日常性进行取水、供水和泵站排水的调度，应急处置城乡断水和大面积积水等突发事件，保障城乡居民的正常生活。

D. 公共服务体系

公共服务体系是水务行业利用信息技术实现公众业务网上受理和办理，提供公共信息服务的重要平台。公共服务体系主要提供水务公共服务、公共信息发布和水文化宣传三项基本服务：a. 水务公共服务，包括涉水项目审批、涉水事故网上应急响应和处置、水务政策法规网上咨询服务等；b. 公共信息发布，包括防汛、气象信息的实时发布，涉水应急事件的信息发布，新闻媒体发布等；c. 水文化宣传，包括水利景区宣传、水文化遗产保护、治水历史宣传和水科普教育等。

（2）预期成果

智慧水务项目的预期成果可概括为“666”，即“6个构建、6个形成、6个实现”。

①6个构建

构建全面准确的水务监测体系，形成覆盖气象、水文、工情、给排水、水资源开发利用等对象的监测网络；构建先进兼容的网络传输体系，形成大容量、高速率、高质量、高保障的数据传输网络；构建云计算数据处理中心，为水务管理和社会公众服务需求提供全面支撑；构建面向行业的管理支持体系，为防汛（台）抗旱指挥调度、水资源开发利用、水生态环境保护、水工程安全运行、城市供水排水安全保障等提供支持；构建面向公众的服务支持体系，为水政务、民生水务、水文化宣传提供服务；构建智慧水务示范基地，为智慧水务应用推广提供理论和实践经验。

②6个形成

形成一个智慧水务运行服务中心；形成一个智慧水务研究机构；形成一支装备现代的基层服务队伍；形成一支基层智慧水务管理服务队伍；形成一套协同管理工作机制；形成一套建设管理标准。

③6个实现

实现采集站网全覆盖；实现资源共享协作；实现业务综合管理；实现信息统一综合展示；实现监测全能服务；实现应急联动响应。

4. 建设模式

智慧水务试点建设内容多、任务重、技术复杂、涉及范围广，是一项极具挑战的项

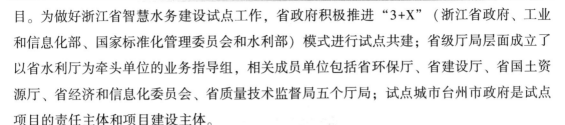

目。为做好浙江省智慧水务建设试点工作，省政府积极推进“3+X”（浙江省政府、工业和信息化部、国家标准化管理委员会和水利部）模式进行试点共建；省级厅局层面成立了以省水利厅为牵头单位的业务指导组，相关成员单位包括省环保厅、省建设厅、省国土资源厅、省经济和信息化委员会、省质量技术监督局五个厅局；试点城市台州市政府是试点项目的责任主体和项目建设主体。

5. 运营和服务模式

为保障智慧水务项目的成功建设和长效运行，在项目建设和运营管理上做了以下考虑。

（1）组建智慧水务运行服务中心负责建设运营

建立智慧水务运行服务中心，从项目建设初期开始，负责建设工作；在项目建成后，承担运行维护工作，作为智慧水务维护、办公、展示、演示的场所。

（2）委托通信运营商负责监测部分的商业运营

对雨量、水位、潮位以及其他各类物联网感知站点，中心管理平台等采用 BOT 方式，由通信运营商负责建设和经营，设置收费套餐。

（3）组建智慧水务研究机构提供技术支撑

组建专业的智慧水务研究机构，保障智慧水务的先进性、稳定性、可靠性。研究机构从项目建设初期开始，开展与智慧水务有关的研发工作，包括面向行业的业务管理体系建设、面向公众的服务支持体系建设等；在项目建成后，承担运行技术维护工作。

（4）形成基层智慧水务管理队伍

在乡级设立水务管理服务站，村级设立水务员，配备智慧一体机，赋予其防汛预警、水工程巡查、河道水资源管理、水生态遥感监测、农村水利监测、水利科技宣传等职责，为智慧水务的实现提供全面基本信息保障。

（5）落实机构运营经费

一是在建物联网站点以及其他项目时，采用 BOT 方式，提前设定一定比例费用用于整个智慧水务的运行维护；二是根据项目建设费用，按一定比例从财政列支项目运行维护经费，以保障专职人员和公司运行管理的必要经费。

参考文献

［1］奚旦立. 环境监测［M］. 北京：高等教育出版社. 2019.

［2］鲁群岷，邹小南，薛秀园. 环境保护概论［M］. 延吉：延边大学出版社. 2019.

［3］许鹏辉. 基于持续和谐发展的环境生态学研究［M］. 北京：中国商务出版社. 2019.

［4］章丽萍，张春晖. 环境影响评价［M］. 北京：化学工业出版社. 2019.

［5］李吉进，张一帆，孙钦平. 农业资源再生利用与生态循环农业绿色发展［M］. 北京：化学工业出版社. 2019.

［6］潘奎生，丁长春. 水资源保护与管理［M］. 长春：吉林科学技术出版社. 2019.

［7］吕素冰. 区域健康水循环与水资源高效利用研究［M］. 北京：科学出版社. 2019.

［8］杨毅，林炬，刘颖. 辐射环境监测［M］. 北京：北京航空航天大学出版社. 2018.

［9］张艳梅. 污水治理与环境保护［M］. 昆明：云南科技出版社. 2018.

［10］马传明，周爱国，王东. 城市地质环境安全评价理论与实践［M］. 武汉：中国地质大学出版社. 2018.

［11］王海雷，王力，李忠才. 水利工程管理与施工技术［M］. 北京：九州出版社. 2018.

［12］王永党，李传磊，付贵. 水文水资源科技与管理研究［M］. 汕头：汕头大学出版社. 2018.

［13］马浩，刘怀利，沈超. 水资源取用水监测管理系统理论与实践［M］. 合肥：中国科学技术大学出版社. 2018.

［14］李继清，彭玲，李安强. 突变理论在水资源管理中的应用［M］. 北京：中国水利水电出版社. 2018.

［15］王慧敏. 水资源协商管理与决策［M］. 北京：科学出版社. 2018.

［16］王浩，王建华，褚俊英等. 水资源开发利用红外线控制与动态管理研究——以广西北部湾经济区为例［M］. 北京：科学出版社. 2018.

[17] 万红，张武. 水资源规划与利用［M］. 成都：电子科技大学出版社. 2018.

[18] 王建群，任黎，成微. 水资源系统分析理论与应用［M］. 南京：河海大学出版社. 2018.

[19] 潘护林. 居民幸福视角下水资源管理模式研究［M］. 长春：东北师范大学出版社. 2018.

[20] 杨侃. 水资源规划与管理［M］. 南京：河海大学出版社. 2017.

[21] 齐跃明. 水资源规划与管理［M］. 徐州：中国矿业大学出版社. 2017.

[22] 邵红艳. 水资源公共管理宣传读本［M］. 杭州：浙江工商大学出版社. 2017.

[23] 黄伟. 流域水资源配置利用管理方法与政策研究［M］. 北京：科学出版社. 2017.

[24] 郑德凤，孙才志. 水资源与水环境风险评价方法及其应用［M］. 北京：中国建材工业出版社. 2017.

[25] 赵焱，王明昊，李皓冰等. 水资源复杂系统协同发展研究［M］. 郑州：黄河水利出版社. 2017.

[26] 高志娟，刘昭，王飞. 水资源承载力与可持续发展研究［M］. 西安：西安交通大学出版社. 2017.

[27] 吴舜泽等. 水治理体制机制改革研究［M］. 中国环境出版社. 2017.

[28] 刘雪梅，罗晓. 环境监测［M］. 成都：电子科技大学出版社. 2017.

[29] 周遗品. 环境监测实践教程［M］. 武汉：华中科技大学出版社. 2017.

[30] 邹美玲，王林林. 环境监测与实训［M］. 北京：冶金工业出版社. 2017.